微积分教程(下)

主　编　金义明　李剑秋

副主编　丁嘉华　卢俊峰

浙江工商大学 出版社
ZHEJIANG GONGSHANG UNIVERSITY PRESS

·杭州·

图书在版编目(CIP)数据

微积分教程. 下 / 金义明,李剑秋主编. — 杭州:
浙江工商大学出版社,2012.1(2025.1重印)
ISBN 978-7-81140-455-5

Ⅰ. ①微… Ⅱ. ①金… ②李… Ⅲ. ①微积分－高等
学校－教材 Ⅳ. ①O172

中国版本图书馆 CIP 数据核字(2011)第 276686 号

微积分教程(下)
WEIJIFEN JIAOCHENG (XIA)

金义明 李剑秋 主编

责任编辑	任晓燕	
封面设计	刘 韵	
责任印制	祝希茜	
出版发行	浙江工商大学出版社	
	(杭州市教工路 198 号 邮政编码 310012)	
	(E-mail:zjgsupress@163.com)	
	(网址:http://www.zjgsupress.com)	
	电话:0571－88904980,88831806(传真)	
排 版	杭州朝曦图文设计有限公司	
印 刷	广东虎彩云印刷有限公司绍兴分公司	
开 本	787mm×960mm 1/16	
印 张	12.75	
字 数	262 千	
版 印 次	2012 年 1 月第 1 版 2025 年 1 月第 12 次印刷	
书 号	ISBN 978-7-81140-455-5	
定 价	29.00 元	

前　言

　　微积分的建立是人类智慧最伟大的创造之一，一部微积分发展史，是人类一步一步顽强地认识客观事物的历史，是人类理性思维的结晶。它给出一整套的科学方法，开创了科学的新纪元，并因此加强与加深了数学的作用。恩格斯说："在一切理论成就中，未必再有什么像17世纪下半叶微积分的发现那样被看作人类精神的最高胜利了。"目前，微积分的理论与方法不仅广泛地应用于自然科学、工程技术领域，并已渗透到社会、经济各个领域，并日益显示出其重要性。学习和掌握微积分的基础知识，不仅是对理工类学生的要求，也是对经济管理类、人文科学等各类学生的基本要求和必备素质。

　　但是，囿于文科类学生的知识结构，微积分教与学的双方都存在较大困难。为了编写一本适合经济管理类本科学生学习微积分的教材，本书在以下几个方面做了努力：

　　(1) 注意与中学数学的衔接，增加或强化了中学数学教材中删去的微积分所必备的知识点，如反三角函数、和差化积与积化和差公式等；

　　(2) 尽量从实际出发，注重概念与定理的直观描述和实际背景，注重知识的生动性和趣味性，克服学生在数学认知上的心理障碍，逻辑推理做到删繁就简，够用就行，对学生感到疑惑或容易犯错误的知识点，则讲深、讲透；

　　(3) 例题丰富多样，讲解浅显易懂，多联系实际，培养学生用数学的能力，从而不断提高学生学习数学的主动性和积极性；

　　(4) 加强微积分各章节内容在经济管理中的应用，增强学生将数学应用到解决经济管理方面问题的意识和能力；

　　(5) 习题精心挑选，覆盖面广，难易程度呈阶梯型分布，循序渐进。

　　本书是按照教育部对经济、管理类大学本科微积分考试大纲，结合编者多年来在经济管理类专业微积分课程的教学实践、教学改革中所积累的经验，充分考虑到独立学院学生的特点，并参考研究生入学考试数学考试大纲，编写而成。

　　本书编写的宗旨是：坚持"以应用为目的，以必需够用为度"的原则，以"掌握概念，强化应用，培养技能"为重点，以"数学为本，经济为用"为目标。

本书可作为高等学校经济管理各专业及相关专业的微积分教材。全书分上下两册，共分十章，内容包括函数、极限与连续、一元函数微分学、一元函数积分学、多元函数微积分学、无穷级数、常微分方程和差分方程。第一、二、三章由金义明编写，第四、九、十章由李剑秋编写，第五、六章由卢俊峰编写，第七、八章由丁嘉华编写，最后由金义明总纂定稿。以上编写人员均为浙江工商大学杭州商学院教师。本教材由金义明制作了配套的PPT电子教案。

讲授本教材约需 130 课时。

由于编者的水平有限，书中肯定存在疏漏和不足，敬请广大师生和读者不吝指正。

编　者

2011 年 5 月于浙江工商大学

目 录

第六章 定积分

定积分是积分学中的基本问题,它起源于求图形的面积和体积等实际问题.直到 17 世纪中叶,牛顿和莱布尼茨才在前人大量研究工作的基础上提出了定积分的概念,并建立了微积分基本定理,即牛顿-莱布尼茨(Newton-Leibniz)公式,这个公式揭示了定积分与原函数、不定积分之间的内在关系,使得我们在第五章中所学的不定积分有实质性的意义.本章将从几何学、物理学、经济学问题出发引入定积分的概念,然后讨论它的性质、计算方法以及定积分在几何学与经济学中的应用.

6.1 定积分的概念及性质

6.1.1 定积分概念

6.1.1.1 引例

(1) 曲边梯形的面积

在初等数学中,我们学过求矩形、三角形等以直线为边的平面图形的面积,而在实际应用中,往往需要求以曲线为边的图形(曲边形)的面积.

设 $y = f(x)$ 在区间 $[a,b]$ 上非负、连续.在直角坐标系下,由连续曲线 $y = f(x)$,直线 $x = a$,$x = b$ 和 x 轴所围成的平面图形称为曲边梯形(见图 $6-1-1$).

由于曲边形总可以分解为若干个曲边梯形,因此,曲边形的面积问题就可以归结为求曲边梯形的面积.

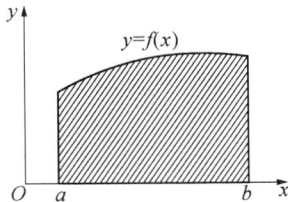

图 $6-1-1$

如何求曲边梯形的面积呢?如果 $y = f(x)$ 恒等于常数,则这个曲边梯形实际上是矩形,我们知道,矩形的面积=底×高,而曲边梯形在底边上各点处的高 $f(x)$ 在区间 $[a,b]$ 上是变化的,故它的面积不能直接按照矩形的面积公式来计算.但是,由于曲边梯形的高 $f(x)$ 在区间 $[a,b]$ 上是连续变化的,在很小一段区间上它的变化很小,近似于不变,因此若把区间 $[a,b]$ 划分为许多个小区间,在每个小区间上用某一点处的高来近似代替同一个小区间上各点处的窄曲边梯形的高,从而以相应的窄矩形面积来近似窄曲边梯形的面积.所有窄矩形面积之和就是所求曲边梯形面积的近似值.区间分割越细,近似程度就越高,将区间$[a,b]$无限细分,这时得到的所有窄矩形面积之和的极限定义为所求曲边梯形的面积.这一定义同时也给出了计算曲边梯形面积的方法,具体步骤如下.

① **分割** 用分点
$$a = x_0 < x_1 < x_2 < \cdots < x_{n-1} < x_n = b$$
将区间$[a,b]$等分成n个小区间
$$[x_0,x_1],[x_1,x_2],\cdots,[x_{n-1},x_n].$$

这些小区间的长度为$\Delta x_i = x_i - x_{i-1} = \dfrac{b-a}{n}$ $(i=1,2,\cdots,n)$,过每个分点x_i作垂直于x轴的直线,把曲边梯形分成n个窄曲边梯形(见图$6-1-2$).用A表示所求曲边梯形的面积,ΔA_i表示第i个窄曲边梯形的面积,则由面积的可加性知

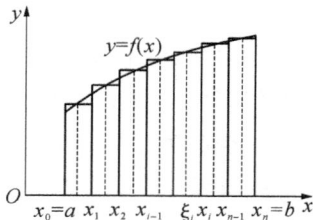
图 $6-1-2$

$$A = \Delta A_1 + \Delta A_2 + \cdots + \Delta A_n = \sum_{i=1}^{n} \Delta A_i.$$

② **近似** 在每个小区间$[x_{i-1},x_i]$ $(i=1,2,\cdots,n)$内任取一点$\xi_i(x_{i-1} \leqslant \xi_i \leqslant x_i)$,以$\Delta x_i$为底、$f(\xi_i)$为高作窄矩形,用窄矩形的面积$f(\xi_i)\Delta x_i = f(\xi_i)\dfrac{b-a}{n}$作为窄曲边梯形的面积$\Delta A_i$的近似值,即
$$\Delta A_i \approx f(\xi_i)\Delta x_i \quad (i=1,2,\cdots,n).$$

③ **求和** 把n个窄矩形面积相加就是曲边梯形面积A的近似值,即
$$A \approx f(\xi_1)\Delta x_1 + f(\xi_2)\Delta x_2 + \cdots + f(\xi_n)\Delta x_n = \sum_{i=1}^{n} f(\xi_i)\dfrac{b-a}{n}.$$

④ **取极限** 当等分数n无限增大而小区间长度$\dfrac{b-a}{n} \to 0$时,取上述和式的极限,便得到曲边梯形面积的精确值,即
$$A = \lim_{n \to \infty} \sum_{i=1}^{n} f(\xi_i)\dfrac{b-a}{n}.$$

（2）变速直线运动的路程

设某物体做变速直线运动,已知$v = v(t)$是时间间隔$[T_1,T_2]$上t的连续函数,且$v(t) \geqslant 0$,计算物体在这段时间内所经过的路程s.

我们知道,如果物体做匀速直线运动,则有下列公式
路程 ＝ 速度 × 时间.

由于变速直线运动在$[T_1,T_2]$这段时间内速度是变化的,因此物体在$[T_1,T_2]$内经过的路程不能用上述公式计算.然而,由于$v(t)$是连续变化的,在很短一段时间内,其速度的

变化很小,可以近似把物体看成是做匀速直线运动.因此,若把时间间隔划分为许多个小时间段,在每个小时间段内,以匀速运动代替变速运动,就可计算出每个小时间段内路程的近似值;再对各小时间段内路程的近似值求和,则得到整个路程的近似值;最后利用求极限的方法得到所求变速直线运动的路程的精确值.具体步骤如下:

① **分割** 用分点

$$T_1 = t_0 < t_1 < t_2 < \cdots < t_{n-1} < t_n = T_2$$

将时间间隔$[T_1, T_2]$等分成n个小时间段

$$[t_0, t_1], [t_1, t_2], \cdots, [t_{n-1}, t_n].$$

各小时间段的长度为$\Delta t_i = t_i - t_{i-1} = \dfrac{T_2 - T_1}{n}$ $(i = 1, 2, \cdots, n)$,相应地,在各小段时间内物体所经过的路程依次为:$\Delta s_1, \Delta s_2, \cdots, \Delta s_i, \cdots, \Delta s_n$.

② **近似** 在每个小时间段$[t_{i-1}, t_i]$ $(i = 1, 2, \cdots, n)$内任取一点$\tau_i (t_{i-1} \leqslant \tau_i \leqslant t_i)$,以时刻$\tau_i$的速度$v(\tau_i)$近似代替$[t_{i-1}, t_i]$上各时刻的速度,得到$[t_{i-1}, t_i]$内物体所经过的路程$\Delta s_i$的近似值,即

$$\Delta s_i \approx v(\tau_i) \Delta t_i \quad (i = 1, 2, \cdots, n).$$

③ **求和** 将这样得到的n个小时间段上路程的近似值之和作为所求变速直线运动路程s的近似值,即

$$s \approx \Delta s_1 + \Delta s_2 + \cdots + \Delta s_n = \sum_{i=1}^{n} v(\tau_i) \Delta t_i = \sum_{i=1}^{n} v(\tau_i) \frac{b-a}{n}.$$

④ **取极限** 当$n \to 0$时,取上述和式的极限,便得到变速直线运动路程s的精确值

$$s = \lim_{n \to \infty} \sum_{i=1}^{n} v(\tau_i) \frac{b-a}{n}.$$

(3)收益问题

这里我们考虑经济学中的收益问题.设某商品的价格P是销售量x的函数$P = P(x)$,x为连续变量,求销售量从a变到b时的收益R.

类似于前面两个例子的做法,首先,用点$a = x_0 < x_1 < x_2 < \cdots < x_{n-1} < x_n = b$将$[a, b]$等分成$n$个销售量段,

$$[x_0, x_1], [x_1, x_2], \cdots, [x_{n-1}, x_n].$$

在每个销售量段$[x_{i-1}, x_i]$上任取一点ξ_i,只要等分得足够细,该段上商品的价格可近似为$P(\xi_i)$,同时收益可近似为$P(\xi_i) \Delta x_i = P(\xi_i) \dfrac{b-a}{n}$ $(i = 1, 2, \cdots, n)$.因此,在销售量段$[a, b]$上的收益R可近似地看做n段的收益之和,即

$$R \approx \sum_{i=1}^{n} P(\xi_i) \Delta x_i = \sum_{i=1}^{n} P(\xi_i) \frac{b-a}{n}.$$

显然,$[a,b]$划分越细,近似程度越高. 当等分数 $n \to \infty$ 时,上述和式的极限即为收益 R 的精确值,即

$$R = \lim_{n \to \infty} \sum_{i=1}^{n} P(\xi_i) \frac{b-a}{n}.$$

6.1.1.2　定积分定义

从前面三个引例我们看到,无论是求曲边梯形的面积问题和变速直线运动的路程问题,还是求经济学中的收益问题,实际背景完全不同,但是解决的方法是相同的,都可以通过"分割、近似、求和、取极限"转化为形如 $\lim\limits_{n \to \infty} \sum\limits_{i=1}^{n} f(\xi_i) \Delta x_i$ 的和式的极限问题. 这种解决问题的方法可广泛应用于各个领域,许多量的计算都归结为这种类型的和式的极限计算. 因此,我们将这种具有相同结构的和式的极限抽象为一个一般的数学概念 —— 定积分.

定义 6.1　设 $f(x)$ 在区间 $[a,b]$ 上有界,用分点
$$a = x_0 < x_1 < x_2 < \cdots < x_{n-1} < x_n = b$$
来等分区间 $[a,b]$,各小区间的长度依次为 $\Delta x_i = x_i - x_{i-1} = \dfrac{b-a}{n}$ $(i = 1, 2, \cdots, n)$. 在每一小区间 $[x_{i-1}, x_i]$ 上任取一点 ξ_i,作函数值 $f(\xi_i)$ 与小区间长度 Δx_i 的乘积 $f(\xi_i) \Delta x_i$,并作和式

$$\sigma = \sum_{i=1}^{n} f(\xi_i) \Delta x_i.$$

若当 $n \to \infty$ 时,和式极限存在,且此极限不依赖于 ξ_i 的选择,则称此极限值为 $f(x)$ 在 $[a,b]$ 上的**定积分**,记为 $\int_a^b f(x)\mathrm{d}x$,即

$$\int_a^b f(x)\mathrm{d}x = \lim_{n \to \infty} \sum_{i=1}^{n} f(\xi_i) \frac{b-a}{n},$$

其中 $f(x)$ 称为被积函数,x 称为积分变量,$f(x)\mathrm{d}x$ 称为积分表达式,$[a,b]$ 称为积分区间,a 和 b 分别称为积分下限和积分上限.

关于定积分的定义,我们要做以下两点说明:

(1) 定积分是和式 $\sum\limits_{i=1}^{n} f(\xi_i) \Delta x_i$ 的极限,即是一个确定的常数,它只与被积函数 $f(x)$ 以及积分区间 $[a,b]$ 有关,而与积分变量用什么符号表示无关,即把积分变量 x 改写成其他字母,例如 t 或 u,定积分的值保持不变,即

$$\int_a^b f(x)\mathrm{d}x = \int_a^b f(t)\mathrm{d}t = \int_a^b f(u)\mathrm{d}u.$$

(2) 从定义我们可以给出以下的推断:若 $f(x)$ 在 $[a,b]$ 上可积,则 $f(x)$ 在 $[a,b]$ 上

必定有界. 这是因为, 若 $f(x)$ 在 $[a,b]$ 上无界, 则这个函数至少会在其中某个小区间 $[x_{i-1}, x_i]$ 上无界. 因此, 可在该小区间上选取一点 ξ_i, 使得 $f(\xi_i)\Delta x_i$ 大于预先给定的数, 随之可使和数 σ 也如此, 从而和式 $\sum\limits_{i=1}^{n} f(\xi_i)\Delta x_i$ 就不可能有有限的极限. 由此可见, 可积函数一定是有界的, 而无界函数一定不可积.

对于定积分, 还有一个重要问题: 函数 $f(x)$ 在 $[a,b]$ 上满足什么条件, $f(x)$ 在 $[a,b]$ 上一定可积? 关于这个问题, 我们给出定积分存在的充分条件而不加以证明.

定理 6.1　如果 $f(x)$ 在 $[a,b]$ 上连续, 则 $f(x)$ 在 $[a,b]$ 上可积.

定理 6.2　如果 $f(x)$ 在 $[a,b]$ 上有界, 且只有有限个第一类间断点, 则 $f(x)$ 在 $[a,b]$ 上可积.

按照定积分的定义, 我们前面所举的三个例子可以简洁地表述如下.

(1) 由连续曲线 $y = f(x)[f(x) \geqslant 0]$, 直线 $x = a, x = b$ 和 x 轴所围成的曲边梯形的面积 A 就是函数 $f(x)$ 在 $[a,b]$ 上的定积分, 即

$$A = \int_a^b f(x)\mathrm{d}x.$$

(2) 物体以速度 $v = v(t)$ 做变速直线运动, 在时刻 $t = T_1$ 到时刻 $t = T_2$ 通过的路程 s 等于函数 $v(t)$ 在时间间隔 $[T_1, T_2]$ 上的定积分, 即

$$s = \int_{T_1}^{T_2} v(t)\mathrm{d}t.$$

(3) 价格为 $P = P(x)$ (x 为销售量) 的商品, 销售量从 $x = a$ 变到 $x = b$ 所得的收益 R 等于 $P(x)$ 在 $[a,b]$ 上的定积分, 即

$$R = \int_a^b P(x)\mathrm{d}x.$$

下面我们讨论定积分的几何意义. 若在 $[a,b]$ 上 $f(x)$ $\geqslant 0$ 时, 定积分 $\int_a^b f(x)\mathrm{d}x$ 在几何上表示为由曲线 $y = f(x)$, 直线 $x = a, x = b$ 及 x 轴所围成的曲边梯形的面积; 若在 $[a,b]$ 上 $f(x) \leqslant 0$, 由曲线 $y = f(x)$, 直线 $x = a, x = b$ 及 x 轴所围成的曲边梯形位于 x 轴下方, 定积分 $\int_a^b f(x)\mathrm{d}x$ 在几何上表示上述曲边梯形面积的负值; 若在

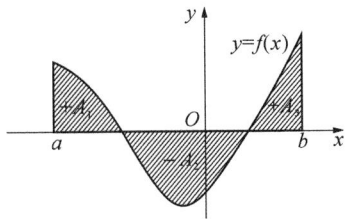

图 6 - 1 - 3

$[a,b]$ 上 $f(x)$ 既取得正值又取得负值时, 函数 $f(x)$ 图形的某些部分在 x 轴的上方, 而其他部分在 x 轴的下方 (见图 6 - 1 - 3). 我们将所围的面积按上述规律赋予正、负号, 则在一般情形下, 定积分 $\int_a^b f(x)\mathrm{d}x$ 的几何意义为: 它是介于 x 轴、函数 $f(x)$ 的图形及直线 $x = a$, $x = b$ 之间各部分面积的代数和. 在图 6 - 1 - 3 中,

$$\int_a^b f(x)\,dx = A_1 - A_2 + A_3.$$

例 1 利用定积分的几何意义计算：

(1) $\displaystyle\int_a^b k\,dx$ $(k > 0)$ (2) $\displaystyle\int_a^b 2x\,dx$ $(0 < a < b)$

解 (1) 待求的定积分 $\displaystyle\int_a^b k\,dx$ 是矩形 $ABCD$ 的面积(见图 $6-1-4$)，即

$$\int_a^b k\,dx = k(b-a).$$

(2) 待求的定积分 $\displaystyle\int_a^b 2x\,dx$ 是梯形 $ABCD$ 的面积(见图 $6-1-5$)，即

$$\int_a^b 2x\,dx = \frac{1}{2}(2b + 2a)(b-a) = b^2 - a^2.$$

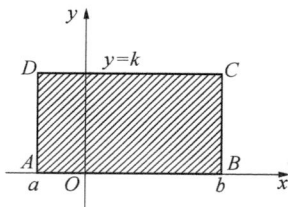

图 6-1-4

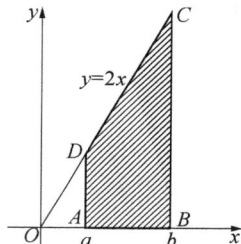

图 6-1-5

例 2 利用定义计算定积分 $\displaystyle\int_0^1 x^2\,dx$.

解 因为被积函数 $f(x) = x^2$ 在积分区间 $[0,1]$ 上连续，而连续函数是可积的，所以积分与 ξ_i 的取法无关，因此，为了便于计算，不妨把区间 $[0,1]$ 分成 n 等份，分点为 $x_i = \dfrac{i}{n}$，每个小区间 $[x_{i-1}, x_i]$ 的长度为 $\Delta x_i = \dfrac{1}{n}$，取 $\xi_i = \dfrac{i}{n}$ $(i = 1, 2, \cdots, n)$，于是得和式

$$\sigma = \sum_{i=1}^n f(\xi_i)\frac{b-a}{n} = \sum_{i=1}^n \left(\frac{i}{n}\right)^2 \cdot \frac{1}{n}$$

$$= \frac{1}{n^3}\sum_{i=1}^n i^2 = \frac{1}{n^3} \cdot \frac{1}{6}n(n+1)(2n+1).$$

当 $n \to \infty$ 时，取上式的极限，按定积分的定义，即得所要计算的积分为

$$\int_0^1 x^2\,dx = \lim_{n\to\infty}\sigma = \lim_{n\to\infty}\frac{1}{6}\left(1 + \frac{1}{n}\right)\left(2 + \frac{1}{n}\right) = \frac{1}{3}.$$

6.1.2 定积分性质

为了进一步讨论定积分的理论与计算，我们要介绍定积分的一些基本性质. 对于定

积分作两点补充规定:

(1) 当 $a = b$ 时,$\int_a^b f(x)\mathrm{d}x = 0$;

(2) 当 $a > b$ 时,$\int_a^b f(x)\mathrm{d}x = -\int_b^a f(x)\mathrm{d}x$.

根据上述规定,交换定积分的上下限,其绝对值保持不变而符号相反.在后续的讨论中,如不特别指出,对定积分的上下限的大小均不加限制,并假定各性质中所列出的定积分都是存在的.

性质 1 被积函数中的常数因子可以提到积分号前面,即

$$\int_a^b k f(x)\mathrm{d}x = k\int_a^b f(x)\mathrm{d}x \quad (k \text{ 是常数}).$$

证 $\displaystyle\int_a^b k f(x)\mathrm{d}x = \lim_{n\to\infty}\sum_{i=1}^n k f(\xi_i)\frac{b-a}{n} = \lim_{n\to\infty}\left[k\sum_{i=1}^n f(\xi_i)\frac{b-a}{n}\right]$

$$= k\lim_{n\to\infty}\sum_{i=1}^n f(\xi_i)\frac{b-a}{n} = k\int_a^b f(x)\mathrm{d}x.$$

性质 2 两个函数的和或差的定积分等于它们定积分的和或差,即

$$\int_a^b [f(x) \pm g(x)]\mathrm{d}x = \int_a^b f(x)\mathrm{d}x \pm \int_a^b g(x)\mathrm{d}x.$$

证 $\displaystyle\int_a^b [f(x) \pm g(x)]\mathrm{d}x = \lim_{n\to\infty}\sum_{i=1}^n [f(\xi_i) \pm g(\xi_i)]\frac{b-a}{n}$

$$= \lim_{n\to\infty}\sum_{i=1}^n f(\xi_i)\frac{b-a}{n} \pm \lim_{n\to\infty}\sum_{i=1}^n g(\xi_i)\frac{b-a}{n}$$

$$= \int_a^b f(x)\mathrm{d}x \pm \int_a^b g(x)\mathrm{d}x.$$

利用性质 1 和性质 2,易得

$$\int_a^b [k_1 f(x) \pm k_2 g(x)]\mathrm{d}x = k_1\int_a^b f(x)\mathrm{d}x \pm k_2\int_a^b g(x)\mathrm{d}x,$$

其中 k_1 和 k_2 为常数.上式表明,定积分关于被积函数具有线性性质,也就是说,函数的线性组合的定积分等于定积分的线性组合.这个法则可推广到有限多个函数的代数和的情形.

性质 3(区间可加性)

$$\int_a^b f(x)\mathrm{d}x = \int_a^c f(x)\mathrm{d}x + \int_c^b f(x)\mathrm{d}x.$$

证 先假设 $a < c < b$.将 c 取作区间 $[a,b]$ 的一个分点,则 $[a,b]$ 可划分为两个小区间 $[a,c]$ 和 $[c,b]$.由定积分的定义知,在 $[a,b]$ 上的和式等于 $[a,c]$ 上的和式加上 $[c,b]$ 上的和式,即

$$\sum_{[a,b]} f(\xi_i) \frac{b-a}{n} = \sum_{[a,c]} f(\xi_i) \frac{c-a}{n} + \sum_{[c,b]} f(\xi_i) \frac{b-c}{n},$$

当 $n \to \infty$ 时,上式两端取极限,即得

$$\int_a^b f(x)\mathrm{d}x = \int_a^c f(x)\mathrm{d}x + \int_c^b f(x)\mathrm{d}x.$$

当 $a < b < c$ 时,由于

$$\int_a^c f(x)\mathrm{d}x = \int_a^b f(x)\mathrm{d}x + \int_b^c f(x)\mathrm{d}x,$$

于是得

$$\int_a^b f(x)\mathrm{d}x = \int_a^c f(x)\mathrm{d}x - \int_b^c f(x)\mathrm{d}x = \int_a^c f(x)\mathrm{d}x + \int_c^b f(x)\mathrm{d}x.$$

同理可证 $c < a < b$ 的情形. 因此,不论 a,b,c 的相对位置如何,所证等式总成立.

性质 4   如果在区间 $[a,b]$ 上 $f(x) \equiv 1$,则

$$\int_a^b 1\mathrm{d}x = \int_a^b \mathrm{d}x = b-a.$$

显然,定积分 $\int_a^b \mathrm{d}x$ 在几何上表示以 $[a,b]$ 为底,$f(x) = 1$ 为高的矩形的面积. 这个性质的证明由读者自行完成.

性质 5(保号性质)   如果在区间 $[a,b]$ 上 $f(x) \geqslant 0$,则

$$\int_a^b f(x)\mathrm{d}x \geqslant 0 \quad (a < b).$$

证   因为 $f(x) \geqslant 0$,所以 $f(\xi_i) \geqslant 0 \ (i = 1,2,\cdots,n)$. 又由于 $\frac{b-a}{n} > 0$,因此

$$\sum_{i=1}^n f(\xi_i) \frac{b-a}{n} \geqslant 0,$$

令 $n \to \infty$,便得所证不等式.

推论 1   如果在区间 $[a,b]$ 上 $f(x) \leqslant g(x)$,则

$$\int_a^b f(x)\mathrm{d}x \leqslant \int_a^b g(x)\mathrm{d}x \quad (a < b).$$

证   因为 $g(x) - f(x) \geqslant 0$,由性质 5 知,

$$\int_a^b [g(x) - f(x)]\mathrm{d}x \geqslant 0.$$

再利用性质 2,得 $\int_a^b g(x)\mathrm{d}x - \int_a^b f(x)\mathrm{d}x \geqslant 0$,即

$$\int_a^b f(x)\mathrm{d}x \leqslant \int_a^b g(x)\mathrm{d}x.$$

推论 2 $\left| \int_a^b f(x)\mathrm{d}x \right| \leqslant \int_a^b |f(x)|\mathrm{d}x \quad (a < b).$

证 因为

$$-\mid f(x)\mid\leqslant f(x)\leqslant\mid f(x)\mid,$$

所以由推论 1 及性质 1 可得

$$-\int_a^b\mid f(x)\mid\mathrm{d}x\leqslant\int_a^b f(x)\mathrm{d}x\leqslant\int_a^b\mid f(x)\mid\mathrm{d}x,$$

即

$$\left|\int_a^b f(x)\mathrm{d}x\right|\leqslant\int_a^b\mid f(x)\mid\mathrm{d}x.$$

性质 6(估值定理) 设 M 和 m 分别是 $f(x)$ 在区间 $[a,b]$ 上的最大值和最小值,则

$$m(b-a)\leqslant\int_a^b f(x)\mathrm{d}x\leqslant M(b-a).$$

证 因为 $m\leqslant f(x)\leqslant M$,所以由推论 1 得

$$\int_a^b m\mathrm{d}x\leqslant\int_a^b f(x)\mathrm{d}x\leqslant\int_a^b M\mathrm{d}x.$$

再由性质 1 及性质 4,即得所证不等式.

当 $f(x)\geqslant 0$ 时,性质 6 的几何意义是:由曲线 $y=f(x)$,直线 $x=a,x=b$ 及 x 轴所围成的曲边梯形的面积介于以 $[a,b]$ 为底,分别以 $f(x)$ 的最小值 m 与最大值 M 为高的矩形面积之间(见图 $6-1-6$).

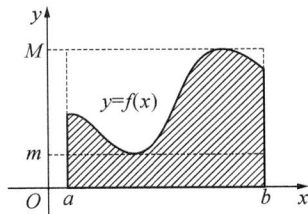

图 6-1-6

性质 7(定积分中值定理) 若函数 $f(x)$ 在闭区间 $[a,b]$ 上连续,则在积分区间 $[a,b]$ 上至少存在一点 ξ,使下式成立

$$\int_a^b f(x)\mathrm{d}x=f(\xi)(b-a)\quad(a\leqslant\xi\leqslant b).$$

上式称为**积分中值公式**.

证 因为 $f(x)$ 在闭区间 $[a,b]$ 上连续,则由闭区间上连续函数的最大值和最小值定理知,

$$m\leqslant f(x)\leqslant M,$$

其中 M,m 分别是 $f(x)$ 在 $[a,b]$ 上的最大值和最小值.又由性质 6 知

$$m(b-a)\leqslant\int_a^b f(x)\mathrm{d}x\leqslant M(b-a),$$

再用 $b-a$ 去除不等式两边,得

$$m\leqslant\frac{\int_a^b f(x)\mathrm{d}x}{b-a}\leqslant M,$$

上式表明 $\dfrac{1}{b-a}\int_a^b f(x)\mathrm{d}x$ 介于 $f(x)$ 在 $[a,b]$ 上的最大值 M 和最小值 m 之间.由连续函数

的介值定理知,至少存在一点 $\xi \in [a,b]$,使得

$$\frac{1}{b-a}\int_a^b f(x)\mathrm{d}x = f(\xi).$$

因此

$$\int_a^b f(x)\mathrm{d}x = f(\xi)(b-a).$$

当 $f(x) \geqslant 0$ 时,这个定理的几何意义为:在区间 $[a,b]$ 上至少存在一点 ξ,使得以区间 $[a,b]$ 为底,以曲线 $y = f(x)$ 为曲边的曲边梯形的面积等于同一底边而高为 $f(\xi)$ 的一个矩形的面积(如图 $6-1-7$ 所示).

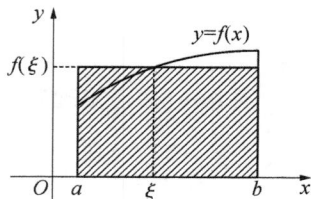

如果函数 $f(x)$ 在闭区间 $[a,b]$ 上连续,则称 $\frac{1}{b-a}\int_a^b f(x)\mathrm{d}x$ 为 $f(x)$ 在 $[a,b]$ 上的平均值,它是有限个

数的平均值概念的拓展. 例如,如果已知某地某日的气温曲线 $T = f(t)$,其中 t 为时间,则 $\frac{1}{24}\int_0^{24} f(t)\mathrm{d}t$ 表示该地该日的平均气温.

例 3 比较定积分 $\int_0^1 \mathrm{e}^x \mathrm{d}x$ 与 $\int_0^1 (1+x)\mathrm{d}x$ 的大小.

解 因为在区间 $[0,1]$ 上 $\mathrm{e}^x \geqslant 1+x$,由推论 1 知,

$$\int_0^1 \mathrm{e}^x \mathrm{d}x \geqslant \int_0^1 (1+x)\mathrm{d}x.$$

例 4 估计定积分 $\int_0^1 \mathrm{e}^{x^2} \mathrm{d}x$ 的值.

解 令 $f(x) = \mathrm{e}^{x^2}$,因为 $f'(x) = 2x\mathrm{e}^{x^2} \geqslant 0$,所以函数 $f(x)$ 在区间 $[0,1]$ 上的最大值为 $M = f(1) = \mathrm{e}$,最小值为 $m = f(0) = 1$,根据定积分的估值定理得

$$1 \leqslant \int_0^1 \mathrm{e}^{x^2} \mathrm{d}x \leqslant \mathrm{e}.$$

例 5 证明不等式

$$\sqrt{2}\,\mathrm{e}^{-\frac{1}{2}} \leqslant \int_{-\frac{1}{\sqrt{2}}}^{\frac{1}{\sqrt{2}}} \mathrm{e}^{-x^2}\mathrm{d}x \leqslant \sqrt{2}.$$

证 设 $f(x) = \mathrm{e}^{-x^2}$,令 $f'(x) = -2x\mathrm{e}^{-x^2} = 0$,得 $x = 0$. 而

$$f\left(-\frac{1}{\sqrt{2}}\right) = \mathrm{e}^{-\frac{1}{2}}, \quad f(0) = 1, \quad f\left(\frac{1}{\sqrt{2}}\right) = \mathrm{e}^{-\frac{1}{2}},$$

比较知 $f(x)$ 在 $\left[-\frac{1}{\sqrt{2}}, \frac{1}{\sqrt{2}}\right]$ 上的最大值为 1,最小值为 $\mathrm{e}^{-\frac{1}{2}}$.

由估值定理得

$$\mathrm{e}^{-\frac{1}{2}}\left[\frac{1}{\sqrt{2}}-\left(-\frac{1}{\sqrt{2}}\right)\right]\leqslant\int_{-\frac{1}{\sqrt{2}}}^{\frac{1}{\sqrt{2}}}\mathrm{e}^{-x^2}\,\mathrm{d}x\leqslant 1\cdot\left[\frac{1}{\sqrt{2}}-\left(-\frac{1}{\sqrt{2}}\right)\right],$$

即

$$\sqrt{2}\,\mathrm{e}^{-\frac{1}{2}}\leqslant\int_{-\frac{1}{\sqrt{2}}}^{\frac{1}{\sqrt{2}}}\mathrm{e}^{-x^2}\,\mathrm{d}x\leqslant\sqrt{2}.$$

习题　6.1

1. 利用定积分定义计算下列积分：

(1) $\displaystyle\int_a^b x\,\mathrm{d}x\quad(a<b)$
(2) $\displaystyle\int_0^1 \mathrm{e}^x\,\mathrm{d}x$

2. 利用定积分的几何意义，说明下列各等式成立：

(1) $\displaystyle\int_{-1}^1 x^2\,\mathrm{d}x=2\int_0^1 x^2\,\mathrm{d}x$
(2) $\displaystyle\int_0^a\sqrt{a^2-x^2}\,\mathrm{d}x=\frac{1}{4}\pi a^2$

(3) $\displaystyle\int_{-\pi}^{\pi}\sin x\,\mathrm{d}x=0$
(4) $\displaystyle\int_{-\frac{\pi}{2}}^{\frac{\pi}{2}}\cos x\,\mathrm{d}x=2\int_0^{\frac{\pi}{2}}\cos x\,\mathrm{d}x$

3. 利用定积分的性质比较下列各组积分的大小：

(1) $\displaystyle\int_0^1 x\,\mathrm{d}x$ 与 $\displaystyle\int_0^1 x^2\,\mathrm{d}x$
(2) $\displaystyle\int_3^4\ln x\,\mathrm{d}x$ 与 $\displaystyle\int_3^4(\ln x)^2\,\mathrm{d}x$

(3) $\displaystyle\int_0^1 x\,\mathrm{d}x$ 与 $\displaystyle\int_0^1\ln(1+x)\,\mathrm{d}x$
(4) $\displaystyle\int_0^{\frac{\pi}{2}}x\,\mathrm{d}x$ 与 $\displaystyle\int_0^{\frac{\pi}{2}}\sin x\,\mathrm{d}x$

4. 估计定积分的值：

(1) $\displaystyle\int_2^4(x^2-2)\,\mathrm{d}x$
(2) $\displaystyle\int_{\frac{\pi}{4}}^{\frac{5}{4}\pi}(1+\sin^2 x)\,\mathrm{d}x$

(3) $\displaystyle\int_0^{\frac{\pi}{2}}\mathrm{e}^{\sin x}\,\mathrm{d}x$
(4) $\displaystyle\int_{\frac{1}{\sqrt{3}}}^{\sqrt{3}}x\arctan x\,\mathrm{d}x$

(5) $\displaystyle\int_1^2\frac{x}{x^2+1}\,\mathrm{d}x$
(6) $\displaystyle\int_0^{\frac{\pi}{2}}\frac{1}{3+\cos^2 x}\,\mathrm{d}x$

5. 证明下列不等式：

(1) $0\leqslant\displaystyle\int_0^1\frac{x}{\sqrt{x^2+1}}\,\mathrm{d}x\leqslant\frac{1}{\sqrt{2}}$
(2) $0\leqslant\displaystyle\int_0^{\frac{\pi}{2}}\sin x\,\mathrm{d}x\leqslant\frac{\pi}{2}$

6.2 微积分的基本公式

积分学有两类基本问题:第一类基本问题是求函数的不定积分,我们已经在第五章做了详细讨论;第二类基本问题就是定积分的计算问题.如果我们应用定积分的定义来计算定积分,从6.1节中例2看到,即使被积函数是简单的二次幂函数 $f(x) = x^2$,积分区间是最简单的 $[0,1]$,定积分计算 $\int_0^1 x^2 \mathrm{d}x$ 已经不是很容易,如果被积函数换成其他复杂的函数,那困难将更大.因此,寻求一种计算定积分的有效解法便成为积分学发展的关键.我们知道,不定积分与定积分是从两个完全不同的角度引进的,但是,牛顿和莱布尼茨不仅发现并找到了两者之间的内在联系,并给出了定积分的计算方法 —— 牛顿-莱布尼茨公式,从而使积分学与微分学一起构成微积分学.牛顿和莱布尼茨也因此作为微积分学的奠基者而载入史册.

6.2.1 引例

设有一物体在一直线上运动,在这直线上取定原点、正向及长度单位,使它成为一数轴.设时刻 t 物体所在位置为 $s(t)$,速度为 $v(t)$ $[$其中 $v(t) \geqslant 0]$.从6.1节知道,物体在时间间隔 $[T_1, T_2]$ 内经过的路程为

$$s = \int_{T_1}^{T_2} v(t)\mathrm{d}t.$$

另一方面,这段路程又可以表示为位置函数 $s(t)$ 在区间 $[T_1, T_2]$ 上的增量

$$s(T_2) - s(T_1).$$

由此可知,位置函数 $s(t)$ 与速度函数 $v(t)$ 有如下关系

$$\int_{T_1}^{T_2} v(t)\mathrm{d}t = s(T_2) - s(T_1).$$

上式表明,速度函数 $v(t)$ 在区间 $[T_1, T_2]$ 上的定积分等于 $v(t)$ 的原函数 $s(t)$ 在区间 $[T_1, T_2]$ 上的增量.

上述结论在一定条件下具有普遍性.在6.2.3节中,我们将证明,如果函数 $f(x)$ 在区间 $[a,b]$ 上连续,那么 $f(x)$ 在区间 $[a,b]$ 上定积分就等于 $f(x)$ 的原函数 $F(x)$ 在区间 $[a,b]$ 上的增量 $F(b) - F(a)$,即

$$\int_a^b f(x)\mathrm{d}x = F(b) - F(a).$$

6.2.2 积分上限的函数与原函数存在定理

设函数 $f(x)$ 在区间 $[a,b]$ 上连续,则定积分 $\int_a^b f(x)\mathrm{d}x$ 表示曲线 $y = f(x)$ 在区间 $[a,b]$ 上的曲边梯形 $ABCD$ 的面积(见图 6-2-1).设 x 是 $[a,b]$ 上的任意一点,则积分 $\int_a^x f(t)\mathrm{d}t$ 表示曲线 $y = f(x)$ 在区间 $[a,x]$ 上的曲边梯形 $AEFD$ 的面积.因为 a 是固定的,所以定积分 $\int_a^x f(t)\mathrm{d}t$ 的值与上限 x 有关.对于区间 $[a,b]$

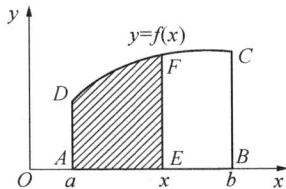

图 6-2-1

上的每个确定的 x,这个定积分都有确定的值与之对应,因此,可将其视为上限 x 的函数,它的定义域是区间 $[a,b]$,我们把它记为 $\Phi(x)$,即

$$\Phi(x) = \int_a^x f(t)\mathrm{d}t.$$

函数 $\Phi(x)$ 是通过 $f(x)$ 作变上限定积分所确定的函数,称为积分上限函数(或变上限积分).这个函数具有以下重要性质.

定理 6.3 设函数 $f(x)$ 在区间 $[a,b]$ 上连续,则积分上限函数

$$\Phi(x) = \int_a^x f(t)\mathrm{d}t$$

在 $[a,b]$ 上可导,并且它的导数是

$$\Phi'(x) = \frac{\mathrm{d}}{\mathrm{d}x}\int_a^x f(t)\mathrm{d}t = f(x).$$

证 欲证 $\lim\limits_{\Delta x \to 0} \dfrac{\Delta\Phi(x)}{\Delta x} = f(x)$,给自变量 x 一个增量 Δx,则函数 $\Phi(x)$ 相应的增量为

$$\Delta\Phi(x) = \Phi(x + \Delta x) - \Phi(x) = \int_a^{x+\Delta x} f(t)\mathrm{d}t - \int_a^x f(t)\mathrm{d}t$$

$$= \int_a^x f(t)\mathrm{d}t + \int_x^{x+\Delta x} f(t)\mathrm{d}t - \int_a^x f(t)\mathrm{d}t$$

$$= \int_x^{x+\Delta x} f(t)\mathrm{d}t.$$

由积分中值定理知,在 x 与 $x + \Delta x$ 之间必存在一点 ξ,使得

$$\int_x^{x+\Delta x} f(t)\mathrm{d}t = f(\xi)\Delta x.$$

于是

$$\frac{\Delta\Phi(x)}{\Delta x} = f(\xi).$$

对上式两端取极限 $\Delta x \to 0$,有 $x + \Delta x \to x$,又由于 ξ 介于 x 与 $x + \Delta x$ 之间,所以这时必

定有 $\xi \to x$，于是

$$\lim_{\Delta x \to 0} \frac{\Delta \Phi(x)}{\Delta x} = \lim_{\xi \to x} f(\xi) = f(x).$$

即

$$\Phi'(x) = f(x).$$

由定理 6.3 知，所有连续函数都存在原函数，且一个连续函数作变上限积分所确定的函数就是它的一个原函数，由此得到如下定理.

定理 6.4(原函数存在定理)　如果函数 $f(x)$ 在区间 $[a,b]$ 上连续，则函数

$$\Phi(x) = \int_a^x f(t)\,\mathrm{d}t$$

是 $f(x)$ 在 $[a,b]$ 上的一个原函数.

这个定理的重要性在于一方面肯定了连续函数的原函数是存在的，另一方面揭示了定积分与原函数之间的联系.

利用复合函数的求导法则，可进一步得到下列公式：

(1) $\dfrac{\mathrm{d}}{\mathrm{d}x} \displaystyle\int_a^{\varphi(x)} f(t)\,\mathrm{d}t = f(\varphi(x))\varphi'(x)$；

(2) $\dfrac{\mathrm{d}}{\mathrm{d}x} \displaystyle\int_{\Psi(x)}^{\varphi(x)} f(t)\,\mathrm{d}t = f(\varphi(x))\varphi'(x) - f(\Psi(x))\Psi'(x)$.

上述公式的证明请读者自行完成.

例 1　求 $\dfrac{\mathrm{d}}{\mathrm{d}x} \displaystyle\int_1^x \sin^2 t\,\mathrm{d}t$.

解　$\dfrac{\mathrm{d}}{\mathrm{d}x} \displaystyle\int_1^x \sin^2 t\,\mathrm{d}t = \sin^2 x$.

例 2　求 $\dfrac{\mathrm{d}}{\mathrm{d}x} \displaystyle\int_1^{x^3} \mathrm{e}^{-t^2}\,\mathrm{d}t$.

解　函数 $\displaystyle\int_1^{x^3} \mathrm{e}^{-t^2}\,\mathrm{d}t$ 是由函数 $f(u) = \displaystyle\int_1^u \mathrm{e}^{-t^2}\,\mathrm{d}t$ 和函数 $u = x^3$ 复合而成的函数，利用复合函数求导法则，得

$$\frac{\mathrm{d}}{\mathrm{d}x} \int_1^{x^3} \mathrm{e}^{-t^2}\,\mathrm{d}t = \frac{\mathrm{d}}{\mathrm{d}u} \int_1^u \mathrm{e}^{-t^2}\,\mathrm{d}t \cdot \frac{\mathrm{d}u}{\mathrm{d}x} = \mathrm{e}^{-u^2} \cdot 3x^2 = 3x^2 \mathrm{e}^{-x^6}.$$

例 3　求 $\dfrac{\mathrm{d}}{\mathrm{d}x} \displaystyle\int_{\cos x}^2 \ln(2+t)\,\mathrm{d}t$.

解　因为　　　$\dfrac{\mathrm{d}}{\mathrm{d}x} \displaystyle\int_{\cos x}^2 \ln(2+t)\,\mathrm{d}t = -\dfrac{\mathrm{d}}{\mathrm{d}x} \displaystyle\int_2^{\cos x} \ln(2+t)\,\mathrm{d}t$，

所以　　　　　　$\dfrac{\mathrm{d}}{\mathrm{d}x} \displaystyle\int_{\cos x}^2 \ln(2+t)\,\mathrm{d}t = \sin x \cdot \ln(2+\cos x)$.

例 4　设 $f(x)$ 为连续函数，$F(x) = \int_{\frac{1}{x}}^{\ln x} f(t) \mathrm{d}t$，求 $F'(x)$.

解　由于 $F(x)$ 的积分上、下限都是 x 的函数，应先将其拆成两个积分，再求导数. 因为

$$F(x) = \int_{\frac{1}{x}}^{a} f(t) \mathrm{d}t + \int_{a}^{\ln x} f(t) \mathrm{d}t \quad (a \text{ 为常数}),$$

所以

$$F'(x) = -f\left(\frac{1}{x}\right) \cdot \left(\frac{1}{x}\right)' + f(\ln x) \cdot (\ln x)' = \frac{1}{x^2} f\left(\frac{1}{x}\right) + \frac{1}{x} f(\ln x).$$

例 5　求极限 $\displaystyle\lim_{x \to 0} \frac{\int_{\cos x}^{1} \mathrm{e}^{-t^2} \mathrm{d}t}{x \sin x}$.

解　因为 $\displaystyle\lim_{x \to 0} \int_{\cos x}^{1} \mathrm{e}^{-t^2} \mathrm{d}t = \lim_{x \to 0} \int_{1}^{1} \mathrm{e}^{-t^2} \mathrm{d}t = 0$，故极限是 "$\frac{0}{0}$" 待定型. 先用等价无穷小代换，再用洛必达法则，得

$$\lim_{x \to 0} \frac{\int_{\cos x}^{1} \mathrm{e}^{-t^2} \mathrm{d}t}{x \sin x} = \lim_{x \to 0} \frac{\int_{\cos x}^{1} \mathrm{e}^{-t^2} \mathrm{d}t}{x^2} = \lim_{x \to 0} \frac{-\mathrm{e}^{-\cos^2 x} \cdot (-\sin x)}{2x} = \frac{\mathrm{e}^{-1}}{2} = \frac{1}{2\mathrm{e}}.$$

6.2.3　牛顿-莱布尼茨公式

定理 6.5(微积分基本公式)　设 $f(x)$ 在 $[a, b]$ 上连续，$F(x)$ 是 $f(x)$ 的任意一个原函数，即 $F'(x) = f(x)$，则

$$\int_{a}^{b} f(x) \mathrm{d}x = F(b) - F(a).$$

证　已知 $F(x)$ 是连续函数 $f(x)$ 的一个原函数. 又由定理 6.4 知 $\Phi(x) = \int_{a}^{x} f(t) \mathrm{d}t$ 也是 $f(x)$ 的一个原函数，于是这两个函数之间相差某一个常数 C，即

$$F(x) = \Phi(x) + C \quad (a \leqslant x \leqslant b).$$

为了确定常数 C，上式中令 $x = a$，得 $F(a) = \Phi(a) + C$，而 $\Phi(a) = \int_{a}^{a} f(t) \mathrm{d}t = 0$，因此，$C = F(a)$. 故

$$\int_{a}^{x} f(x) \mathrm{d}x = F(x) - F(a).$$

在上式中再令 $x = b$，即得所证公式.

为了方便，用记号 $F(x) \big|_{a}^{b}$ 表示 $F(b) - F(a)$，于是，微积分基本公式又可写成

$$\int_{a}^{b} f(x) \mathrm{d}x = F(x) \big|_{a}^{b}.$$

上式称为**牛顿-莱布尼茨(Newton-Leibniz)公式**. 这个公式给出了计算定积分的一种有效且简便的方法,即计算定积分 $\int_a^b f(x)\mathrm{d}x$,只需先求出被积函数 $f(x)$ 的任意一个原函数 $F(x)$,然后计算 $F(x)$ 在积分区间 $[a,b]$ 上的增量 $F(b)-F(a)$ 即可. 该公式把定积分的计算问题归结为原函数的问题,揭示了积分与微分之间的内在联系.

例 6 求 $\int_0^1 x^2 \mathrm{d}x$.

解 因为 $\frac{1}{3}x^3$ 是 x^2 的一个原函数,所以由牛顿-莱布尼茨公式知

$$\int_0^1 x^2 \mathrm{d}x = \frac{1}{3}x^3 \Big|_0^1 = \frac{1}{3}(1^3 - 0^3) = \frac{1}{3}.$$

在 6.1 节中曾利用定积分定义计算 $\int_0^1 x^2 \mathrm{d}x$ 的值,两者相比,其难易程度显而易见.

例 7 求 $\int_{-1}^{\sqrt{3}} \frac{1}{1+x^2} \mathrm{d}x$.

解 因为 $(\arctan x)' = \frac{1}{1+x^2}$,所以

$$\int_{-1}^{\sqrt{3}} \frac{1}{1+x^2} \mathrm{d}x = \arctan x \Big|_{-1}^{\sqrt{3}} = \arctan\sqrt{3} - \arctan(-1)$$

$$= \frac{\pi}{3} - \left(-\frac{\pi}{4}\right) = \frac{7}{12}\pi.$$

例 8 求 $\int_0^{\frac{\pi}{4}} \tan^2 x \mathrm{d}x$.

解 $\int_0^{\frac{\pi}{4}} \tan^2 x \mathrm{d}x = \int_0^{\frac{\pi}{4}} (\sec^2 x - 1)\mathrm{d}x = (\tan x - x)\Big|_0^{\frac{\pi}{4}}$

$$= \tan\frac{\pi}{4} - \frac{\pi}{4} = 1 - \frac{\pi}{4}.$$

例 9 求 $\int_{-3}^{-2} \frac{1}{x} \mathrm{d}x$.

解 $\int_{-3}^{-2} \frac{1}{x} \mathrm{d}x = \ln|x| \Big|_{-3}^{-2} = \ln|-2| - \ln|-3| = \ln\frac{2}{3}$.

对于分段函数的积分,只要满足定积分存在的充分条件,则可利用定积分关于区间的可加性,将其拆分成几个积分之和,再对每个积分使用牛顿-莱布尼茨公式.

例 10 求 $\int_0^{\pi} \sqrt{1+\cos 2x} \mathrm{d}x$.

解 因为

$$\sqrt{1+\cos 2x} = \sqrt{2\cos^2 x} = \sqrt{2}|\cos x|,$$

所以应按分段函数积分的方法来计算.

$$\int_0^\pi \sqrt{1+\cos 2x}\, \mathrm{d}x = \sqrt{2}\int_0^\pi |\cos x|\, \mathrm{d}x = \sqrt{2}\int_0^{\frac{\pi}{2}} \cos x\, \mathrm{d}x + \sqrt{2}\int_{\frac{\pi}{2}}^\pi (-\cos x)\, \mathrm{d}x$$

$$= \sqrt{2}\sin x\, |_0^{\frac{\pi}{2}} - \sqrt{2}\sin x\, |_{\frac{\pi}{2}}^\pi = 2\sqrt{2}.$$

例 11　求 $\int_{-1}^1 |2x-1|\, \mathrm{d}x$.

解　因为 $|2x-1| = \begin{cases} 1-2x, & x \leqslant \dfrac{1}{2}, \\ 2x-1, & x > \dfrac{1}{2}, \end{cases}$

函数 $|2x-1|$ 在区间 $[-1,1]$ 上连续,所以

$$\int_{-1}^1 |2x-1|\, \mathrm{d}x = \int_{-1}^{\frac{1}{2}} (1-2x)\, \mathrm{d}x + \int_{\frac{1}{2}}^1 (2x-1)\, \mathrm{d}x$$

$$= (x-x^2)\, |_{-1}^{\frac{1}{2}} + (x^2-x)\, |_{\frac{1}{2}}^1 = \frac{5}{2}.$$

例 12　设 $f(x) = \begin{cases} \mathrm{e}^{-x}, & x \geqslant 0, \\ 1+x^2, & x < 0, \end{cases}$ 求 $\int_{-1}^2 f(x)\, \mathrm{d}x$.

解　由于 $f(x)$ 在区间 $[-1,2]$ 上是分段函数,因此,定积分也要分段计算.

$$\int_{-1}^2 f(x)\, \mathrm{d}x = \int_{-1}^0 f(x)\, \mathrm{d}x + \int_0^2 f(x)\, \mathrm{d}x = \int_{-1}^0 (1+x^2)\, \mathrm{d}x + \int_0^2 \mathrm{e}^{-x}\, \mathrm{d}x$$

$$= \left(x+\frac{x^3}{3}\right)\Big|_{-1}^0 - \mathrm{e}^{-x}\, |_0^2 = \frac{7}{3} - \mathrm{e}^{-2}.$$

注意:被积函数在积分区间上不满足可积的条件,则不能利用牛顿-莱布尼茨公式计算相应的定积分,如: $\int_{-1}^1 \dfrac{1}{x^2}\mathrm{d}x$,下面的计算

$$\int_{-1}^1 \frac{1}{x^2}\mathrm{d}x = -\frac{1}{x}\, |_{-1}^1 = -1-1 = -2$$

是错误的.因为在区间 $[-1,1]$ 上,点 $x=0$ 是函数 $f(x) = \dfrac{1}{x^2}$ 的无穷型间断点,故 $f(x)$ 在 $[-1,1]$ 上无界,因而 $f(x)$ 在 $[-1,1]$ 上不可积.

习题　6.2

1. 计算下列函数的导数:

(1) $\int_0^x \dfrac{1}{t^2+2t+3}\mathrm{d}t$

(2) $\int_x^0 t^2 \sin t\, \mathrm{d}t$

(3) $\int_{\cos x}^{\sin x} \sin t^2\, \mathrm{d}t$

(4) $\int_{x^2}^{x^3} \dfrac{1}{\sqrt{1+t^2}}\mathrm{d}t$

(5) $\displaystyle\int_{\sin x}^{\cos x}\cos(\pi t^2)\,dt$ 　　　　　　　　(6) $\displaystyle\int_{\sqrt{x}}^{x^2}\frac{\sin t}{t}\,dt$

2. 设 $f(x)=\displaystyle\int_0^x\sin t\,dt$，求 $f'(0),f'\left(\dfrac{\pi}{2}\right)$.

3. 求由 $\displaystyle\int_0^y e^t\,dt+\int_0^x\cos t\,dt=0$ 所决定的隐函数 y 对 x 的导数 $\dfrac{dy}{dx}$.

4. 利用洛必达法则求下列极限：

(1) $\displaystyle\lim_{x\to0}\frac{\displaystyle\int_0^x\sin t^2\,dt}{x^3}$ 　　　　　　　(2) $\displaystyle\lim_{x\to0}\frac{\displaystyle\int_0^x\arctan t\,dt}{x^2}$

(3) $\displaystyle\lim_{x\to0}\frac{\displaystyle\int_0^{x^2}\sqrt{1+t^2}\,dt}{x^2}$ 　　　　　　(4) $\displaystyle\lim_{x\to0}\frac{\displaystyle\int_0^{2x}\frac{t}{1+e^{t^2}}\,dt}{x^2}$

5. 计算下列定积分：

(1) $\displaystyle\int_1^2\left(x^2+\frac{1}{x^4}\right)dx$ 　　　　　　(2) $\displaystyle\int_4^9\sqrt{x}\,(1+\sqrt{x})\,dx$

(3) $\displaystyle\int_1^2(x^2-1)\frac{1}{\sqrt{x}}\,dx$ 　　　　　(4) $\displaystyle\int_1^3\frac{dx}{x(1+x)}$

(5) $\displaystyle\int_{-\frac{1}{2}}^{\frac{1}{2}}\frac{dx}{\sqrt{1-x^2}}$ 　　　　　　(6) $\displaystyle\int_0^1\frac{dx}{\sqrt{4-x^2}}$

(7) $\displaystyle\int_{-1}^0\frac{3x^4+3x^2+1}{x^2+1}\,dx$ 　　　　(8) $\displaystyle\int_{\frac{\pi}{4}}^{\frac{\pi}{2}}\cot^2\theta\,d\theta$

(9) $\displaystyle\int_0^{\frac{\pi}{2}}\cos^2\frac{x}{2}\,dx$ 　　　　　　(10) $\displaystyle\int_{-1}^2|\,2x\,|\,dx$

(11) $\displaystyle\int_0^{2\pi}|\,\sin x\,|\,dx$ 　　　　　　(12) $\displaystyle\int_0^\pi|\,\sin x-\cos x\,|\,dx$

(13) $\displaystyle\int_0^2 f(x)\,dx$，其中 $f(x)=\begin{cases}x+1, & 0\leqslant x\leqslant1\\[2mm]\dfrac{1}{2}x^2, & 1<x\leqslant2\end{cases}$

6. 设 $f(x)$ 在区间 $[0,1]$ 上连续，且满足
$$f(x)=x^2\int_0^1 f(t)\,dt+3,$$
求 $\displaystyle\int_0^1 f(x)\,dx$ 及 $f(x)$.

7. 设 $f(x)=\begin{cases}x^2, & 0\leqslant x<1\\ x, & 1\leqslant x<2\end{cases}$，求 $\varphi(x)=\displaystyle\int_0^x f(t)\,dt$ 在 $[0,2]$ 上的表达式，并讨论 $\varphi(x)$ 在 $(0,2)$ 内的连续性.

8. 设 $f(x) = \begin{cases} \dfrac{1}{2}\sin x, & 0 \leqslant x \leqslant \pi, \\ 0, & x < 0 \text{ 或 } x > \pi, \end{cases}$ 求 $\varphi(x) = \displaystyle\int_0^x f(t)\mathrm{d}t$ 在 $(-\infty, +\infty)$ 上的

表达式.

6.3　定积分的积分法

在第五章中介绍求不定积分的换元积分法和分部积分法,本节将介绍求定积分的两种相应的计算方法.

6.3.1　定积分的换元积分法

求定积分的值,通常先求原函数,然后应用牛顿-莱布尼茨公式来计算.但是,遇到求原函数而须用换元积分法时,为避免代回原来变量的麻烦,我们引进定积分的换元积分法.

定理 6.6　设函数 $f(x)$ 在 $[a,b]$ 上连续,函数 $x = \varphi(t)$ 满足:

(1) $\varphi(t)$ 在区间 $[\alpha,\beta]$ 上有连续导数 $\varphi'(t)$;

(2) 当 t 在区间 $[\alpha,\beta]$ 上变化时,$\varphi(t)$ 的值在 $[a,b]$ 上变化,且 $\varphi(\alpha) = a$,$\varphi(\beta) = b$,则

$$\int_a^b f(x)\mathrm{d}x = \int_\alpha^\beta f(\varphi(t))\varphi'(t)\mathrm{d}t. \tag{6-1}$$

上式称为定积分的换元公式.

证　因为 $f(x)$ 在 $[a,b]$ 上连续,故它在 $[a,b]$ 上可积,且原函数存在.设 $F(x)$ 是 $f(x)$ 的一个原函数,利用牛顿-莱布尼茨公式,得

$$\int_a^b f(x)\mathrm{d}x = F(b) - F(a).$$

由复合函数求导法则知,$\dfrac{\mathrm{d}F(\varphi(t))}{\mathrm{d}t} = \dfrac{\mathrm{d}F(\varphi(t))}{\mathrm{d}x} \cdot \dfrac{\mathrm{d}x}{\mathrm{d}t} = f(\varphi(t))\varphi'(t)$,即 $F(\varphi(t))$ 是 $f(\varphi(t))\varphi'(t)$ 的一个原函数,则

$$\int_\alpha^\beta f(\varphi(t))\varphi'(t)\mathrm{d}t = F(\varphi(t))\ \big|_\alpha^\beta = F(\varphi(\beta)) - F(\varphi(\alpha)) = F(b) - F(a).$$

换元公式 (6-1) 得证.

显然,换元公式对于 $\alpha > \beta$ 也是适用的.使用该公式应注意两点:

(1) 用 $x = \varphi(t)$ 把原来变量 x 代换成新变量 t 时,积分限也要换成相应于新变量 t 的积分限,而且 t 的下限对应着 x 的下限,t 的上限对应着 x 的上限;

(2) 定积分的换元法,与不定积分的换元法相比较,不需作变量回代步骤,即求出 $f(\varphi(t))\varphi'(t)$ 的一个原函数 $F(\varphi(t))$ 后,不用变换成原来变量 x 的函数,而直接把新变量

t 的上、下限分别代入 $F(\varphi(t))$ 中然后相减即可.

例 1　求 $\int_0^4 \dfrac{1}{1+\sqrt{x}}\mathrm{d}x$.

解　设 $t=\sqrt{x}$,则 $x=t^2$,$\mathrm{d}x=2t\mathrm{d}t$. 当 $x=0$ 时,$t=0$;当 $x=4$ 时,$t=2$,于是

$$\int_0^4 \frac{1}{1+\sqrt{x}}\mathrm{d}x = \int_0^2 \frac{2t}{1+t}\mathrm{d}t = 2\int_0^2 \left(1-\frac{1}{1+t}\right)\mathrm{d}t$$

$$= 2[t-\ln(1+t)]\,|_0^2 = 4-2\ln 3.$$

例 2　求 $\int_0^1 \dfrac{x}{\sqrt{4-3x}}\mathrm{d}x$.

解　设 $\sqrt{4-3x}=t$,则 $x=\dfrac{1}{3}(4-t^2)$,$\mathrm{d}x=-\dfrac{2}{3}t\mathrm{d}t$. 当 $x=0$ 时,$t=2$;当 $x=1$ 时,$t=1$. 于是

$$\int_0^1 \frac{x}{\sqrt{4-3x}}\mathrm{d}x = \int_2^1 \frac{1}{3}\cdot\frac{4-t^2}{t}\cdot\left(-\frac{2}{3}\right)t\mathrm{d}t = -\frac{2}{9}\int_2^1 (4-t^2)\mathrm{d}t$$

$$= -\frac{2}{9}\left(4t-\frac{1}{3}t^3\right)\bigg|_2^1 = \frac{10}{27}.$$

例 3　求 $\int_0^{\ln 5} \dfrac{\mathrm{e}^x\sqrt{\mathrm{e}^x-1}}{\mathrm{e}^x+3}\mathrm{d}x$.

解　设 $\sqrt{\mathrm{e}^x-1}=t$,则 $\mathrm{e}^x=1+t^2$,$\mathrm{d}x=\dfrac{2t}{1+t^2}\mathrm{d}t$. 当 $x=0$ 时,$t=0$;当 $x=\ln 5$ 时,$t=2$. 于是

$$\int_0^{\ln 5} \frac{\mathrm{e}^x\sqrt{\mathrm{e}^x-1}}{\mathrm{e}^x+3}\mathrm{d}x = \int_0^2 \frac{(1+t^2)t}{(1+t^2)+3}\cdot\frac{2t}{1+t^2}\mathrm{d}t = \int_0^2 \frac{2t^2}{4+t^2}\mathrm{d}t$$

$$= 2\int_0^2 \left(1-\frac{4}{4+t^2}\right)\mathrm{d}t = 2\left(t-2\arctan\frac{t}{2}\right)\bigg|_0^2 = 4-\pi.$$

例 4　求 $\int_0^a \sqrt{a^2-x^2}\mathrm{d}x\,(a>0)$.

解　设 $x=a\sin t$,则 $\mathrm{d}x=a\cos t\mathrm{d}t$. 当 $x=0$ 时,$t=0$;当 $x=a$ 时,$t=\dfrac{\pi}{2}$.

$$\sqrt{a^2-x^2}=\sqrt{a^2-a\sin^2 t}=a\mid\cos t\mid=a\cos t.$$

于是

$$\int_0^a \sqrt{a^2-x^2}\mathrm{d}x = a^2\int_0^{\frac{\pi}{2}}\cos^2 t\mathrm{d}x = a^2\int_0^{\frac{\pi}{2}}\frac{1+\cos 2t}{2}\mathrm{d}x$$

$$= \frac{a^2}{2}\int_0^{\frac{\pi}{2}}(1+\cos 2t)\mathrm{d}x = \frac{a^2}{2}\left(t+\frac{1}{2}\sin 2t\right)\bigg|_0^{\frac{\pi}{2}} = \frac{\pi a^2}{4}.$$

注意:利用定积分的几何意义,易直接得出本例的计算结果.

例 5 求 $\int_{\frac{\sqrt{2}}{2}}^{1} \frac{\sqrt{1-x^2}}{x^2}\mathrm{d}x$.

解 设 $x = \sin t$, 则 $\mathrm{d}x = \cos t\mathrm{d}t$. 当 $x = \frac{\sqrt{2}}{2}$ 时, $t = \frac{\pi}{4}$; 当 $x = 1$ 时, $t = \frac{\pi}{2}$. 于是

$$\int_{\frac{\sqrt{2}}{2}}^{1} \frac{\sqrt{1-x^2}}{x^2}\mathrm{d}x = \int_{\frac{\pi}{4}}^{\frac{\pi}{2}} \frac{\sqrt{1-\sin^2 t}}{\sin t^2} \cdot \cos t\mathrm{d}t = \int_{\frac{\pi}{4}}^{\frac{\pi}{2}} \cot^2 t\mathrm{d}t$$

$$= \int_{\frac{\pi}{4}}^{\frac{\pi}{2}} (\csc^2 t - 1)\mathrm{d}t = -(\cot t + t)\Big|_{\frac{\pi}{4}}^{\frac{\pi}{2}} = 1 - \frac{\pi}{4}.$$

换元公式(6-1)也可以反过来使用,写成

$$\int_a^b f(\varphi(x))\varphi'(x)\mathrm{d}x = \int_\alpha^\beta f(t)\mathrm{d}t.$$

这里我们用 $t = \varphi(x)$ 来引入新积分变量 t,其中 $\alpha = \varphi(a), \beta = \varphi(b)$.

运算比较熟悉后,可不写出新积分变量 t,也不必变换上、下限,直接写成

$$\int_a^b f(\varphi(x))\varphi'(x)\mathrm{d}x = \int_a^b f(\varphi(x))\mathrm{d}\varphi(x).$$

例 6 求 $\int_0^{\frac{\pi}{2}} \sin x\cos^3 x\mathrm{d}x$.

解 $\int_0^{\frac{\pi}{2}} \sin x\cos^3 x\mathrm{d}x = -\int_0^{\frac{\pi}{2}} \cos^3 x\mathrm{d}\cos x = -\frac{1}{4}\cos^4 x \mid_0^{\frac{\pi}{2}} = \frac{1}{4}$.

例 7 求 $\int_1^{\mathrm{e}} \frac{\ln x}{x}\mathrm{d}x$.

解 $\int_1^{\mathrm{e}} \frac{\ln x}{x}\mathrm{d}x = \int_1^{\mathrm{e}} \ln x\mathrm{d}\ln x = \frac{1}{2}\ln^2 x \mid_1^{\mathrm{e}} = \frac{1}{2}$.

例 8 设 $f(x) = \begin{cases} x\mathrm{e}^{-x^2}, & x \geqslant 0, \\ 1+x, & x < 0, \end{cases}$ 求 $\int_1^3 f(x-2)\mathrm{d}x$.

解 设 $x - 2 = t$, 则 $\mathrm{d}x = \mathrm{d}t$, 且当 $x = 1$ 时, $t = -1$; 当 $x = 3$ 时, $t = 1$, 于是

$$\int_1^3 f(x-2)\mathrm{d}x = \int_{-1}^1 f(t)\mathrm{d}t = \int_{-1}^0 f(t)\mathrm{d}t + \int_0^1 f(t)\mathrm{d}t$$

$$= \int_{-1}^0 (1+t)\mathrm{d}t + \int_0^1 t\mathrm{e}^{-t^2}\mathrm{d}t = \left(t + \frac{1}{2}t^2\right)\Big|_{-1}^0 - \frac{1}{2}\mathrm{e}^{-t^2}\Big|_0^1$$

$$= 0 - \left(-1 + \frac{1}{2}\right) - \frac{1}{2}(\mathrm{e}^{-1} - 1) = 1 - \frac{1}{2\mathrm{e}}.$$

例 9 设 $f(x)$ 在 $[-a, a]$ 上连续,则

(1) 当 $f(x)$ 是偶函数时, $\int_{-a}^a f(x)\mathrm{d}x = 2\int_0^a f(x)\mathrm{d}x$;

(2) 当 $f(x)$ 是奇函数时, $\int_{-a}^a f(x)\mathrm{d}x = 0$.

证　因为

$$\int_{-a}^{a} f(x)\mathrm{d}x = \int_{-a}^{0} f(x)\mathrm{d}x + \int_{0}^{a} f(x)\mathrm{d}x,$$

对积分 $\int_{-a}^{0} f(x)\mathrm{d}x$ 作变换 $x = -t$,则得

$$\int_{-a}^{0} f(x)\mathrm{d}x = -\int_{a}^{0} f(-t)\mathrm{d}t = \int_{0}^{a} f(-t)\mathrm{d}t = \int_{0}^{a} f(-x)\mathrm{d}x.$$

于是

$$\int_{-a}^{a} f(x)\mathrm{d}x = \int_{0}^{a} f(-x)\mathrm{d}x + \int_{0}^{a} f(x)\mathrm{d}x = \int_{0}^{a} \big[f(x) + f(-x)\big]\mathrm{d}x.$$

(1) 若 $f(x)$ 是偶函数,即 $f(-x) = f(x)$,则 $f(x) + f(-x) = 2f(x)$,从而

$$\int_{-a}^{a} f(x)\mathrm{d}x = 2\int_{0}^{a} f(x)\mathrm{d}x.$$

(2) 若 $f(x)$ 是奇函数,即 $f(-x) = -f(x)$,则 $f(x) + f(-x) = 0$,从而

$$\int_{-a}^{a} f(x)\mathrm{d}x = 0.$$

利用例 9 的结论可简化计算偶函数、奇函数在关于原点对称的区间上的定积分.

例 10　计算下列定积分:

(1) $\displaystyle\int_{-5}^{5} \frac{x^3\sin^2 x}{1+x^4}\mathrm{d}x$　　　　　　　　(2) $\displaystyle\int_{-\pi}^{\pi} (\sqrt{1-\cos 2x} + |\,x\,|\,\sin x)\mathrm{d}x$

解　(1) 由于被积函数 $\dfrac{x^3\sin^2 x}{1+x^4}$ 为奇函数,因此,它在对称区间 $[-5,5]$ 上的积分为零,即

$$\int_{-5}^{5} \frac{x^3\sin^2 x}{1+x^4}\mathrm{d}x = 0.$$

(2) 积分区间 $[-\pi,\pi]$ 关于原点对称,但被积函数 $\sqrt{1-\cos 2x} + |\,x\,|\,\sin x$ 既不是奇函数也不是偶函数,将其拆分成两部分,则 $\sqrt{1-\cos 2x}$ 是偶函数,$|\,x\,|\,\sin x$ 是奇函数,因此,

$$\int_{-\pi}^{\pi} (\sqrt{1-\cos 2x} + |\,x\,|\,\sin x)\mathrm{d}x = \int_{-\pi}^{\pi} \sqrt{1-\cos 2x}\,\mathrm{d}x = 2\sqrt{2}\int_{0}^{\pi} \sin x\,\mathrm{d}x = 4\sqrt{2}.$$

例 11　若 $f(x)$ 在 $[0,1]$ 上连续,证明:

(1) $\displaystyle\int_{0}^{\frac{\pi}{2}} f(\sin x)\mathrm{d}x = \int_{0}^{\frac{\pi}{2}} f(\cos x)\mathrm{d}x$;

(2) $\displaystyle\int_{0}^{\pi} xf(\sin x)\mathrm{d}x = \frac{\pi}{2}\int_{0}^{\pi} f(\sin x)\mathrm{d}x$,由此计算 $\displaystyle\int_{0}^{\pi} \frac{x\sin x}{1+\cos^2 x}\mathrm{d}x$.

解　(1) 为了通过变换使被积函数 $f(\sin x)$ 化为 $f(\cos x)$ 形式,且保持积分区间为

$\left[0,\dfrac{\pi}{2}\right]$, 设 $x = \dfrac{\pi}{2} - t$, 则 $\mathrm{d}x = -\,\mathrm{d}t$. 当 $x = 0$ 时, $t = \dfrac{\pi}{2}$; 当 $x = \dfrac{\pi}{2}$ 时, $t = 0$. 于是

$$\int_0^{\frac{\pi}{2}} f(\sin x)\,\mathrm{d}x = -\int_{\frac{\pi}{2}}^0 f\left(\sin\left(\frac{\pi}{2} - x\right)\right)\mathrm{d}t$$

$$= \int_0^{\frac{\pi}{2}} f(\cos t)\,\mathrm{d}t = \int_0^{\frac{\pi}{2}} f(\cos x)\,\mathrm{d}x.$$

(2) 设 $x = \pi - t$, 则 $\mathrm{d}x = -\,\mathrm{d}t$. 当 $x = 0$ 时, $t = \pi$; 当 $x = \pi$ 时, $t = 0$. 于是

$$\int_0^{\pi} x f(\sin x)\,\mathrm{d}x = -\int_{\pi}^0 (\pi - t) f(\sin(\pi - t))\,\mathrm{d}t = \int_0^{\pi} (\pi - t) f(\sin t)\,\mathrm{d}t$$

$$= \pi\int_0^{\pi} f(\sin t)\,\mathrm{d}t - \int_0^{\pi} t f(\sin t)\,\mathrm{d}t$$

$$= \pi\int_0^{\pi} f(\sin x)\,\mathrm{d}x - \int_0^{\pi} x f(\sin x)\,\mathrm{d}x.$$

所以,

$$\int_0^{\pi} x f(\sin x)\,\mathrm{d}x = \frac{\pi}{2}\int_0^{\pi} f(\sin x)\,\mathrm{d}x.$$

利用上述结论, 即得

$$\int_0^{\pi} \frac{x\sin x}{1 + \cos^2 x}\,\mathrm{d}x = \frac{\pi}{2}\int_0^{\pi} \frac{\sin x}{1 + \cos^2 x}\,\mathrm{d}x = -\frac{\pi}{2}\int_0^{\pi} \frac{1}{1 + \cos^2 x}\,\mathrm{d}(\cos x)$$

$$= -\frac{\pi}{2}\arctan(\cos x)\,\Big|_0^{\pi} = -\frac{\pi}{2}\left(-\frac{\pi}{4} - \frac{\pi}{4}\right) = \frac{\pi^2}{4}.$$

6.3.2　定积分的分部积分法

设函数 $u(x), v(x)$ 在区间 $[a,b]$ 上具有连续导数 $u'(x), v'(x)$, 则有
$$\mathrm{d}(uv) = v\,\mathrm{d}u + u\,\mathrm{d}v,$$
对上式两端在区间 $[a,b]$ 上求定积分, 并注意到
$$\int_a^b \mathrm{d}(uv) = (uv)\,\Big|_a^b,$$
得

$$(uv)\,\Big|_a^b = \int_a^b v\,\mathrm{d}u + \int_a^b u\,\mathrm{d}v.$$

移项得

$$\int_a^b u\,\mathrm{d}v = (uv)\,\Big|_a^b - \int_a^b v\,\mathrm{d}u, \tag{6-2}$$

或

$$\int_a^b uv'\,\mathrm{d}x = (uv)\,\Big|_a^b - \int_a^b u'v\,\mathrm{d}x. \tag{6-3}$$

式(6-2)称为定积分的**分部积分公式**.

定积分的分部积分法对被积函数的适用范围及 $u,\mathrm{d}v$ 选取的原则与不定积分相同. 与计算不定积分一样,当我们计算比较熟练后,在计算过程中可不写出选取 u 和 $\mathrm{d}v$ 的过程. 另外,定积分的分部积分法也可以重复使用.

例 12 求 $\displaystyle\int_0^1 x\arctan x\,\mathrm{d}x$.

解 利用分部积分法,设 $u=\arctan x,\mathrm{d}v=x\,\mathrm{d}x$,于是

$$\int_0^1 x\arctan x\,\mathrm{d}x=\frac{1}{2}\int_0^1\arctan x\,\mathrm{d}(x^2)=\frac{1}{2}x^2\arctan x\mid_0^1-\frac{1}{2}\int_0^1 x^2\,\mathrm{d}(\arctan x)$$

$$=\frac{1}{2}\cdot\frac{\pi}{4}-\frac{1}{2}\int_0^1\frac{x^2}{1+x^2}\,\mathrm{d}x=\frac{\pi}{8}-\frac{1}{2}\int_0^1\left(1-\frac{1}{1+x^2}\right)\mathrm{d}x$$

$$=\frac{\pi}{8}-\frac{1}{2}(x-\arctan x)\mid_0^1=\frac{\pi}{4}-\frac{1}{2}.$$

例 13 求 $\displaystyle\int_1^{\mathrm{e}}\frac{\ln x}{x^2}\,\mathrm{d}x$.

解

$$\int_1^{\mathrm{e}}\frac{\ln x}{x^2}\,\mathrm{d}x=-\int_1^{\mathrm{e}}\ln x\,\mathrm{d}\left(\frac{1}{x}\right)=-\frac{\ln x}{x}\mid_1^{\mathrm{e}}+\int_1^{\mathrm{e}}\frac{1}{x}\cdot\frac{1}{x}\,\mathrm{d}x$$

$$=-\left(\frac{\ln\mathrm{e}}{\mathrm{e}}-0\right)-\frac{1}{x}\mid_1^{\mathrm{e}}=1-\frac{2}{\mathrm{e}}.$$

例 14 求 $\displaystyle\int_0^1 x^2\mathrm{e}^x\,\mathrm{d}x$.

解

$$\int_0^1 x^2\mathrm{e}^x\,\mathrm{d}x=\int_0^1 x^2\,\mathrm{d}\mathrm{e}^x=x^2\mathrm{e}^x\mid_0^1-2\int_0^1 x\mathrm{e}^x\,\mathrm{d}x=\mathrm{e}-2\int_0^1 x\,\mathrm{d}\mathrm{e}^x$$

$$=\mathrm{e}-2\left(x\mathrm{e}^x\mid_0^1-\int_0^1\mathrm{e}^x\,\mathrm{d}x\right)=\mathrm{e}-2(\mathrm{e}-\mathrm{e}^x\mid_0^1)=\mathrm{e}-2.$$

例 15 求 $\displaystyle\int_0^{\frac{\pi^2}{4}}\sin\sqrt{x}\,\mathrm{d}x$.

解 设 $t=\sqrt{x}$,则 $x=t^2,\mathrm{d}x=2t\mathrm{d}t$. 当 $x=0$ 时,$t=0$;当 $x=\frac{\pi^2}{4}$ 时,$t=\frac{\pi}{2}$. 于是

$$\int_0^{\frac{\pi^2}{4}}\sin\sqrt{x}\,\mathrm{d}x=2\int_0^{\frac{\pi}{2}}t\sin t\,\mathrm{d}t=-2\int_0^{\frac{\pi}{2}}t\,\mathrm{d}\cos t$$

$$=-2\left(t\cos t\mid_0^{\frac{\pi}{2}}-\int_0^{\frac{\pi}{2}}\cos t\,\mathrm{d}t\right)=-2(0-\sin t\mid_0^{\frac{\pi}{2}})=2.$$

此例说明,定积分的换元积分法与分部积分法可同时使用,且一般先换元后分部积分. 下面再举一例.

例 16 求 $\displaystyle\int_{\frac{1}{2}}^1\mathrm{e}^{\sqrt{2x-1}}\,\mathrm{d}x$.

解 设 $\sqrt{2x-1}=t$，则 $x=\dfrac{1}{2}(t^2+1)$，$\mathrm{d}x=t\mathrm{d}t$. 当 $x=\dfrac{1}{2}$ 时，$t=0$；当 $x=1$ 时，

$t=1$. 于是

$$\int_{\frac{1}{2}}^{1}\mathrm{e}^{\sqrt{2x-1}}\mathrm{d}x=\int_{0}^{1}\mathrm{e}^{t}\cdot t\mathrm{d}t=\int_{0}^{1}t\mathrm{d}(\mathrm{e}^{t})$$

$$=t\mathrm{e}^{t}\big|_{0}^{1}-\int_{0}^{1}\mathrm{e}^{t}\mathrm{d}t=\mathrm{e}-\mathrm{e}^{t}\big|_{0}^{1}=1.$$

例 17 证明：

（1）$\displaystyle\int_{0}^{\frac{\pi}{2}}\sin^{n}x\,\mathrm{d}x=\int_{0}^{\frac{\pi}{2}}\cos^{n}x\,\mathrm{d}x$；

（2）记 $I_{n}=\displaystyle\int_{0}^{\frac{\pi}{2}}\sin^{n}x\,\mathrm{d}x$，则

$$I_{n}=\begin{cases}\dfrac{n-1}{n}\cdot\dfrac{n-3}{n-2}\cdot\cdots\cdot\dfrac{3}{4}\cdot\dfrac{1}{2}\cdot\dfrac{\pi}{2}, & \text{当 } n \text{ 为正偶数}, \\[3mm] \dfrac{n-1}{n}\cdot\dfrac{n-3}{n-2}\cdot\cdots\cdot\dfrac{4}{5}\cdot\dfrac{2}{3}, & \text{当 } n \text{ 为正奇数}(n>1).\end{cases} \quad (6-4)$$

此公式称为**沃利斯公式**.

证 （1）由例 11 即可得证.

（2）由 $\quad I_{n}=\displaystyle\int_{0}^{\frac{\pi}{2}}\sin^{n-1}x\,\mathrm{d}(-\cos x)$

$$=-\cos x\sin^{n-1}x\,\big|_{0}^{\frac{\pi}{2}}+\int_{0}^{\frac{\pi}{2}}\cos x\,\mathrm{d}\sin^{n-1}x$$

$$=(n-1)\int_{0}^{\frac{\pi}{2}}\cos^{2}x\sin^{n-2}x\,\mathrm{d}x$$

$$=(n-1)\int_{0}^{\frac{\pi}{2}}(1-\sin^{2}x)\sin^{n-2}x\,\mathrm{d}x$$

$$=(n-1)\int_{0}^{\frac{\pi}{2}}\sin^{n-2}x\,\mathrm{d}x-(n-1)\int_{0}^{\frac{\pi}{2}}\sin^{n}x\,\mathrm{d}x$$

$$=(n-1)I_{n-2}-(n-1)I_{n}$$

得如下递推公式

$$I_{n}=\frac{n-1}{n}I_{n-2}.$$

多次使用递推公式得

$$I_{n}=\begin{cases}\dfrac{n-1}{n}\cdot\dfrac{n-3}{n-2}\cdot\cdots\cdot\dfrac{3}{4}\cdot\dfrac{1}{2}\cdot I_{0}, & \text{当 } n \text{ 为正偶数}, \\[3mm] \dfrac{n-1}{n}\cdot\dfrac{n-3}{n-2}\cdot\cdots\cdot\dfrac{4}{5}\cdot\dfrac{2}{3}\cdot I_{1}, & \text{当 } n \text{ 为正奇数}(n>1).\end{cases}$$

又 $I_0 = \int_0^{\frac{\pi}{2}} \mathrm{d}x = \frac{\pi}{2}, I_1 = \int_0^{\frac{\pi}{2}} \sin x \mathrm{d}x = 1$，从而得式$(6-4)$.

在计算定积分时，本例的结果可作为已知结果使用.

例 18 计算下列定积分：

(1) $\int_0^{\frac{\pi}{2}} \sin^6 x \mathrm{d}x$ (2) $\int_0^{\pi} \cos^7 \frac{x}{2} \mathrm{d}x$

解 （1）利用沃利斯公式得，

$$\int_0^{\frac{\pi}{2}} \sin^6 x \mathrm{d}x = \frac{5}{6} \cdot \frac{3}{4} \cdot \frac{1}{2} \cdot \frac{\pi}{2} = \frac{5}{32}\pi.$$

(2) 设 $t = \frac{x}{2}$，则 $x = 2t, \mathrm{d}x = 2\mathrm{d}t$. 当 $x = 0$ 时，$t = 0$；当 $x = \pi$ 时，$t = \frac{\pi}{2}$. 于是

$$\int_0^{\pi} \cos^7 \frac{x}{2} \mathrm{d}x = 2\int_0^{\frac{\pi}{2}} \cos^7 t \mathrm{d}t = 2 \cdot \frac{6}{7} \cdot \frac{4}{5} \cdot \frac{2}{3} = \frac{32}{35}.$$

例 19 已知 $f(2) = \frac{1}{2}, f'(2) = 0$ 及 $\int_0^2 f(x) \mathrm{d}x = 1$，求 $\int_0^1 x^2 f''(2x) \mathrm{d}x$.

解 利用换元法结合分部积分法求解. 设 $t = 2x$，则 $x = \frac{1}{2}t, \mathrm{d}x = \frac{1}{2}\mathrm{d}t$. 当 $x = 0$ 时，$t = 0$；当 $x = 1$ 时，$t = 2$. 于是

$$\int_0^1 x^2 f''(2x) \mathrm{d}x = \frac{1}{8}\int_0^2 t^2 f''(t) \mathrm{d}t = \frac{1}{8}\int_0^2 t^2 \mathrm{d}f'(t)$$

$$= \frac{1}{8} t^2 f'(t) \Big|_0^2 - \frac{1}{4}\int_0^2 f'(t) \cdot t \mathrm{d}t = 0 - \frac{1}{4}\int_0^2 t \mathrm{d}f(t)$$

$$= -\frac{1}{4} t f(t) \Big|_0^2 + \frac{1}{4}\int_0^2 f(t) \mathrm{d}t = -\frac{1}{4} + \frac{1}{4} = 0.$$

习题 6.3

1. 利用定积分换元法计算下列定积分：

(1) $\int_{\frac{\pi}{3}}^{\pi} \sin\left(x + \frac{\pi}{3}\right) \mathrm{d}x$ (2) $\int_{-2}^1 \frac{\mathrm{d}x}{(5x + 11)^3}$

(3) $\int_{\frac{\pi}{6}}^{\frac{\pi}{2}} \cos^2 x \mathrm{d}x$ (4) $\int_0^5 \frac{x^3}{x^2 + 1} \mathrm{d}x$

(5) $\int_0^3 \frac{\mathrm{d}x}{(1 + x)\sqrt{x}}$ (6) $\int_1^{\mathrm{e}^2} \frac{1}{x\sqrt{1 + \ln x}} \mathrm{d}x$

(7) $\int_0^1 x\mathrm{e}^{-x^2} \mathrm{d}x$ (8) $\int_{-1}^1 \frac{x}{\sqrt{5 - 4x}} \mathrm{d}x$

(9) $\int_{\frac{3}{4}}^1 \frac{\mathrm{d}x}{\sqrt{1 - x} - 1}$ (10) $\int_0^4 \frac{x + 2}{\sqrt{2x + 1}} \mathrm{d}x$

(11) $\int_0^{\sqrt{2}} \sqrt{2-x^2}\,\mathrm{d}x$

(12) $\int_{\frac{1}{2}}^1 \dfrac{\sqrt{1-x^2}}{x^2}\,\mathrm{d}x$

(13) $\int_1^{\sqrt{3}} \dfrac{\mathrm{d}x}{x^2\sqrt{1+x^2}}$

(14) $\int_0^a x^2\sqrt{a^2-x^2}\,\mathrm{d}x$

2. 利用函数奇偶性计算下列定积分:

(1) $\int_{-\pi}^{\pi} x^4\sin x\,\mathrm{d}x$

(2) $\int_{-\frac{1}{2}}^{\frac{1}{2}} \dfrac{(\arcsin x)^2}{\sqrt{1-x^2}}\,\mathrm{d}x$

(3) $\int_{-\frac{\pi}{2}}^{\frac{\pi}{2}} (\sin x+\cos x)\,\mathrm{d}x$

(4) $\int_{-1}^1 \dfrac{x^2\sin x}{x^4+2x^2+1}\,\mathrm{d}x$

(5) $\int_{-\sqrt{3}}^{\sqrt{3}} |\arctan x|\,\mathrm{d}x$

(6) $\int_{-1}^1 (2x+|x|+1)^2\,\mathrm{d}x$

3. 利用分部积分法计算下列定积分:

(1) $\int_0^{2\pi} x\sin x\,\mathrm{d}x$

(2) $\int_1^{e} x\ln x\,\mathrm{d}x$

(3) $\int_0^{\frac{1}{2}} \arcsin x\,\mathrm{d}x$

(4) $\int_1^2 x\log_2 x\,\mathrm{d}x$

(5) $\int_1^4 \dfrac{\ln x}{\sqrt{x}}\,\mathrm{d}x$

(6) $\int_0^{\sqrt{\ln 2}} x^3 e^{x^2}\,\mathrm{d}x$

(7) $\int_0^{2\pi} x\cos^2 x\,\mathrm{d}x$

(8) $\int_0^{\frac{\pi}{3}} \dfrac{x}{\cos^2 x}\,\mathrm{d}x$

(9) $\int_0^{\frac{\pi}{2}} e^{2x}\cos x\,\mathrm{d}x$

(10) $\int_0^1 e^{\sqrt{x}}\,\mathrm{d}x$

4. 设 $2\int_0^1 f(x)\mathrm{d}x+f(x)-x=0$,求 $\int_0^1 f(x)\mathrm{d}x$.

5. 证明:$\int_0^1 x^m(1-x)^n\mathrm{d}x=\int_0^1 x^n(1-x)^m\mathrm{d}x$.

6. 设 $f(x)$ 是连续函数,证明:
$$\int_0^{2a} f(x)\mathrm{d}x=\int_0^a [f(x)+f(2a-x)]\mathrm{d}x.$$

7. 设 $f(x)$ 是以 T 为周期的连续函数,证明:对任意的 a,等式 $\int_0^T f(x)\mathrm{d}x=\int_a^{a+T} f(x)\mathrm{d}x$ 成立.

8. 设 $f(x)$ 是连续函数,且 $F(x)=\int_0^x f(t)\mathrm{d}t$,证明:

(1) 若 $f(x)$ 为奇函数,则 $F(x)$ 为偶函数;

(2) 若 $f(x)$ 为偶函数,则 $F(x)$ 为奇函数.

9. 已知 $f(0) = 1, f(2) = 3, f'(2) = 5$, 求 $\int_0^1 x f''(2x) \mathrm{d}x$.

10. 设 $f(x) = \int_1^{x^2} \dfrac{\sin t}{t} \mathrm{d}t$, 求 $\int_0^1 x f(x) \mathrm{d}x$.

6.4 定积分的应用

从定积分引入的背景来说,它就是人们在解决类似于"曲边梯形的面积"、"变速直线运动的路程"、"收益问题"等中产生的. 定积分的理论来源于实践,反过来又用于指导实践. 在这一节,我们将主要介绍定积分在几何学、经济学中的应用.

6.4.1 平面图形的面积

根据定积分的几何意义,我们知道,当 $f(x) \geqslant 0$ 时,定积分 $\int_a^b f(x) \mathrm{d}x$ 表示由曲线 $y = f(x)$ 及直线 $x = a, x = b (a < b)$ 与 x 轴所围成的曲边梯形的面积(见图 $6-4-1$),即

$$A = \int_a^b f(x) \mathrm{d}x.$$

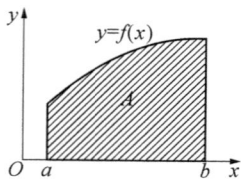
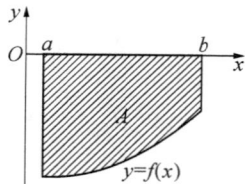
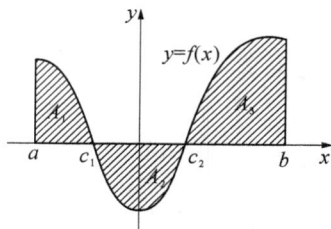

图 $6-4-1$　　　　图 $6-4-2$　　　　图 $6-4-3$

当 $f(x) \leqslant 0$ 时,由曲线 $y = f(x)$ 及直线 $x = a, x = b (a < b)$ 与 x 轴所围成的曲边梯形位于 x 轴下方(见图 $6-4-2$),此时

$$A = \left| \int_a^b f(x) \mathrm{d}x \right| = -\int_a^b f(x) \mathrm{d}x.$$

如果 $f(x)$ 在 $[a,b]$ 上可正可负(见图 $6-4-3$),则定积分 $\int_a^b f(x) \mathrm{d}x$ 表示位于 x 轴上方的图形面积与位于 x 轴下方的图形面积之差,即

$$A = A_1 + A_2 + A_3 = \int_a^{c_1} f(x) \mathrm{d}x - \int_{c_1}^{c_2} f(x) \mathrm{d}x + \int_{c_2}^b f(x) \mathrm{d}x.$$

此时,由曲线 $y = f(x)$ 及直线 $x = a, x = b (a < b)$ 与 x 轴所围成图形的面积为

$$A = \int_a^b | f(x) | \mathrm{d}x. \tag{6-5}$$

一般地,由两条连续曲线 $y = f(x)$,$y = g(x)[f(x) \geqslant g(x)]$ 及直线 $x = a$,$x = b(a < b)$ 所围成图形的面积[见图 $6-4-4(a)$、(b)] 为

$$A = \int_a^b f(x)\mathrm{d}x - \int_a^b g(x)\mathrm{d}x = \int_a^b [f(x) - g(x)]\mathrm{d}x. \qquad (6-6)$$

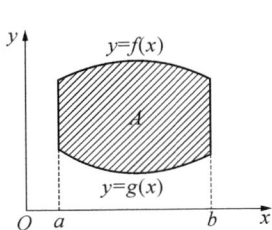

图 $6-4-4(a)$

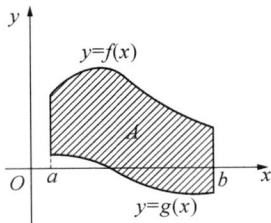

图 $6-4-4(b)$

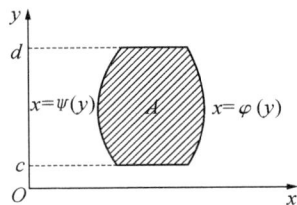

图 $6-4-5$

类似地,由连续曲线 $x = \varphi(y)$,$x = \Psi(y)[\varphi(y) \geqslant \Psi(y)]$ 及直线 $y = c$,$y = d$ 所围成的图形(见图 $6-4-5$)的面积为

$$A = \int_c^d [\varphi(y) - \Psi(y)]\mathrm{d}y. \qquad (6-7)$$

例 1 求在 $[0,2\pi]$ 上由余弦曲线 $y = \cos x$ 及 x 轴所围成的图形的面积.

解 如图 $6-4-6$ 所示.由于

$$|\cos x| = \begin{cases} \cos x, & 0 \leqslant x \leqslant \dfrac{\pi}{2}, \dfrac{3\pi}{2} \leqslant x \leqslant 2\pi, \\ -\cos x, & \dfrac{\pi}{2} \leqslant x \leqslant \dfrac{3\pi}{2}, \end{cases}$$

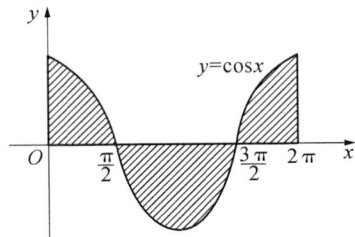

图 $6-4-6$

则

$$\begin{aligned} A &= \int_0^{2\pi} |\cos x| \,\mathrm{d}x \\ &= \int_0^{\frac{\pi}{2}} \cos x \mathrm{d}x - \int_{\frac{\pi}{2}}^{\frac{3\pi}{2}} \cos x \mathrm{d}x + \int_{\frac{3\pi}{2}}^{2\pi} \cos x \mathrm{d}x \\ &= \sin x \,\Big|_0^{\frac{\pi}{2}} - \sin x \,\Big|_{\frac{\pi}{2}}^{\frac{3\pi}{2}} + \sin x \,\Big|_{\frac{3\pi}{2}}^{2\pi} \\ &= 1 - (-2) + 1 = 4. \end{aligned}$$

例 2 求由抛物线 $y = x^2$ 与 $x = y^2$ 所围成的图形的面积.

解 画出草图(见图 $6-4-7$),解方程组

$$\begin{cases} y = x^2, \\ y^2 = x, \end{cases}$$

求出两条抛物线的交点为 $(0,0)$ 及 $(1,1)$. 选 x 为积分变量,积分区间为 $[0,1]$. 在 $[0,1]$ 上,$\sqrt{x} \geqslant x^2$,利用式 $(6-6)$ 得所求图形的面积为

$$A = \int_0^1 (\sqrt{x} - x^2)\mathrm{d}x = \left(\frac{2}{3}x^{\frac{3}{2}} - \frac{1}{3}x^3 \right) \Big|_0^1 = \frac{1}{3}.$$

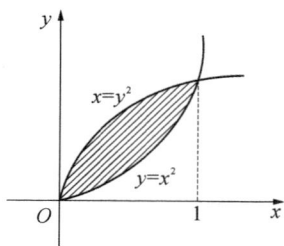

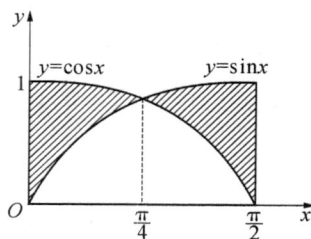

图 6 - 4 - 7　　　　　　　　图 6 - 4 - 8

例 3　求由曲线 $y = \sin x, y = \cos x$ 及直线 $x = 0, x = \dfrac{\pi}{2}$ 所围成的图形的面积.

解　画出草图(见图 6 - 4 - 8).解方程组

$$\begin{cases} y = \sin x, \\ y = \cos x, \end{cases}$$

得两条曲线的交点为 $\left(\dfrac{\pi}{4}, \dfrac{\sqrt{2}}{2}\right)$.选 x 为积分变量,积分区间为 $\left[0, \dfrac{\pi}{2}\right]$,则所求图形的面积为

$$A = \int_{0}^{\frac{\pi}{2}} | \sin x - \cos x | \, \mathrm{d}x.$$

由于当 $x \in \left[0, \dfrac{\pi}{4}\right]$ 时,$\sin x \leqslant \cos x$;当 $x \in \left[\dfrac{\pi}{4}, \dfrac{\pi}{2}\right]$ 时,$\sin x \geqslant \cos x$,因此,

$$A = \int_{0}^{\frac{\pi}{2}} | \sin x - \cos x | \, \mathrm{d}x = \int_{0}^{\frac{\pi}{4}} (\cos x - \sin x) \mathrm{d}x + \int_{\frac{\pi}{4}}^{\frac{\pi}{2}} (\sin x - \cos x) \mathrm{d}x$$

$$= (\sin x + \cos x) \Big|_{0}^{\frac{\pi}{4}} + (- \cos x - \sin x) \Big|_{\frac{\pi}{4}}^{\frac{\pi}{2}} = 2\sqrt{2} - 2.$$

例 4　求抛物线 $y^2 = 2x$ 与直线 $y = x - 4$ 所围成的图形的面积.

解　如图 6 - 4 - 9 所示.由方程组

$$\begin{cases} y^2 = 2x, \\ y = x - 4, \end{cases}$$

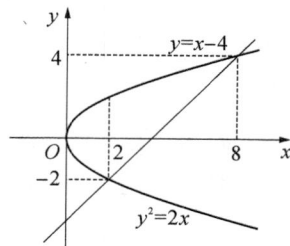

图 6 - 4 - 9

求出抛物线与直线的交点为 $(2, -2)$ 和 $(8, 4)$.选 y 为积分变量,积分区间为 $[-2, 4]$,则所求图形的面积是直线 $x = y + 4$ 和抛物线 $x = \dfrac{y^2}{2}$ 分别与直线 $y = -2, y = 4$ 所围成的图形的面积之差,即

$$A = \int_{-2}^{4} \left[(y + 4) - \dfrac{1}{2}y^2\right] \mathrm{d}y$$

$$= \left(\dfrac{1}{2}y^2 + 4y - \dfrac{1}{6}y^3\right) \Big|_{-2}^{4} = 18.$$

注意:本例如果选择 x 为积分变量,对应的积分区间为 $[0,8]$,此时所求图形的面积为

$$A = \int_0^2 [\sqrt{2}\,x - (-\sqrt{2}\,x)]\mathrm{d}x + \int_2^8 [\sqrt{2}\,x - (x-4)]\mathrm{d}x$$

$$= \sqrt{2}\,x^2 \Big|_0^2 + \left(\frac{\sqrt{2}-1}{2}x^2 + 4x \right) \Big|_2^8 = 18.$$

显然,以 y 为积分变量的计算过程比较简单. 因此,在实际应用中,应根据具体情况合理选择积分变量以达到简化计算的目的. 通常来说,选择积分变量的原则是所给的图形尽量少分块和依积分的计算简单而定. 一般地,我们可以将计算平面图形的面积分为以下步骤:

(1) 画出所给曲线的草图,并求出曲线的交点坐标;

(2) 选择适当的积分变量,并确定相应的积分区间;

(3) 利用面积的计算公式,如式(6-6)或式(6-7),计算所求图形的面积.

例 5　求椭圆 $\dfrac{x^2}{a^2} + \dfrac{y^2}{b^2} = 1$ 所围成图形的面积.

解　如图 $6-4-10$ 所示,由于椭圆关于两坐标轴都对称,设 A_1 为第一象限部分的面积,则该椭圆所围成图形的面积为

$$A = 4A_1 = 4\int_0^a y\mathrm{d}x.$$

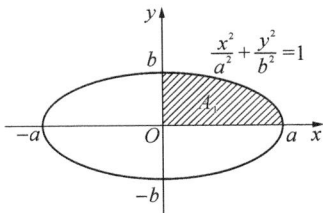

图 6-4-10

为了便于计算,利用椭圆的参数方程

$$\begin{cases} x = a\cos t, \\ y = b\sin t, \end{cases}$$

当 x 由 0 变到 a 时,t 由 $\dfrac{\pi}{2}$ 变到 0,所以

$$A = 4\int_0^a y\mathrm{d}x = 4\int_{\frac{\pi}{2}}^0 b\sin t \mathrm{d}(a\cos t) = 4ab\int_0^{\frac{\pi}{2}} \cos^2 t\mathrm{d}t$$

$$= 2ab\int_0^{\frac{\pi}{2}} (1+\cos 2t)\mathrm{d}t = 2ab\left(t + \frac{1}{2}\sin 2t \right) \Big|_0^{\frac{\pi}{2}} = \pi ab.$$

当 $a = b$ 时,椭圆变成圆,即半径为 a 的圆面积为 $A = \pi a^2$.

注意:本例也可使用代换 $x = a\sin t$ 求解定积分 $\int_0^a y\mathrm{d}x$,从而求得所围图形的面积. 在计算平面图形面积的过程中,经常会遇到对称图形,此时我们可以只求某一部分图形的面积,再利用对称性即得最终的结果.

6.4.2　平行截面积为已知的立体的体积

设有一空间立体(见图 $6-4-11$)位于垂直于 x 轴的两平面 $x = a$ 和 $x = b(a < b)$ 之

间,且该立体被垂直于 x 轴的平面所截的截面面积
为 $A(x)$.

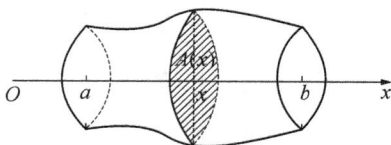

图 6-4-11

这里假定 $A(x)$ 是 x 的连续函数. 为了求出该立体
的体积,利用分点

$$a = x_0 < x_1 < x_2 < \cdots < x_n = b$$

n 等分区间 $[a,b]$,以垂直于 x 轴的平行平面 $x = x_i$ 截
此立体为 n 块薄片. 记第 i 块薄片的体积为 V_i. 在区间 $[x_{i-1}, x_i]$ 上任取一点 ξ_i,则该薄片
的体积近似于底面积为 $A(\xi_i)$,高为 $\dfrac{b-a}{n}$ 的小圆柱体的体积,即

$$V_i \approx A(\xi_i) \cdot \frac{b-a}{n}.$$

作和式并取极限,有

$$\lim_{n \to \infty} \sum_{i=1}^{n} A(\xi_i) \cdot \frac{b-a}{n}.$$

由于 $A(x)$ 是连续函数,所以上述和式的极限存在,将其定义为所求立体的体积

$$V = \lim_{n \to \infty} \sum_{i=1}^{n} A(\xi_i) \cdot \frac{b-a}{n} = \int_a^b A(x)\mathrm{d}x.$$

由此可知平行截面积为已知的立体的体积的计算公式为

$$V = \int_a^b A(x)\mathrm{d}x. \qquad (6-8)$$

例 6 一平面经过半径为 R 的圆柱体的底圆中心,并与
底面交成角 α(如图 6-4-12 所示),求该平面截圆柱体所得
立体的体积.

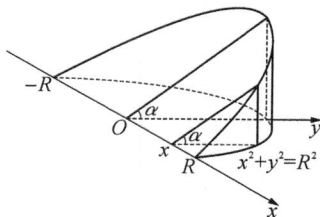

图 6-4-12

解 建立如图所示的坐标系,则底圆方程为 $x^2 + y^2 = R^2$. 在 $[-R, R]$ 上任取一点 x,作与 x 轴垂直的平面,截得一
直角三角形. 它的两条直角边的边长分别为 y 和 $y\tan\alpha$,即
$\sqrt{R^2 - x^2}$ 和 $\sqrt{R^2 - x^2}\tan\alpha$,从而截面面积为

$$A(x) = \frac{1}{2}(R^2 - x^2)\tan\alpha.$$

利用公式 $(6-8)$,得所求立体的体积为

$$V = \frac{1}{2}\int_{-R}^{R} (R^2 - x^2)\tan\alpha\,\mathrm{d}x = \frac{2}{3}R^3\tan\alpha.$$

6.4.3 旋转体的体积

旋转体是由一个平面图形绕这个平面内一条直线旋转一周而成的立体,这条直线叫

做旋转轴.例如,圆柱可视为矩形绕它的一条边旋转一周而成的立体,圆锥可视为直角三角形绕它的一条直角边旋转一周而成的立体,而球体则可视为半圆绕它的直径旋转一周而成的立体.

这里我们主要考虑以 x 轴和 y 轴为旋转轴的旋转体的体积.

设旋转体是由连续曲线 $y=f(x)$,直线 $x=a,x=b(a<b)$ 和 x 轴所围成的平面图形绕 x 轴旋转而成的(见图 6-4-13).易知这个旋转体的垂直于 x 轴的截面积为

$$A(x)=\pi f^2(x).$$

代入体积公式(6-8),即得旋转体体积为

$$V_x=\pi\int_a^b f^2(x)\mathrm{d}x. \tag{6-9}$$

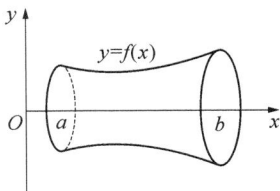

图 6-4-13

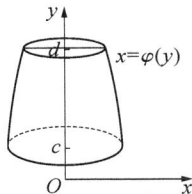

图 6-4-14

类似地,由连续曲线 $x=\varphi(y)$,直线 $y=c,y=d(c<d)$ 与 y 轴所围成的平面图形绕 y 轴旋转一周而成的旋转体(见图 6-4-14)的体积为

$$V_y=\pi\int_c^d\varphi^2(y)\mathrm{d}y. \tag{6-10}$$

另外,对由平面图形 $0\leqslant a\leqslant x\leqslant b,0\leqslant y\leqslant f(x)$ 绕 y 轴旋转所成的旋转体,如果用平行于 y 轴的圆柱面去截此旋转体,易知截面积为

$$A(x)=2\pi x\cdot f(x).$$

代入体积公式(6-8),即得旋转体体积为

$$V_y=\int_a^b 2\pi x f(x)\mathrm{d}x=2\pi\int_a^b x f(x)\mathrm{d}x. \tag{6-11}$$

这一方法称为"柱壳法".

例7 求由抛物线 $y=x^2$,直线 $x=1$ 及 x 轴所围的平面图形(见图 6-4-15)分别绕 x 轴和 y 轴旋转所得的旋转体的体积 V_x 和 V_y.

解 由公式(6-9)得

$$V_x=\pi\int_0^1(x^2)^2\mathrm{d}x=\pi\cdot\frac{1}{5}x^5\Big|_0^1=\frac{1}{5}\pi.$$

而 $V_y=V_1-V_2$,其中 V_1 表示由直线 $x=1,y=1$ 及 x 轴,y 轴所围的矩形绕 y 轴旋转而成的圆柱体的体积,V_2 表示由抛物线 $y=x^2$,直线 $y=1$ 及 y 轴所围的曲边梯形绕 y 轴旋转而成的旋转体的体积.于

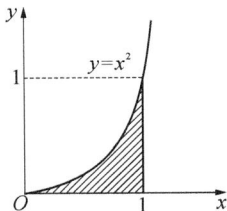

图 6-4-15

是由公式(6-10)得

$$V_y = V_1 - V_2 = \pi \cdot 1^2 \cdot 1 - \pi \int_0^2 x^2 \mathrm{d}y$$

$$= \pi - \pi \int_0^1 y \mathrm{d}y = \pi - \frac{\pi}{2} y^2 \Big|_0^1 = \frac{1}{2}\pi.$$

注意：本例也可采用柱壳法求旋转体的体积 V_y，根据公式(6-11)得

$$V_y = 2\pi \int_0^1 x \cdot x^2 \mathrm{d}x = 2\pi \cdot \frac{1}{4} x^4 \Big|_0^1 = \frac{1}{2}\pi.$$

例 8 计算由椭圆 $\dfrac{x^2}{a^2} + \dfrac{y^2}{b^2} = 1$ 所围成的图形绕 x 轴旋转而成的旋转体(称旋转椭球体)的体积.

解 如图 6-4-16 所示，该旋转椭球体可视为由上半椭圆 $y = \dfrac{b}{a}\sqrt{a^2 - x^2}$ 及 x 轴所围成的图形绕 x 轴旋转而成的立体. 由公式(6-9)得所求旋转椭球体的体积为

$$V_x = \pi \int_{-a}^a y^2 \mathrm{d}x = \pi \int_{-a}^a \frac{b^2}{a^2}(a^2 - x^2) \mathrm{d}x$$

$$= \pi \cdot \frac{b^2}{a^2}\left(a^2 x - \frac{1}{3} x^3\right)\Big|_{-a}^a = \frac{4}{3}\pi ab^2.$$

特别地，当 $a = b$ 时，旋转椭球体就是半径为 a 的球体，它的体积为 $\dfrac{4}{3}\pi a^3$.

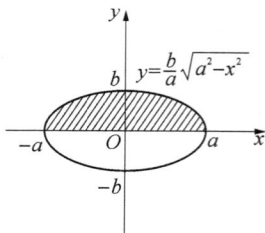

图 6-4-16

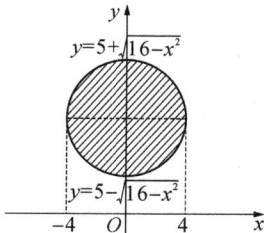

图 6-4-17

例 9 计算由圆 $x^2 + (y-5)^2 = 16$ 绕 x 轴旋转而成的环体的体积.

解 如图 6-4-17 所示，该圆位于 x 轴的上方. 由公式(6-9)得所求环体的体积为

$$V_x = \pi \int_{-4}^4 (5 + \sqrt{16 - x^2})^2 \mathrm{d}x - \pi \int_{-4}^4 (5 - \sqrt{16 - x^2})^2 \mathrm{d}x$$

$$= \pi \int_{-4}^4 4 \cdot 5 \sqrt{16 - x^2} \mathrm{d}x = 40\pi \int_0^4 \sqrt{16 - x^2} \mathrm{d}x = 160\pi^2.$$

例 10 计算由曲线 $y = x^2, y = 2 - x^2$ 所围成的图形分别绕 x 轴和 y 轴旋转而成的旋转体的体积.

解 如图 6-4-18 所示，该平面图形关于 y 轴对称. 联立方程组

$$\begin{cases} y = x^2, \\ y = 2 - x^2, \end{cases}$$

求出两条抛物线的交点$(-1,1)$和$(1,1)$. 于是,绕x轴旋转而成的旋转体的体积为

$$V_x = \pi \int_{-1}^{1} \left[(2 - x^2)^2 - x^4 \right] \mathrm{d}x = 2\pi \int_{0}^{1} \left[(2 - x^2)^2 - x^4 \right] \mathrm{d}x$$

$$= 8\pi \left(x - \frac{1}{3} x^3 \right) \Big|_{0}^{1} = \frac{16}{3}\pi.$$

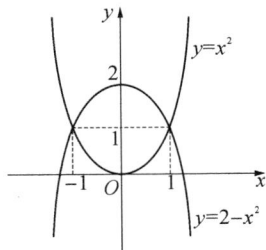

图 6-4-18

绕y轴旋转而成的旋转体的体积为

$$V_y = \pi \int_{0}^{1} (\sqrt{y})^2 \mathrm{d}y + \pi \int_{1}^{2} (\sqrt{2 - y})^2 \mathrm{d}y$$

$$= \frac{1}{2}\pi y^2 \Big|_{0}^{1} - \pi \left(2y - \frac{1}{2} y^2 \right) \Big|_{1}^{2} = \pi.$$

例 11 计算由曲线$y = (x - 1)(x - 2)$和x轴所围成的图形绕y轴旋转一周而成的旋转体的体积.

解 如图 6-4-19 所示. 利用"柱壳法"计算所求立体的体积. 由公式$(6-11)$得

$$V_y = -2\pi \int_{1}^{2} x f(x) \mathrm{d}x = -2\pi \int_{1}^{2} x(x - 1)(x - 2) \mathrm{d}x = \frac{\pi}{2}.$$

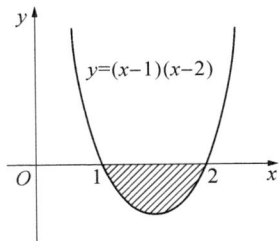

图 6-4-19

例 12 已知曲线$y = a\sqrt{x}\ (a > 0)$与曲线$y = \ln\sqrt{x}$在点(x_0, y_0)处有公共切线,求:

(1) 常数a及切点(x_0, y_0);

(2) 两曲线与x轴围成的平面图形的面积;

(3) 两曲线与x轴围成的平面图形绕x轴旋转所得旋转体体积V_x.

解 (1) 分别对$y = a\sqrt{x}$和$y = \ln\sqrt{x}$求导,得

$$y' = \frac{a}{2\sqrt{x}} \quad \text{和} \quad y' = \frac{1}{2x}.$$

由两曲线在点(x_0, y_0)处有公共切线知,$\dfrac{a}{2\sqrt{x_0}} = \dfrac{1}{2x_0}$,得$x_0 = \dfrac{1}{a^2}$.

将$x_0 = \dfrac{1}{a^2}$分别代入两曲线方程,有

$$y_0 = a\sqrt{\frac{1}{a^2}} = \frac{1}{2} \ln \frac{1}{a^2}.$$

于是,$a = \dfrac{1}{\mathrm{e}}$;$x_0 = \dfrac{1}{a^2} = \mathrm{e}^2,\ y_0 = a\sqrt{x_0} = \dfrac{1}{\mathrm{e}}\sqrt{\mathrm{e}^2} = 1$,从而切点为$(\mathrm{e}^2, 1)$.

（2）如图 6-4-20 所示，两曲线与 x 轴围成的平面图形的面积为

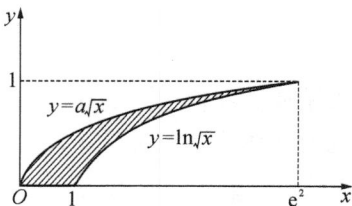

$$S = \int_0^1 (e^{2y} - e^2 y^2) dy = \frac{1}{2} e^{2y} \Big|_0^1 - \frac{1}{3} e^2 y^3 \Big|_0^1 = \frac{1}{6} e^2 - \frac{1}{2}.$$

（3）旋转体的体积为

$$V_x = \pi \int_0^{e^2} \left(\frac{1}{e} \sqrt{x} \right)^2 dx - \pi \int_1^{e^2} (\ln \sqrt{x})^2 dx$$

$$= \frac{\pi}{2e^2} x^2 \Big|_0^{e^2} - \frac{\pi}{4} \left(x\ln^2 x \Big|_1^{e^2} - 2 \int_1^{e^2} \ln x dx \right)$$

$$= \frac{1}{2} \pi e^2 - \frac{\pi}{4} \left(4e^2 - 2x\ln x \Big|_1^{e^2} + 2 \int_1^{e^2} dx \right)$$

$$= \frac{1}{2} \pi e^2 - \frac{\pi}{2} x \Big|_1^{e^2} = \frac{\pi}{2}.$$

图 6-4-20

6.4.4　经济应用问题

由第四章的边际分析知，如果已知一个总函数 $F(x)$ [如需求函数 $Q(x)$、总成本函数 $C(x)$、总收入函数 $R(x)$ 和利润函数 $L(x)$ 等]，它的边际函数就是它的导函数 $F'(x)$. 反之，如果已知边际函数，也可通过积分学知识来求总函数.

已知总产量变化率求总产量

例 13　设某产品的总产量的变化率为

$$f(t) = 40 + 12t - \frac{3}{2} t^2 (件 / 天),$$

求：

（1）总产量函数 $Q(t)$；

（2）从第 2 天到第 10 天的总产量.

解　（1）由题意知 $Q'(t) = f(t)$，则该产品的总产量函数为

$$Q(t) = \int_0^t f(x) dx + Q(0),$$

而 $t = 0$ 时，总产量也为零，即 $Q(0) = 0$. 因此

$$Q(t) = \int_0^t f(x) dx + Q(0) = \int_0^t \left(40 + 12x - \frac{3}{2} x^2 \right) dx = 40t + 6t^2 - \frac{1}{2} t^3 (件).$$

（2）从第 2 天到第 10 天的总产量为

$$Q(10) - Q(2) = \int_2^{10} \left(40 + 12t - \frac{3}{2} t^2 \right) dt = \left(40t + 6t^2 - \frac{1}{2} t^3 \right) \Big|_2^{10} = 400(件).$$

已知边际函数求总函数

例 14　设某种商品每天生产 x 单位时固定成本为 20 元，边际成本函数为

$$C'(x) = 0.4x - 2(元 / 单位).$$

求总成本函数 $C(x)$. 如果这种商品的销售单价为 18 元,且假设商品可以全部售出,求总利润函数 $L(x)$,并问每天生产多少单位时可获得最大利润,最大利润为多少?

解 总成本为固定成本与可变成本之和,而已知固定成本为 20 元,即 $C(0) = 20$,则每天生产 x 单位的总成本为

$$C(x) = \int_0^x C'(t)\mathrm{d}t + C(0) = \int_0^x (0.4t - 2)\mathrm{d}t + C(0)$$

$$= (0.2t^2 - 2t) \mid_0^x + 20 = 0.2x^2 - 2x + 20.$$

设销售 x 单位所得的总收益为 $R(x)$,则由题意知,

$$R(x) = 18x.$$

所以总利润函数为

$$L(x) = R(x) - C(x) = -0.2x^2 + 20x - 20.$$

令 $L'(x) = 20 - 0.4x = 0$,得唯一驻点 $x = 50$,而 $L''(50) = -0.4 < 0$,所以每天生产 50 单位时才能获得最大利润,最大利润为

$$L(50) = -0.2 \times 40^2 + 20 \times 40 - 20 = 460(元).$$

例 15 已知生产某产品 x 单位时,边际收益函数为

$$R'(x) = 200 - \frac{x}{100} \quad (x \geqslant 0),$$

求:

(1) 生产该产品 40 单位时的总收益;

(2) 如果已经生产了 100 单位,求再生产 200 单位时,总收益的增加量.

解 (1) 因为总收益函数是边际收益函数在区间 $[0, x]$ 上的定积分,所以生产 x 单位时的总收益为

$$R(x) = \int_0^x R'(t)\mathrm{d}t + R(0).$$

显然,当产量 $x = 0$ 时,总收益也为零,即 $R(0) = 0$. 于是

$$R(x) = \int_0^x R'(t)\mathrm{d}t + R(0) = \int_0^x \left(200 - \frac{t}{100}\right)\mathrm{d}t = 200x - \frac{x^2}{200},$$

当 $x = 40$ 时,$R(40) = 7992(元)$,即生产该产品 40 单位时的总收益为 7992 元.

(2) 生产 100 单位后,再生产 200 单位时所增加的总收益为

$$R(300) - R(100) = 39600(元).$$

例 16 设生产某产品 x(百台)的边际成本函数与边际收益函数分别为

$$C'(x) = x + 3(百台 / 万元),$$

$$R'(x) = 7 - x(百台 / 万元),$$

(1) 若固定成本 $C(0) = 1$ 万元,求总成本函数、总收益函数和总利润函数;

（2）生产量为多少时，总利润 $L = R - C$ 为最大？最大总利润为多少？

解 （1）总成本函数为

$$C(x) = \int_0^x C'(t)\mathrm{d}t + C(0) = \int_0^x (t+3)\mathrm{d}t + C(0) = \frac{1}{2}x^2 + 3x + 1,$$

总收益函数为

$$R(x) = \int_0^x R'(t)\mathrm{d}t + R(0) = \int_0^x (7-t)\mathrm{d}t = 7x - \frac{1}{2}x^2,$$

总利润为总收益与总成本之差，即总利润函数为

$$L(x) = R(x) - C(x) = 7x - \frac{1}{2}x^2 - \left(\frac{1}{2}x^2 + 3x + 1\right)$$

$$= -x^2 + 4x - 1.$$

（2）边际利润为 $L'(x) = R'(x) - C'(x) = -2x + 4$. 令 $L'(x) = 0$ 得唯一驻点 $x = 2$，又 $L''(2) = -2 < 0$，所以生产量为 200 台时，总利润取得最大值. 最大利润为

$$L(2) = (-x^2 + 4x - 1)\big|_{x=2} = 3(万元).$$

习题 6.4

1. 求由下列各曲线所围成图形的面积：

（1）$y = \sqrt{x}$ 与直线 $y = x$；

（2）$y = \dfrac{1}{x}$ 与直线 $y = x$ 及 $x = 2$；

（3）$y = \mathrm{e}^x, y = \mathrm{e}^{2x}$ 与直线 $y = 2$；

（4）$x + y^2 - 2 = 0$ 与 y 轴；

（5）$y = \ln x$ 与直线 $y = \ln a, y = \ln b\ (0 < a < b)$ 及 y 轴；

（6）$y = 3 - x^2$ 与直线 $y = 2x$.

2. 求抛物线 $y = -x^2 + 4x - 3$ 及其在点 $(0, -3)$ 和 $(3, 0)$ 处的切线所围成的图形的面积.

3. 在曲线 $y = \sqrt{2x}$ 上点 $(2, 2)$ 处作切线，求此切线与该曲线及直线 $y = 0$ 所围平面图形的面积.

4. 确定正数 k，使得曲线 $y^2 = x$ 与直线 $y = kx$ 所围成图形的面积为 $\dfrac{1}{6}$.

5. 设 $y = x^2, x \in [0, 1]$，问 t 为何值时，右图中的阴影部分的面积 S_1 与 S_2 之和为最大，何时最小？并求最大值、最小值.

6. 求下列曲线所围成的图形，按指定的轴旋转所得的旋转

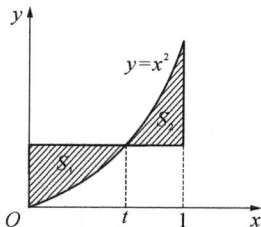

（第 5 题图）

体的体积：

(1) $y = \sin x (0 \leqslant x \leqslant \pi)$，$y = 0$，绕 x 轴；

(2) $y = x^3$ 与 $x = 2$，$y = 0$，绕 x 轴；

(3) $y = x^2$ 与 $x = y^2$，绕 y 轴；

(4) $y = \sqrt{x}$ 与 $x = 1$，$x = 4$，$y = 0$，绕 x 轴，绕 y 轴.

7. 求抛物线 $y^2 = 4(1 - x)$ 及抛物线在点 $(0, 2)$ 处的切线和 x 轴所围成的平面图形绕 x 轴旋转所得到的旋转体的体积.

8. 已知某产品产量的变化率是时间 t（单位：月）的函数

$$f(t) = 2t + 5 \quad (t \geqslant 0),$$

问：第一个 5 月和第二个 5 月的总产量各是多少？

9. 已知边际成本 $C'(x) = 25 + 30x - 9x^2$，固定成本为 55，求总成本函数、平均成本与可变成本.

10. 已知边际收入为 $R'(q) = 3 - 0.2q$，q 为销售量，求总收入函数，并确定最高收入的大小.

11. 某产品的边际成本 $C'(x) = 2 - x$，固定成本 $C_0 = 100$，边际收益 $R'(x) = 20 - 4x$（万元／台），求：(1) 总成本函数；(2) 收益函数；(3) 生产量为多少台时，总利润最大？

12. 设某产品的总成本 C（单位：万元）的变化率 $C' = 1$，总收入 R（单位：万元）的变化率为生产量 x（单位：百台）的函数

$$R' = R'(x) = 5 - x（万元／百台）.$$

(1) 求生产量 x 为多少时，总利润最大？

(2) 在利润最大的生产量的基础上再生产 100 台，总利润减少了多少？

6.5　广义积分

我们前面介绍的定积分有两个最基本的约束条件：一个是积分区间是有限区间，另一个是被积函数在积分区间上有界. 但在某些实际问题中，往往会遇到不满足上述条件的情形，即积分区间是无限的积分，或者积分区间是有限的，但被积函数在此区间上无界的情形. 因此，在定积分的计算中，我们还要研究无穷区间上的积分和无界函数的积分. 这两类积分统称为广义积分或反常积分，相应地，前面的定积分称为常义积分或正常积分.

6.5.1　无穷限广义积分

定义 6.2　设函数 $f(x)$ 在区间 $[a, +\infty)$ 上连续，取 $b > a$，如果极限

$$\lim_{b \to +\infty} \int_a^b f(x)\mathrm{d}x$$

存在,则称此极限为函数 $f(x)$ 在 $[a,+\infty)$ 上的广义积分,记作 $\int_a^{+\infty} f(x)\mathrm{d}x$,即

$$\int_a^{+\infty} f(x)\mathrm{d}x = \lim_{b \to +\infty} \int_a^b f(x)\mathrm{d}x.$$

此时也称广义积分 $\int_a^{+\infty} f(x)\mathrm{d}x$ 收敛;如果上述极限不存在,则称广义积分 $\int_a^{+\infty} f(x)\mathrm{d}x$ 发散.

类似地,有下面的定义.

定义 6.3 设函数 $f(x)$ 在区间 $(-\infty,b]$ 上连续,则定义函数 $f(x)$ 在 $(-\infty,b]$ 上的广义积分为

$$\int_{-\infty}^b f(x)\mathrm{d}x = \lim_{a \to -\infty} \int_a^b f(x)\mathrm{d}x.$$

定义 6.4 设函数 $f(x)$ 在区间 $(-\infty,+\infty)$ 上连续,且 $\int_{-\infty}^0 f(x)\mathrm{d}x$ 和 $\int_0^{+\infty} f(x)\mathrm{d}x$ 都收敛,则定义 $f(x)$ 在 $(-\infty,+\infty)$ 上的广义积分为

$$\int_{-\infty}^{+\infty} f(x)\mathrm{d}x = \int_{-\infty}^0 f(x)\mathrm{d}x + \int_0^{+\infty} f(x)\mathrm{d}x.$$

如果广义积分 $\int_{-\infty}^0 f(x)\mathrm{d}x$ 和 $\int_0^{+\infty} f(x)\mathrm{d}x$ 至少有一个发散,则称广义积分 $\int_{-\infty}^{+\infty} f(x)\mathrm{d}x$ 发散.

上述积分统称为无穷限的广义积分.

设 $F(x)$ 是 $f(x)$ 的一个原函数,如果当 $x \to +\infty$ 及 $x \to -\infty$ 时 $F(x)$ 的极限存在,记

$$\lim_{x \to +\infty} F(x) = F(+\infty), \quad \lim_{x \to -\infty} F(x) = F(-\infty),$$

则

$$\int_a^{+\infty} f(x)\mathrm{d}x = F(x)\,|_a^{+\infty} = F(+\infty) - F(a);$$

$$\int_{-\infty}^b f(x)\mathrm{d}x = F(x)\,|_{-\infty}^b = F(b) - F(-\infty);$$

$$\int_{-\infty}^{+\infty} f(x)\mathrm{d}x = F(x)\,|_{-\infty}^{+\infty} = F(+\infty) - F(-\infty).$$

这是牛顿-莱布尼茨公式对于在无穷区间上的广义积分的推广.

例 1 计算广义积分 $\int_0^{+\infty} \mathrm{e}^{-x}\mathrm{d}x$.

解 $\int_0^{+\infty} \mathrm{e}^{-x}\mathrm{d}x = \lim_{b \to +\infty} \int_0^b \mathrm{e}^{-x}\mathrm{d}x = \lim_{b \to +\infty} -\mathrm{e}^{-x}\,|_0^b = \lim_{b \to +\infty} (1 - \mathrm{e}^{-b}) = 1.$

例 2　计算广义积分 $\displaystyle\int_{-\infty}^{+\infty}\frac{1}{1+x^2}\mathrm{d}x.$

解　$\displaystyle\int_{-\infty}^{+\infty}\frac{1}{1+x^2}\mathrm{d}x=\int_{-\infty}^{0}\frac{1}{1+x^2}\mathrm{d}x+\int_{0}^{+\infty}\frac{1}{1+x^2}\mathrm{d}x$

$$=\lim_{a\to-\infty}\int_{a}^{0}\frac{1}{1+x^2}\mathrm{d}x+\lim_{b\to+\infty}\int_{0}^{b}\frac{1}{1+x^2}\mathrm{d}x$$

$$=\lim_{a\to-\infty}\arctan x\mid_a^0+\lim_{b\to+\infty}\arctan x\mid_0^b$$

$$=-\lim_{a\to-\infty}\arctan a+\lim_{b\to+\infty}\arctan b$$

$$=-\left(-\frac{\pi}{2}\right)+\frac{\pi}{2}=\pi.$$

例 3　计算广义积分 $\displaystyle\int_{-\infty}^{+\infty}\frac{2x}{1+x^2}\mathrm{d}x.$

解　$\displaystyle\int_{-\infty}^{+\infty}\frac{2x}{1+x^2}\mathrm{d}x=\int_{-\infty}^{0}\frac{2x}{1+x^2}\mathrm{d}x+\int_{0}^{+\infty}\frac{2x}{1+x^2}\mathrm{d}x,$

而

$$\int_{0}^{+\infty}\frac{2x}{1+x^2}\mathrm{d}x=\lim_{b\to+\infty}\int_{0}^{b}\frac{2x}{1+x^2}\mathrm{d}x=\lim_{b\to+\infty}\ln(1+x^2)\mid_0^b$$

$$=\lim_{b\to+\infty}\ln(1+b^2)=+\infty,$$

因此，广义积分 $\displaystyle\int_{0}^{+\infty}\frac{2x}{1+x^2}\mathrm{d}x$ 发散，从而 $\displaystyle\int_{-\infty}^{+\infty}\frac{2x}{1+x^2}\mathrm{d}x$ 发散.

例 4　讨论广义积分 $\displaystyle\int_{1}^{+\infty}\frac{1}{x^p}\mathrm{d}x$ 的敛散性，其中 p 是实常数.

解　当 $p=1$ 时，有

$$\int_{1}^{+\infty}\frac{1}{x^p}\mathrm{d}x=\int_{1}^{+\infty}\frac{1}{x}\mathrm{d}x=\ln x\mid_1^{+\infty}=+\infty.$$

当 $p\neq1$ 时，有

$$\int_{1}^{+\infty}\frac{1}{x^p}\mathrm{d}x=\frac{x^{1-p}}{1-p}\mid_1^{+\infty}=\begin{cases}+\infty, & p<1,\\[2mm]\dfrac{1}{p-1}, & p>1.\end{cases}$$

因此，广义积分 $\displaystyle\int_{1}^{+\infty}\frac{1}{x^p}\mathrm{d}x$ 当 $p>1$ 时，收敛，其值为 $\dfrac{1}{p-1}$；当 $p\leqslant1$ 时发散.

广义积分也有与常义积分类似的换元积分法与分部积分法. 特别地，有些广义积分应用换元积分法后，可能化为定积分，此时这个广义积分必然收敛，见下例.

例 5　计算广义积分 $\displaystyle\int_{0}^{+\infty}\frac{\mathrm{d}x}{(1+x^2)^2}.$

解　设 $x=\tan t$，则 $\mathrm{d}x=\sec^2 t\mathrm{d}t.$ 当 $x=0$ 时，$t=0$；当 $x\to+\infty$ 时，$t\to\dfrac{\pi}{2}.$ 于是

$$\int_0^{+\infty} \frac{\mathrm{d}x}{(1+x^2)^2} = \int_0^{\frac{\pi}{2}} \frac{\sec^2 t}{\sec^4 t}\mathrm{d}t = \int_0^{\frac{\pi}{2}} \cos^2 t \mathrm{d}t$$
$$= \int_0^{\frac{\pi}{2}} \frac{1+\cos 2t}{2}\mathrm{d}t = \frac{1}{2}\left(t + \frac{1}{2}\sin 2t\right)\Big|_0^{\frac{\pi}{2}} = \frac{\pi}{4}.$$

例 6 计算广义积分 $\int_0^{+\infty} x\mathrm{e}^{-x}\mathrm{d}x$.

解 利用分部积分法得

$$\int_0^{+\infty} x\mathrm{e}^{-x}\mathrm{d}x = -\int_0^{+\infty} x\mathrm{d}(\mathrm{e}^{-x}) = -x\mathrm{e}^{-x}\Big|_0^{+\infty} + \int_0^{+\infty}\mathrm{e}^{-x}\mathrm{d}x$$
$$= -\lim_{x\to+\infty} x\mathrm{e}^{-x} + 0 - \mathrm{e}^{-x}\Big|_0^{+\infty},$$

其中
$$\lim_{x\to+\infty} x\mathrm{e}^{-x} = \lim_{x\to+\infty}\frac{x}{\mathrm{e}^x} \stackrel{\frac{\infty}{\infty}}{=} \lim_{x\to+\infty}\frac{1}{\mathrm{e}^x} = 0,$$

因此
$$\int_0^{+\infty} x\mathrm{e}^{-x}\mathrm{d}x = 0 + 0 - \mathrm{e}^{-x}\Big|_0^{+\infty} = 1.$$

6.5.2 无界函数广义积分

现将定积分推广到被积函数为无界函数的情形.

定义 6.5 设函数 $f(x)$ 在区间 $(a,b]$ 上连续,且 $\lim_{x\to a^+} f(x) = \infty$,取 $\eta > 0$,如果极限

$$\lim_{\eta\to 0^+}\int_{a+\eta}^b f(x)\mathrm{d}x$$

存在,则称此极限为函数 $f(x)$ 在 $(a,b]$ 上的广义积分,仍然记作 $\int_a^b f(x)\mathrm{d}x$,即

$$\int_a^b f(x)\mathrm{d}x = \lim_{\eta\to 0^+}\int_{a+\eta}^b f(x)\mathrm{d}x,$$

此时称广义积分 $\int_a^b f(x)\mathrm{d}x$ 收敛. 如果上述极限不存在,则称广义积分 $\int_a^b f(x)\mathrm{d}x$ 发散.

类似地,有以下定义.

定义 6.6 设函数 $f(x)$ 在区间 $[a,b)$ 上连续,且 $\lim_{x\to b^-} f(x) = \infty$,如果极限

$$\lim_{\eta\to 0^+}\int_a^{b-\eta} f(x)\mathrm{d}x$$

存在,则定义函数 $f(x)$ 在 $[a,b)$ 上广义积分为

$$\int_a^b f(x)\mathrm{d}x = \lim_{\eta\to 0^+}\int_a^{b-\eta} f(x)\mathrm{d}x,$$

此时也称广义积分 $\int_a^b f(x)\mathrm{d}x$ 收敛. 否则,就称广义积分 $\int_a^b f(x)\mathrm{d}x$ 发散.

定义 6.7 设函数 $f(x)$ 在区间 $[a,b]$ 上除点 $c(a<c<b)$ 外连续,且 $\lim_{x\to c} f(x) = \infty$.

如果两个广义积分

$$\int_a^c f(x)\,\mathrm{d}x \quad 与 \quad \int_c^b f(x)\,\mathrm{d}x$$

都收敛,则定义

$$\int_a^b f(x)\,\mathrm{d}x = \int_a^c f(x)\,\mathrm{d}x + \int_c^b f(x)\,\mathrm{d}x$$

$$= \lim_{\varepsilon \to 0^+}\int_a^{c-\varepsilon} f(x)\,\mathrm{d}x + \lim_{\eta \to 0^+}\int_{c+\eta}^b f(x)\,\mathrm{d}x,$$

此时称该广义积分$\int_a^b f(x)\,\mathrm{d}x$收敛.如果两个广义积分$\int_a^c f(x)\,\mathrm{d}x$与$\int_c^b f(x)\,\mathrm{d}x$中至少有一个发散,则称广义积分$\int_a^b f(x)\,\mathrm{d}x$发散.

例 7　计算广义积分$\int_0^1 \dfrac{1}{\sqrt{1-x^2}}\,\mathrm{d}x$.

解　因为

$$\lim_{x \to 1^-} \frac{1}{\sqrt{1-x^2}} = +\infty,$$

所以,$x=1$是被积函数的无穷型间断点(也称为瑕点),于是

$$\int_0^1 \frac{1}{\sqrt{1-x^2}}\,\mathrm{d}x = \lim_{\eta \to 0^+}\int_0^{1-\eta} \frac{\mathrm{d}x}{\sqrt{1-x^2}} = \lim_{\eta \to 0^+}\arcsin x\ \Big|_0^{1-\eta}$$

$$= \lim_{\eta \to 0^+}[\arcsin(1-\eta) - 0] = \arcsin 1 = \frac{\pi}{2}.$$

例 8　讨论广义积分$\int_0^2 \dfrac{1}{(x-1)^2}\,\mathrm{d}x$的敛散性.

解　因为被积函数$\dfrac{1}{(x-1)^2}$在积分区间$[0,2]$上除$x=1$外连续,且$\lim\limits_{x \to 1}\dfrac{1}{(x-1)^2} = \infty$,所以,$x=1$是被积函数的无穷型间断点.按定义 6.7 有

$$\int_0^2 \frac{1}{(x-1)^2}\,\mathrm{d}x = \int_0^1 \frac{1}{(x-1)^2}\,\mathrm{d}x + \int_1^2 \frac{1}{(x-1)^2}\,\mathrm{d}x,$$

而

$$\int_0^1 \frac{1}{(x-1)^2}\,\mathrm{d}x = \lim_{\eta \to 0^+}\int_0^{1-\eta}\frac{\mathrm{d}x}{(x-1)^2} = \lim_{\eta \to 0^+}\frac{-1}{x-1}\ \Big|_0^{1-\eta}$$

$$= \lim_{\eta \to 0^+}\left(\frac{1}{\eta} - 1\right) = +\infty,$$

即广义积分$\int_0^1 \dfrac{1}{(x-1)^2}\,\mathrm{d}x$发散,从而$\int_0^2 \dfrac{1}{(x-1)^2}\,\mathrm{d}x$发散.

注意:此题千万要注意$\lim\limits_{x \to 1}\dfrac{1}{(x-1)^2} = \infty$,若忽视了这一点而直接计算,便会出现错

误,例如

$$\int_0^2 \frac{1}{(x-1)^2}\mathrm{d}x = \frac{-1}{x-1}\Big|_0^2 = -1 - 1 = -2,$$

这一解法错将广义积分当成常义积分.

无界函数的广义积分也可形式上使用牛顿-莱布尼茨公式. 例如,设函数 $f(x)$ 在 $(a,b]$ 上连续,且 $x=a$ 是 $f(x)$ 的无穷型间断点,则

$$\int_{a+\eta}^b f(x)\mathrm{d}x = F(b) - F(a+\eta),$$

其中 $F(x)$ 是 $f(x)$ 的原函数. 因此,当极限 $\lim\limits_{\eta\to0^+}F(a+\eta)$ 存在时,无界函数的广义积分 $\int_a^b f(x)\mathrm{d}x$ 存在,即当 $F(x)$ 在 $x=a$ 处存在右极限 $F(a+0)$ 时,有

$$\int_a^b f(x)\mathrm{d}x = F(b) - F(a+0).$$

这里我们仍用记号 $F(x)\mid_a^b$ 来表示 $F(b)-F(a+0)$,从而形式上有

$$\int_a^b f(x)\mathrm{d}x = F(x)\mid_a^b.$$

例 9　讨论广义积分 $\int_0^1 \frac{1}{x^p}\mathrm{d}x$ 的敛散性.

解　当 $p=1$ 时,有

$$\int_0^1 \frac{1}{x^p}\mathrm{d}x = \int_0^1 \frac{1}{x}\mathrm{d}x = \ln x\mid_0^1 = 0 - \lim_{x\to0^+}\ln x = +\infty.$$

当 $p\neq1$ 时,有

$$\int_0^1 \frac{1}{x^p}\mathrm{d}x = \frac{x^{1-p}}{1-p}\Big|_0^1 = \begin{cases} \dfrac{1}{1-p}, & p<1, \\ +\infty, & p>1. \end{cases}$$

因此,当 $p<1$ 时,这个广义积分收敛,其值为 $\dfrac{1}{1-p}$;当 $p\geqslant1$ 时,这个广义积分发散.

类似于无穷限广义积分,定积分的换元积分法和分部积分法,对无界函数的广义积分也成立.

例 10　计算广义积分 $\int_1^2 \frac{x}{\sqrt{x-1}}\mathrm{d}x.$

解　因为 $\lim\limits_{x\to1^+}\dfrac{x}{\sqrt{x-1}} = +\infty$,所以 $x=1$ 是被积函数的无穷型间断点.

设 $\sqrt{x-1}=t$,则 $x=t^2+1$,$\mathrm{d}x=2t\mathrm{d}t$. 当 $x\to1^+$ 时,$t\to0^+$;当 $x=2$ 时,$t=1$. 于是

$$\int_1^2 \frac{x}{\sqrt{x-1}}\mathrm{d}x = \int_0^1 \frac{t^2+1}{t} \cdot 2t\mathrm{d}t = 2\int_0^1 (t^2+1)\mathrm{d}t = \frac{2}{3}t^3 \mid_0^1 + 2t \mid_0^1 = \frac{8}{3}.$$

例 11　计算广义积分 $\int_0^1 \ln x\mathrm{d}x.$

解　因为 $\lim\limits_{x \to 0^+}\ln x = -\infty$，所以 $x = 0$ 是被积函数的无穷型间断点，于是

$$\int_0^1 \ln x\mathrm{d}x = (x\ln x) \mid_0^1 - \int_0^1 x \cdot \frac{1}{x}\mathrm{d}x = 0 - \lim_{x \to 0^+} x\ln x - 1.$$

而

$$\lim_{x \to 0^+} x\ln x = \lim_{x \to 0^+} \frac{\ln x}{\frac{1}{x}} = \lim_{x \to 0^+} \frac{\frac{1}{x}}{-\frac{1}{x^2}} = -\lim_{x \to 0^+} x = 0,$$

则

$$\int_0^1 \ln x\mathrm{d}x = -1.$$

习题　6.5

1. 判别下列广义积分的敛散性，若收敛，求其值.

(1) $\displaystyle\int_1^{+\infty} \frac{1}{x^4}\mathrm{d}x$

(2) $\displaystyle\int_1^{+\infty} \frac{1}{\sqrt{x}}\mathrm{d}x$

(3) $\displaystyle\int_e^{+\infty} \frac{\ln x}{x}\mathrm{d}x$

(4) $\displaystyle\int_{-\infty}^{+\infty} \frac{1}{x^2+2x+2}\mathrm{d}x$

(5) $\displaystyle\int_0^{+\infty} \mathrm{e}^{-\sqrt{x}}\mathrm{d}x$

(6) $\displaystyle\int_0^{+\infty} \mathrm{e}^{-x}\sin x\mathrm{d}x$

(7) $\displaystyle\int_1^2 \frac{1}{x\sqrt{x^2-1}}\mathrm{d}x$

(8) $\displaystyle\int_0^1 \frac{x}{\sqrt{1-x^2}}\mathrm{d}x$

(9) $\displaystyle\int_1^e \frac{\mathrm{d}x}{x\sqrt{1-\ln^2 x}}$

(10) $\displaystyle\int_0^2 \frac{1}{x^2-4x+3}\mathrm{d}x$

2. 当 k 为何值时，广义积分 $\displaystyle\int_2^{+\infty} \frac{\mathrm{d}x}{x(\ln x)^k}$ 收敛？当 k 为何值时，广义积分发散？

3. 设 $\lim\limits_{x \to +\infty} \left(\dfrac{x+c}{x-c}\right)^x = \displaystyle\int_{-\infty}^c t\mathrm{e}^{2t}\mathrm{d}t$，求常数 c.

4. 求位于曲线 $y = \mathrm{e}^{-x}$ 下方，该曲线过原点的切线的右方以及 x 轴上方之间的图形的面积.

复习题六

一、单项选择题

1. 定积分 $\int_a^b f(x)\mathrm{d}x$ 的值与（　　）无关.

  A. 积分下限 a B. 积分上限 b

  C. 对应关系 f D. 积分变量记号 x

2. 设 $f(x)$ 是连续函数，且 $\int f(x)\mathrm{d}x = F(x)+C$，则必有（　　）.

  A. $\int_a^x f(t)\mathrm{d}t = F(x)$ B. $\left[\int_a^x F(t)\mathrm{d}t\right]' = F(x)$

  C. $\int_a^x F'(t)\mathrm{d}t = f(x)$ D. $\left[\int_a^x F'(t)\mathrm{d}t\right]' = f(x)-f(a)$

3. 设 $f(x)$ 在 $[a,b]$ 上连续，则 $f(x)$ 在 $[a,b]$ 上的平均值是（　　）.

  A. $\dfrac{f(a)+f(b)}{2}$ B. $\int_a^b f(x)\mathrm{d}x$

  C. $\dfrac{1}{b-a}\int_a^b f(x)\mathrm{d}x$ D. $\dfrac{1}{a-b}\int_a^b f(x)\mathrm{d}x$

4. $\dfrac{d}{\mathrm{d}x}\int_a^x \tan t^2\,\mathrm{d}t = $（　　）.

  A. $\tan x^2 - \tan a^2$ B. $2x\cot x^2$

  C. $\tan x^2$ D. $2x\tan x^2$

5. 设 $f(x)$ 是连续函数，且 $F(x) = \int_{\frac{1}{x}}^{\ln x} f(t)\mathrm{d}t$，则 $F'(x) = $（　　）.

  A. $\dfrac{1}{x}f(\ln x)+\dfrac{1}{x^2}f\left(\dfrac{1}{x}\right)$ B. $f(\ln x)+f\left(\dfrac{1}{x}\right)$

  C. $\dfrac{1}{x}f(\ln x)-\dfrac{1}{x^2}f\left(\dfrac{1}{x}\right)$ D. $f(\ln x)-f\left(\dfrac{1}{x}\right)$

6. 已知 $y = \int_0^x \dfrac{1}{(1+t)^2}\mathrm{d}t$，则 $y'(1) = $（　　）.

  A. $-\dfrac{1}{2}$ B. $-\dfrac{1}{4}$ C. $\dfrac{1}{4}$ D. $\dfrac{1}{2}$

7. 设 $f(x)$，$\varphi(x)$ 在点 $x=0$ 的某邻域内连续，且当 $x\to 0$ 时，$f(x)$ 是 $\varphi(x)$ 的高阶无穷小，则当 $x\to 0$ 时，$\int_0^x f(t)\sin t\,\mathrm{d}t$ 是 $\int_0^x t\varphi(t)\mathrm{d}t$ 的（　　）.

  A. 低阶无穷小   B. 高阶无穷小

C. 同阶但不等价无穷小　　　　　　　　　D. 等价无穷小

8. 设 $F(x) = \int_0^x \dfrac{1}{1+t^2}\mathrm{d}t + \int_0^{\frac{1}{x}} \dfrac{1}{1+t^2}\mathrm{d}t, x > 0$，则（　　）.

A. $F(x) \equiv 0$

B. $F(x) \equiv \dfrac{\pi}{2}$

C. $F(x) \equiv \arctan x$

D. $F(x) \equiv 2\arctan x$

9. 积分 $I = t\int_0^{\frac{s}{t}} f(tx)\mathrm{d}x$ 与（　　）有关.

A. s, t, x　　　　　　B. s, t　　　　　　C. x, t　　　　　　D. s

10. 设 $\int_0^x f(t)\mathrm{d}t = 2x^3$，则 $\int_0^{\frac{\pi}{2}} \cos x f(-\sin x)\mathrm{d}x = $（　　）.

A. $\dfrac{\pi^3}{4}$　　　　　　B. $-\dfrac{\pi^3}{4}$　　　　　　C. 2　　　　　　D. -2

11. 设 $f(x)$ 是连续函数，且为偶函数，在区间 $[-a, a]$ 上的定积分 $\int_{-a}^a f(x)\mathrm{d}x = $（　　）.

A. 0

B. $\int_{-a}^0 f(x)\mathrm{d}x$

C. $2\int_0^a f(x)\mathrm{d}x$

D. $\int_0^a f(x)\mathrm{d}x$

12. 利用定积分的有关性质可以得出定积分 $\int_{-1}^1 (\arctan^{11} x + \cos^{21} x)\mathrm{d}x = $（　　）.

A. $2\int_0^1 (\arctan^{11} x + \cos^{21} x)\mathrm{d}x$

B. 0

C. $2\int_0^1 \cos^{21} x\,\mathrm{d}x$

D. 2

13. 设 $y = f(x)$ 和 $y = g(x)$ 是两条光滑曲线（其中 $x \in [a, b]$），则由这两条曲线及直线 $x = a, x = b$ 所围平面图形的面积为（　　）.

A. $\int_a^b [f(x) - g(x)]\mathrm{d}x$

B. $\int_a^b [g(x) - f(x)]\mathrm{d}x$

C. $\int_a^b |f(x) - g(x)|\mathrm{d}x$

D. $\left|\int_a^b [f(x) - g(x)]\mathrm{d}x\right|$

14. 下列广义积分收敛的是（　　）.

A. $\int_e^{+\infty} \dfrac{\ln x}{x}\mathrm{d}x$

B. $\int_e^{+\infty} \dfrac{\mathrm{d}x}{x\ln x}$

C. $\int_e^{+\infty} \dfrac{\mathrm{d}x}{x(\ln x)^2}$

D. $\int_e^{+\infty} \dfrac{\mathrm{d}x}{x\sqrt{\ln x}}$

15. 下列结论中正确的是（　　）.

A. $\displaystyle\int_1^{+\infty}\frac{\mathrm{d}x}{x(x+1)}$ 与 $\displaystyle\int_0^1\frac{\mathrm{d}x}{x(x+1)}$ 都收敛

B. $\displaystyle\int_1^{+\infty}\frac{\mathrm{d}x}{x(x+1)}$ 与 $\displaystyle\int_0^1\frac{\mathrm{d}x}{x(x+1)}$ 都发散

C. $\displaystyle\int_1^{+\infty}\frac{\mathrm{d}x}{x(x+1)}$ 发散,$\displaystyle\int_0^1\frac{\mathrm{d}x}{x(x+1)}$ 收敛

D. $\displaystyle\int_1^{+\infty}\frac{\mathrm{d}x}{x(x+1)}$ 收敛,$\displaystyle\int_0^1\frac{\mathrm{d}x}{x(x+1)}$ 发散

二、填空题

1. 已知函数 $F(x)=\displaystyle\int_{\frac{\pi}{2}}^x\frac{\sin t}{t}\mathrm{d}t$,则 $F'\left(\dfrac{\pi}{2}\right)=$ _____.

2. $\displaystyle\lim_{x\to 0}\frac{\displaystyle\int_0^x\tan^2 t\,\mathrm{d}t}{x^3}=$ _____.

3. $\displaystyle\int_{-\pi}^{\pi}(x^2\sin x+x^2)\mathrm{d}x=$ _____.

4. $\displaystyle\int_{-a}^a\sqrt{a^2-x^2}\,\mathrm{d}x=$ _____ $(a>0)$.

5. 设 $f(x)$ 是连续的奇函数,且 $\displaystyle\int_0^1 f(x)\mathrm{d}x=1$,则 $\displaystyle\int_{-1}^0 f(x)\mathrm{d}x=$ _____.

6. 设 $f(x)$ 是连续函数,且 $f(x)=x+2\displaystyle\int_0^1 f(t)\mathrm{d}t$,则 $f(x)=$ _____.

7. $\displaystyle\int_0^1\frac{\mathrm{d}x}{\mathrm{e}^x+\mathrm{e}^{-x}}=$ _____.

8. $\displaystyle\int_0^{\frac{\pi}{2}}\frac{\sin x}{1+\cos^2 x}\mathrm{d}x=$ _____.

9. 若定积分 $\displaystyle\int_0^a\frac{x}{1+x^2}\mathrm{d}x=1(a>0)$,则常数 $a=$ _____.

10. 若 $\displaystyle\int f(x)\mathrm{d}x=2x^2+C$,则 $\displaystyle\int_0^2 xf(x^2+1)\mathrm{d}x=$ _____.

11. $\displaystyle\int_1^{+\infty}\frac{\ln x}{x^2}\mathrm{d}x=$ _____.

12. 设 $\displaystyle\int_{-\infty}^{+\infty}\frac{A}{1+x^2}\mathrm{d}x=1$,则 $A=$ _____.

13. 位于曲线 $y=x\mathrm{e}^{-x}(0\leqslant x<+\infty)$ 下方,x 轴上方的无界图形的面积是 _____.

三、计算题

1. 已知 $f(x)=\dfrac{1}{1+x^2}+x^3\displaystyle\int_0^1 f(t)\mathrm{d}t$,求 $\displaystyle\int_0^1 f(t)\mathrm{d}t$.

2. 求连续函数 $f(x)$，使其满足 $\int_0^1 f(tx)\mathrm{d}t = f(x) + x\sin x$.

3. 利用洛必达法则计算下列极限：

(1) $\lim\limits_{x\to 0} \dfrac{\int_0^{x^2} \mathrm{e}^{-t^2}\mathrm{d}t}{x^2}$

(2) $\lim\limits_{x\to +\infty} \dfrac{\int_0^x \arctan t\,\mathrm{d}t}{x}$

4. 计算下列定积分：

(1) $\int_{\frac{1}{2}}^{\frac{3}{4}} \dfrac{\arcsin\sqrt{x}}{\sqrt{x(1-x)}}\mathrm{d}x$

(2) $\int_0^{\frac{\pi}{4}} \dfrac{1+\sin^2 x}{\cos^2 x}\mathrm{d}x$

(3) $\int_0^{\frac{\pi}{2}} \sqrt{1-\cos x}\,\mathrm{d}x$

(4) $\int_{-1}^2 |x^2 - x|\,\mathrm{d}x$

(5) $\int_{-1}^0 x^3 \mathrm{e}^{x^2}\mathrm{d}x$

(6) $\int_0^1 x^2 \sqrt{1-x^2}\,\mathrm{d}x$

(7) $\int_1^4 \dfrac{\mathrm{d}x}{x(1+\sqrt{x})}$

(8) $\int_{-2}^2 \dfrac{x+|x|}{2+x^2}\mathrm{d}x$

5. 设 $f(x) = \begin{cases} \mathrm{e}^{-x}, & x \geqslant 0, \\ 1+x^2, & x < 0, \end{cases}$ 求 $\int_1^3 f(x-2)\mathrm{d}x$.

6. 设 $f(x)$ 有一个原函数为 $\dfrac{\sin x}{x}$，求 $\int_{\frac{\pi}{2}}^{\pi} xf'(x)\mathrm{d}x$.

7. 已知 $f(0) = 2, f(2) = 3, f'(2) = 4$，求 $\int_0^2 xf''(x)\mathrm{d}x$.

8. 讨论下列广义积分的敛散性，若收敛，求其值.

(1) $\int_2^{+\infty} \dfrac{\mathrm{d}x}{x\ln^2 x}$

(2) $\int_0^{+\infty} \dfrac{\arctan x}{x^2}\mathrm{d}x$

9. 求由抛物线 $x = 2y - y^2$ 与直线 $y = 2 + x$ 所围成的平面图形的面积.

10. 求 c 的值，使曲线 $y = x^2$ 与 $x = cy^2$ 在第一象限所围成的平面图形的面积为 1.

11. 在区间 $[1, \mathrm{e}]$ 上求一点 c，使得右图所示的阴影部分的面积为最小.

12. 计算由曲线 $y = x^2$ 与 $y = x^3$ 在第一象限所围平面图形的面积，并求此平面图形绕 y 轴旋转所形成的立体体积.

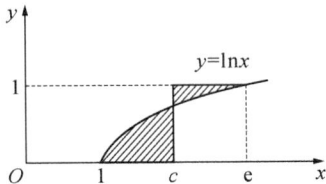

(第 11 题图)

13. 过点 $P(1,0)$ 作抛物线 $y = \sqrt{x-2}$ 的切线，该切线与上述抛物线以及 x 轴围成一平面图形，求此平面图形绕 x 轴旋转一周所成旋转体的体积.

14. 生产某产品的总成本变化率为产量 x 的函数 $C'(x) = 7 + \dfrac{25}{\sqrt{x}}$ (元／单位)，固定成本 1000 元，求总成本函数 $C(x)$．

15. 生产某产品的总收入变化率 $R'(Q) = 10 - 1.2Q$，求：(1) 总收入函数 $R(Q)$；(2) 平均收入函数 $\overline{R}(Q)$；(3) 需求函数 $Q(P)$．

16. 某种产品的总成本 C(万元) 的变化率是产量 x(百台) 的函数 $C'(x) = 4 + \dfrac{x}{4}$，总收入 R(万元) 的变化率是产量 x 的函数 $R'(x) = 8 - x$，求：

(1) 产量由 100 台增加到 500 台时，总成本与总收入各增加多少？

(2) 求产量为多少时，总利润 L 最大？

(3) 已知固定成本为 $C(0) = 1$ 万元，分别求总成本、总利润与产量 x 的函数关系式．

(4) 求利润最大时的总利润、总成本与总收入．

四、证明题

1. 设 $f(x)$，$g(x)$ 都是 $[a,b]$ 上的连续函数，且 $g(x)$ 在 $[a,b]$ 上不变号，证明：至少存在一点 $\xi \in (a,b)$，使得下式成立

$$\int_a^b f(x)g(x)\mathrm{d}x = f(\xi)\int_a^b g(x)\mathrm{d}x.$$

2. 设 $f(x)$ 在 $[a,b]$ 上连续，且 $f(x) > 0$，$F(x) = \int_a^x f(t)\mathrm{d}t + \int_b^x \dfrac{1}{f(t)}\mathrm{d}t$，$x \in [a,b]$，证明：(1) $F'(x) \geqslant 2$；(2) 方程 $F(x) = 0$ 在 (a,b) 内有且仅有一个根．

3. 已知函数 $f(x)$，$f'(x)$ 连续，证明：

$$\frac{\mathrm{d}}{\mathrm{d}x}\left[\int_a^x (x-t)f'(t)\mathrm{d}t\right] = f(x) - f(a).$$

4. 设 $f(x)$ 在 $(-\infty, +\infty)$ 内连续，且 $F(x) = \int_0^x (x-2t)f(t)\mathrm{d}t$，证明：若 $f(x)$ 单调不增，则 $F(x)$ 单调不减．

第七章　多元函数

在前面的章节里,我们研究了一个自变量的函数 $y = f(x)$ 的极限、连续性、微分和积分等问题.但是,在很多自然现象、工程技术和经济关系的研究中,常常遇到多个变量的函数.因此,我们需要研究多变量函数,即多元函数.本章将重点研究二元函数,因为对二元函数的研究方法,原则上也适用于多元函数,在学习本章的内容时,要注意对照一元函数,掌握多元函数与一元函数之间的区别和联系.这是学好多元函数微积分的关键.

7.1　多元函数微积分的概念与极限

7.1.1　平面区域的概念及其不等式表示法

我们知道,一个实数对应数轴上的一个点,一个二元有序数组 (x,y) 对应平面上的一个点,我们把满足某些属性的二元有序数组的全体称为平面上的点集.

例如点集 $A = \{(x,y) \mid x^2 + y^2 < 1\}$ 表示以原点为圆心,半径为1的圆的内部所有点的集合(不包括圆周 $x^2 + y^2 = 1$ 上的点,见图 $7-1-1$),此外,点集 $B = \{(x,y) \mid x + y < 1\}$, $C = \{(x,y) \mid x \geqslant 0, y \geqslant 0\}$, $D = \{(x,y) \mid 1 < x^2 + y^2 \leqslant 4\}$,如图 $7-1-2$,图 $7-1-3$,图 $7-1-4$ 中的阴影部分所示.

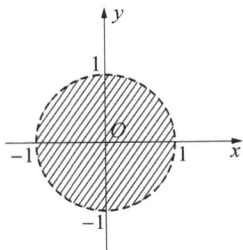
图 $7-1-1$

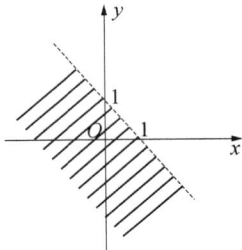
图 $7-1-2$

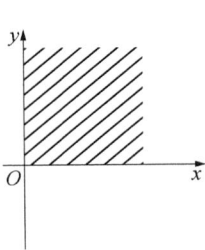
图 $7-1-3$

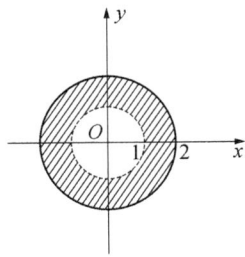
图 $7-1-4$

定义 7.1　由一条或几条曲线所围成的平面上的点集称为平面上的区域,通常用 D 表示,围成区域的曲线称为区域的边界,包括边界在内的区域称为闭区域,不包括边界在内的区域称为开区域,如果某区域 D 可以被包围在一个以原点为中心,以某正数 M 为半径的圆内,那么这个区域称为有界区域,否则,这个区域称为无界区域.

上面四个图中,A 为有界开区域,B 为无界开区域,C 为无界闭区域,D 为有界半开半闭区域.

定义 7.2 设 $P_0(x_0, y_0)$ 是平面上的任意一点,$\delta > 0$,则开区域
$$U(P_0, \delta) = \{(x, y) \mid \sqrt{(x-x_0)^2 + (y-y_0)^2} < \delta\}$$
称为以 P_0 为中心、以 δ 为半径的实心邻域,简称为点 P_0 的 δ 邻域(如图 7-1-5 所示),开区域
$$U_0(P_0, \delta) = \{(x, y) \mid 0 < \sqrt{(x-x_0)^2 + (y-y_0)^2} < \delta\}$$
称为以 P_0 为中心,以 δ 为半径的去心邻域,简称为点 P_0 的去心 δ 邻域.

下面我们介绍两种典型的平面区域的不等式表示法.

(1) D_x 是由 $x = a, x = b, y = f_1(x), y = f_2(x)$[其中 $f_1(x) \leqslant f_2(x)$]所围成的闭区域(如图 7-1-6 所示),当 x^* 遍历 $[a, b]$ 时,直线束 $\{x = x^* \mid f_1(x^*) \leqslant y \leqslant f_2(x^*)\}$ 就生成闭区域 D_x,因此 D_x 的联立不等式表示为
$$D_x = \{(x, y) \mid f_1(x) \leqslant y \leqslant f_2(x), a \leqslant x \leqslant b\}.$$

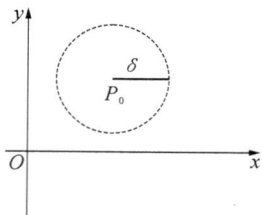

图 7-1-5

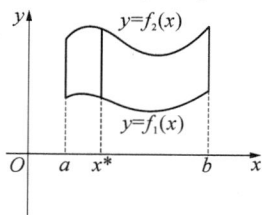

图 7-1-6

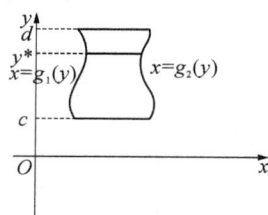

图 7-1-7

(2) D_y 是由 $y = c, y = d, x = g_1(y)$ 和 $x = g_2(y)$[其中 $g_1(y) \leqslant g_2(y)$]所围成的闭区域(如图 7-1-7 所示),当 y^* 遍历 $[c, d]$ 时,直线束 $\{y = y^* \mid g_1(y^*) \leqslant x \leqslant g_2(y^*)\}$ 就生成闭区域 D_y,因此 D_y 的联立不等式表示为
$$D_y = \{(x, y) \mid g_1(y) \leqslant x \leqslant g_2(y), c \leqslant y \leqslant d\}$$

例 1 用不等式表示平面圆域 $D = \{(x, y) \mid x^2 + y^2 < 1\}$.

解 本例 D 中的点的横坐标 x 在 -1 与 1 之间变化时,点的纵坐标 y 在 $y_1 = -\sqrt{1-x^2}$ 与 $y_2 = \sqrt{1-x^2}$ 之间变化(见图 7-1-8),因此 D 可表示成
$$D = \{(x, y) \mid -\sqrt{1-x^2} < y < \sqrt{1-x^2}, -1 < x < 1\}.$$

类似地,D 还可表示为
$$D = \{(x, y) \mid -\sqrt{1-y^2} < x < \sqrt{1-y^2}, -1 < y < 1\}.$$

例 2 列出图 7-1-9 中阴影部分的不等式表示式.

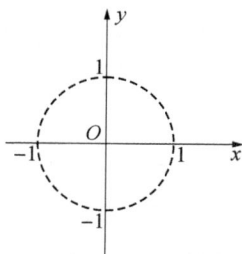

图 7-1-8

解　阴影部分所表示的平面区域 D 为

$$D = \{(x,y) \mid 0 \leqslant y \leqslant 1, \mid x \mid \leqslant y\}$$

或　　　　$D = \{(x,y) \mid \mid x \mid \leqslant 1, \mid x \mid \leqslant y \leqslant 1\}$

或　　　　$D = \{(x,y) \mid 0 \leqslant x \leqslant 1, x \leqslant y \leqslant 1\} \bigcup$

　　　　　　　　$\{(x,y) \mid -1 \leqslant x \leqslant 0, -x \leqslant y \leqslant 1\}$

或　　　　$D = \{(x,y) \mid 0 \leqslant y \leqslant 1, 0 \leqslant x \leqslant y\} \bigcup$

　　　　　　　　$\{(x,y) \mid 0 \leqslant y \leqslant 1, -y \leqslant x \leqslant 0\}.$

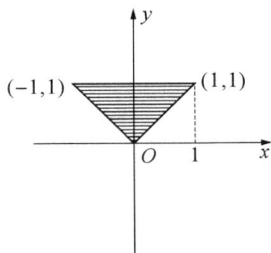

图 7-1-9

读者应熟悉上述对于同一区域 D 的不同的表示方式.

7.1.2　多元函数定义

前面我们介绍了只有一个自变量的函数,称其为一元函数,现在我们把一元函数推广到具有多个自变量的情形,称为多元函数,本节主要讨论二元函数,下面是几个简单的二元函数的例子.

例3　矩阵的两条边长分别为 x,y,其面积为 $S = xy$. 当 x,y 在一定的范围之内($x \geqslant 0, y \geqslant 0$)取定一组数值时,$S$ 就有一个确定的值与之相对应,这时我们就称 S 是 x,y 的二元函数.

例4　在西方经济学中,著名的 Cobb-Douglas(科布-道格拉斯)生产函数为 $y = CK^{\alpha}L^{\beta}$,这里 C,α,β 为常数,$\alpha + \beta = 1, L > 0, K > 0$ 分别表示投入的劳力数量和资本数量,y 表示产量,当 K,L 的值给定时,y 就有一确定值与之相对应,因此,称 y 是 K,L 的二元函数.

二元函数的一般定义可表述如下.

定义 7.3　设 D 是平面上的一个点集,如果对于每一个点 $P(x,y) \in D$,变量 z 按照一定的对应规则 f 总有确定的值与之对应,则称 z 是变量 x,y 的二元函数,记作

$$z = f(x,y),$$

点集 D 称为该函数的定义域,也记作 $D(f)$,x,y 称为自变量,z 称为因变量,数集 $\{z \mid z = f(x,y), (x,y) \in D\}$ 称为该函数的值域,也记作 $Z(f)$.

类似地,可以定义三元函数 $u = f(x,y,z)$,以及三元以上的 n 元函数 $u = f(x_1, x_2, \cdots, x_n)$.

二元函数的对应规则常常可以用一个数学表达式来表示. 在没有给出定义域的情况下,一般地认为定义域是使这个数学表达式有意义的所有点 $P(x,y)$ 构成的集合,与一元函数类似,根据实际问题所提出的多元函数,应根据实际问题来确定函数的定义域.

例5　求下列函数的定义域,并作出定义域的图形.

(1) $z = \ln(x - y)$　(2) $z = \arcsin \dfrac{x^2 + y^2}{4} + \dfrac{1}{\sqrt{y - x}}$

解 （1）定义域 $D(f) = \{(x,y) \mid x-y > 0\}$，如图 7-1-10，为无界开区域.

（2）由于 $\begin{cases} \left| \dfrac{x^2+y^2}{4} \right| \leqslant 1, \\ y-x \geqslant 0, \\ y-x \neq 0, \end{cases}$ 因此定义域 $D(f) = \{(x,y) \mid x^2+y^2 \leqslant 4, y > x\}$，如图

7-1-11，为有界半开半闭区域.

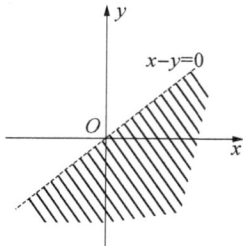

图 7-1-10

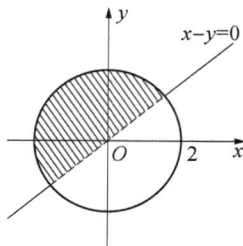

图 7-1-11

例 6 已知 $f\left(x+y, \dfrac{y}{x}\right) = x^2+y^2 \ (x \neq 0)$，求 $f(x,y)$.

解 令 $\begin{cases} x+y = u, \\ \dfrac{y}{x} = v, \end{cases}$ 则 $\begin{cases} x = \dfrac{u}{1+v}, \\ y = \dfrac{uv}{1+v}, \end{cases}$

所以 $\qquad f(u,v) = \left(\dfrac{u}{1+v}\right)^2 + \left(\dfrac{uv}{1+v}\right)^2 = \left(\dfrac{u}{1+v}\right)^2 (1+v^2)$,

因此 $\qquad f(x,y) = \left(\dfrac{x}{1+y}\right)^2 (1+y^2)$.

我们知道，一元函数 $y = f(x)$ 的图形通常是平面上的一条曲线，而要画出二元函数的图形，我们需要借助空间直角坐标系.

在空间中任取一点 O，过 O 作三个互相垂直的数轴 Ox, Oy, Oz，它们有相同的长度单位，由这样三个数轴构成的图形称为空间直角坐标系，如图 7-1-12，O 点称为坐标原点，Ox, Oy, Oz 依次称为 x 轴、y 轴、z 轴，它们统称为坐标轴，由 Ox 和 Oy 确定的平面称为 xy 平面，同样有 yz 平面，xz 平面，它们统称为坐标平面. 取定了空间直角坐标系之后，就可以建立空间中的点与有序数组之间的一一对应关系. 设 M 是空间中任意一点，过点 M 作三个平面分别垂直于 x 轴，y 轴，z 轴，它们与坐标轴的交点依次为 P, Q, R（见图 7-1-13），这三个点在三个坐标轴上的坐标依次为 x, y, z，于是空间中的任意一点 P 就与有序数组 (x,y,z) 之间建立了一一对应关系，这个有序数组 (x,y,z) 叫做点 P 的坐标，此时点 P 记作 $P(x,y,z)$，显然，坐标原点的坐标为 $(0,0,0)$，与平面上任意两点之间的距离公式类似，空间任意两点 $P_1(x_1,y_1,z_1)$ 与 $P_2(x_2,y_2,z_2)$ 之间的距离为

$$| P_1 P_2 | = \sqrt{(x_2 - x_1)^2 + (y_2 - y_1)^2 + (z_2 - z_1)^2}.$$

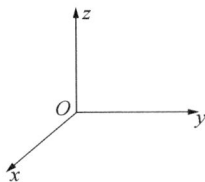

图 7 - 1 - 12

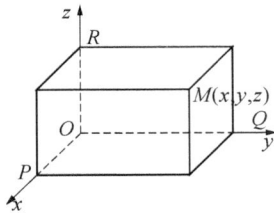

图 7 - 1 - 13

现在我们来讨论二元函数的图形.

设函数 $z = f(x,y)$ 的定义域为 D,对于任意取定的点 $P(x,y) \in D$,依照函数关系 $z = f(x,y)$,就有空间中的一点 M 与之对应,M 的坐标为 $(x,y,f(x,y))$,当 (x,y) 取遍 D 上的一切点时,得到一个空间点集 $\{(x,y,z) \mid z = f(x,y),(x,y) \in D\}$,这个点集称为二元函数 $z = f(x,y)$ 的图形(见图 7-1-14),通常二元函数的图形是空间中的一个曲面.

例如二元函数 $z = \sqrt{R^2 - x^2 - y^2}$ 表示上半个球面（见图 7 - 1 - 15）；$z = -\sqrt{R^2 - x^2 - y^2}$ 表示下半个球面；球心为空间直角坐标系的坐标原点、半径为 R 的球面方程为 $x^2 + y^2 + z^2 = R^2$；$z = \sqrt{x^2 + y^2}$ 表示上半个圆锥面(见图 7-1-16)；$z = 1 - x - y$ 表示经过空间不同的三点 $P_1(1,0,0),P_2(0,1,0),P_3(0,0,1)$ 的一个平面(见图 7-1-17).

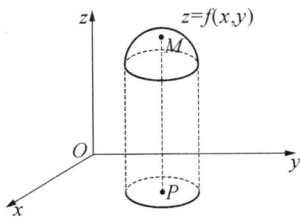

图 7 - 1 - 14

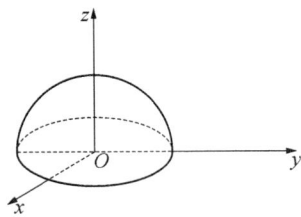

图 7 - 1 - 15

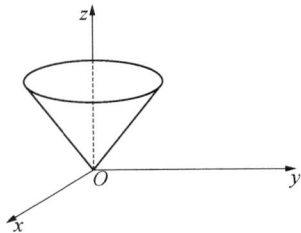

图 7 - 1 - 16

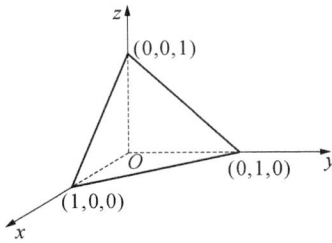

图 7 - 1 - 17

7.1.3　多元函数的极限

与一元函数的极限类似,我们可以给出二元函数当 $x \to x_0, y \to y_0$[即点 $P(x,y) \to$

$P_0(x_0, y_0)$]时的极限.

定义 7.4 设函数 $f(x, y)$ 在点 $P_0(x_0, y_0)$ 的某一邻域内有定义(点 P_0 可除外),如果对于任意给定的正数 ε,总存在正数 δ,使得对于满足不等式

$$0 < |PP_0| = \sqrt{(x - x_0)^2 + (y - y_0)^2} < \delta$$

的一切点 $P(x, y)$,都有

$$|f(x, y) - A| < \varepsilon$$

成立,则称当 $x \to x_0$,$y \to y_0$[即 $(x, y) \to (x_0, y_0)$]时,$f(x, y)$ 以 A 为极限,记作

$$\lim_{\substack{x \to x_0 \\ y \to y_0}} f(x, y) = A \quad 或 \quad \lim_{(x, y) \to (x_0, y_0)} f(x, y) = A \quad 或 \quad f(x, y) \to A(P \to P_0).$$

应当指出,在一元函数 $y = f(x)$ 的极限定义中,点 x 只是沿着 x 轴趋向于 x_0,二元函数极限的定义中,要求平面上的点 $P(x, y)$ 趋于 $P_0(x_0, y_0)$ 的过程可以任意方式、任意路径.二元函数极限存在是指点 $P(x, y)$ 以任何方式趋于 $P_0(x_0, y_0)$ 时,函数值都趋于 A,因此点 $P(x, y)$ 沿着任何直线或任何曲线趋于 $P_0(x_0, y_0)$ 时,函数值都应趋于同一个值 A,这给我们证明极限不存在提供了一个方法:如果当 $P(x, y)$ 以不同的方式(如沿不同的曲线)趋于 $P_0(x_0, y_0)$ 时,函数趋于不同的值,那么就可以断定函数在点 P_0 的极限不存在.

例 7 讨论函数 $f(x, y) = \dfrac{xy}{x^2 + y^2}$ 在点 $(0, 0)$ 处的极限.

解 当点 (x, y) 沿直线 $y = kx$ 趋于点 $(0, 0)$ 时,有

$$\lim_{\substack{x \to 0 \\ y \to 0}} f(x, y) = \lim_{\substack{x \to 0 \\ y = kx}} \frac{x \cdot kx}{x^2 + (kx)^2} = \lim_{x \to 0} \frac{k}{1 + k^2} = \frac{k}{1 + k^2},$$

它是随着 k 的不同而改变的,故极限 $\lim\limits_{\substack{x \to 0 \\ y \to 0}} f(x, y)$ 不存在.

例 8 讨论函数 $f(x, y) = \dfrac{x^2 y}{x^4 + y^2}$ 在点 $(0, 0)$ 处的极限.

解 当点 (x, y) 沿直线 $y = kx$ 趋于 $(0, 0)$ 时,有

$$\lim_{\substack{x \to 0 \\ y \to 0}} f(x, y) = \lim_{\substack{x \to 0 \\ y = kx}} \frac{kx^3}{x^4 + k^2 x^2} = \lim_{x \to 0} \frac{kx}{x^2 + k^2} = 0,$$

但这并不能说明当 $(x, y) \to (0, 0)$ 时,$f(x, y)$ 的极限为零,当点 (x, y) 沿抛物线 $y = x^2$ 趋于点 $(0, 0)$ 时,有

$$\lim_{\substack{x \to 0 \\ y \to 0}} f(x, y) = \lim_{\substack{x \to 0 \\ y = x^2}} \frac{x^2 \cdot x^2}{x^4 + x^4} = \lim_{x \to 0} \frac{1}{2} = \frac{1}{2},$$

因此,极限 $\lim\limits_{\substack{x \to 0 \\ y \to 0}} f(x, y)$ 不存在.

证明或计算二元函数的极限时,有时可利用一元函数的某些方法或结论.

例 9 证明 $\lim\limits_{(x, y) \to (0, 0)} \dfrac{x^2 y}{x^2 + y^2} = 0.$

解 由于 $0 \leqslant \left| \dfrac{x^2 y}{x^2 + y^2} \right| = \dfrac{x^2}{x^2 + y^2} \mid y \mid \leqslant \mid y \mid$，而 $\lim\limits_{(x,y) \to (0,0)} \mid y \mid = 0$，因此

$$\lim_{(x,y) \to (0,0)} \frac{x^2 y}{x^2 + y^2} = 0.$$

例 10 求极限 $\lim\limits_{\substack{x \to 0 \\ y \to 0}} \dfrac{xy}{\sqrt{xy + 1} - 1}$.

解 $\lim\limits_{\substack{x \to 0 \\ y \to 0}} \dfrac{xy}{\sqrt{xy + 1} - 1} = \lim\limits_{\substack{x \to 0 \\ y \to 0}} \dfrac{xy(\sqrt{xy + 1} + 1)}{xy} = 2.$

例 11 求极限 $\lim\limits_{\substack{x \to \infty \\ y \to 0}} \left(1 + \dfrac{1}{x} \right)^{\frac{x^2}{x+y}}$.

解 $\lim\limits_{\substack{x \to \infty \\ y \to 0}} \left(1 + \dfrac{1}{x} \right)^{\frac{x^2}{x+y}} = \lim\limits_{\substack{x \to \infty \\ y \to 0}} \left[\left(1 + \dfrac{1}{x} \right)^x \right]^{\frac{x}{x+y}} = \mathrm{e}.$

7.1.4 多元函数的连续性

定义 7.5 设函数 $f(x,y)$ 在点 $P_0(x_0, y_0)$ 的某邻域内有定义，如果 $\lim\limits_{\substack{x \to x_0 \\ y \to y_0}} f(x,y) = f(x_0, y_0)$，则称函数 $f(x,y)$ 在点 $P_0(x_0, y_0)$ 处连续. 若记 $\Delta z = f(x_0 + \Delta x, y_0 + \Delta y) - f(x_0, y_0)$，则上述定义可写成 $\lim\limits_{\substack{\Delta x \to 0 \\ \Delta y \to 0}} \Delta z = 0$，这是函数 $z = f(x,y)$ 在点 (x_0, y_0) 处连续的第二个定义.

如果 $z = f(x,y)$ 在点 (x_0, y_0) 处不连续，则称点 (x_0, y_0) 为函数 $z = f(x,y)$ 的间断点.

例如，点 $(0,0)$ 是二元函数 $f(x,y) = \begin{cases} \dfrac{xy}{x^2 + y^2}, & (x,y) \neq (0,0) \\ 0, & (x,y) = (0,0) \end{cases}$ 的一个间断点，因为由例 7 可知，极限 $\lim\limits_{\substack{x \to 0 \\ y \to 0}} f(x,y)$ 不存在，因此函数 $f(x,y)$ 在点 $(0,0)$ 处不连续.

一元函数的和、差、积、商的连续性以及复合函数的连续性同样适用于二元函数的情形，即二元连续函数的和、差、积、商（分母不为零处）仍是连续函数，二元连续函数的复合函数仍是连续函数.

由 x 的初等函数、y 的初等函数及二者经过有限次的四则运算以及有限次的复合而得到的一切函数称为二元初等函数，二元初等函数在其定义域内都是连续的.

例如，函数 $f(x,y) = \dfrac{1}{x^2 + y^2 - 1}$ 是二元初等函数，在其定义域 $D = \{(x,y) \mid x^2 + y^2 \neq 1\}$ 上是连续函数，整个圆周上的点 $\{(x,y) \mid x^2 + y^2 = 1\}$ 都是其间断点，其间断点形成一条曲线.

最后,我们介绍一下有界闭区域 D 上的二元连续函数的两个重要性质.

最大最小值定理　有界闭区域 D 上的二元连续函数,在 D 上必定能取到最大值和最小值.

介值定理　有界闭区域 D 上的二元连续函数,如果其最大值与最小值不等,则该函数在该区域 D 内至少有一次取得介于最大值与最小值之间的任何数值.

习题　7.1

1. 求下列函数在所给点处的值:

(1) 已知 $f(x,y) = (x+y)e^{xy}$,求 $f(0,2)$,$f(a+b,a-b)$;

(2) 已知 $f(u,v) = u^2 + v^2$,求 $f(\sin x,\cos x)$;

(3) 已知 $f(x,y) = \dfrac{xy}{x^2+y^2}$,求 $f\left(\dfrac{y}{x},1\right)$.

2. 设 $f(x,y) = x + y + g(xy)$,且 $f(x,1) = x^2$,求 $f(x,y)$.

3. 已知 $f\left(x+y,\dfrac{y}{x}\right) = x^2 - y^2$,求 $f(x,y)$.

4. 求下列函数的定义域:

(1) $z = \ln[x(y-1)]$　　　　　　　　　(2) $z = \arcsin\dfrac{y}{x}$

(3) $z = \dfrac{1}{\ln(2-x^2-y^2)} + \sqrt{x^2+y^2-1}$　　(4) $z = \sqrt{x-\sqrt{y}}$

5. 画出下列平面区域 D(含边界),并分别用不等式表示之:

(1) D 是由直线 $y = x$,抛物线 $y = x^2$ 所围成的区域;

(2) D 是由直线 $x+y = 1$,$x-y = 1$ 及 y 轴所围成的区域;

(3) $D = \{(x,y) \mid y \geqslant x, y \leqslant 2 - x^2\}$;

(4) $D = \{(x,y) \mid x^2+y^2 \leqslant 1, x-y \leqslant 1, y \leqslant 0\}$.

6. 求下列函数的间断点或间断曲线:

(1) $z = \dfrac{1}{\sqrt{x^2+y^2}}$　　　　　　　　(2) $z = \dfrac{\sin(xy)}{xy}$

7. 求下列极限:

(1) $\lim\limits_{\substack{x\to 0\\y\to 2}}(1+xy)e^{x+y}$　　　　　　(2) $\lim\limits_{\substack{x\to 0\\y\to 2}}\dfrac{\sin(xy^2)}{x}$

(3) $\lim\limits_{\substack{x\to 0\\y\to 0}}\dfrac{2-\sqrt{xy+4}}{xy}$　　　　　(4) $\lim\limits_{\substack{x\to 0\\y\to 0}}(1+\sin xy)^{\frac{1}{xy}}$

(5) $\lim\limits_{\substack{x\to 0\\y\to 0}}\left(x\sin\dfrac{1}{y} + y\cos\dfrac{1}{x}\right)$　　(6) $\lim\limits_{\substack{x\to 0\\y\to 0}}\dfrac{x^2y}{\sqrt{x^2+y^2}}$

8. 证明下列极限不存在：

(1) $\lim\limits_{\substack{x \to 0 \\ y \to 0}} \dfrac{x+y}{x-y}$

(2) $\lim\limits_{\substack{x \to 0 \\ y \to 0}} \dfrac{xy}{x+y}$

7.2　偏导数与全微分

7.2.1　偏导数的概念及计算

在研究一元函数时,我们已经看到函数相对于它的自变量的变化率的重要性了,因此对于多元函数同样需要研究函数的这种变化率,由于多元函数的自变量不止一个,要像一元函数那样考虑函数对于某一个自变量的变化率,就必须仅让一个自变量发生变化,而让其余自变量都保持不变,此时多元函数就可以看成是该自变量的一元函数了,于是,可以像一元函数那样去考虑函数相对一个自变量的变化率,这就是多元函数的偏导数的概念.下面以二元函数为例给出偏导数的定义.

定义 7.6　设函数 $z=f(x,y)$ 在点 (x_0,y_0) 的某一邻域内有定义,固定 $y=y_0$,使 x 从 x_0 改变到 $x_0+\Delta x$ 时,相应地函数的改变量是 $f(x_0+\Delta x,y_0)-f(x_0,y_0)$,如果极限

$$\lim_{\Delta x \to 0} \frac{f(x_0+\Delta x,y_0)-f(x_0,y_0)}{\Delta x}$$

存在,则称 $f(x,y)$ 在点 (x_0,y_0) 处对 x 可偏导,称此极限值为函数 $z=f(x,y)$ 在点 $(x_0,$ $y_0)$ 处对 x 的偏导数,记作 $\left.\dfrac{\partial z}{\partial x}\right|_{(x_0,y_0)}$ 或 $\left.\dfrac{\partial z}{\partial x}\right|_{\substack{x=x_0 \\ y=y_0}}$ 或 $\left.\dfrac{\partial f}{\partial x}\right|_{\substack{x=x_0 \\ y=y_0}}$ 或 $\left.z'_x\right|_{\substack{x=x_0 \\ y=y_0}}$ 或 $f'_x(x_0,y_0)$ 等,类似地,函数 $z=f(x,y)$ 在点 (x_0,y_0) 处对 y 的偏导数可以定义为下述极限

$$\lim_{\Delta y \to 0} \frac{f(x_0,y_0+\Delta y)-f(x_0,y_0)}{\Delta y},$$

记作 $\left.\dfrac{\partial z}{\partial y}\right|_{(x_0,y_0)}$ 或 $\left.\dfrac{\partial z}{\partial y}\right|_{\substack{x=x_0 \\ y=y_0}}$ 或 $\left.\dfrac{\partial f}{\partial y}\right|_{\substack{x=x_0 \\ y=y_0}}$ 或 $\left.z'_y\right|_{\substack{x=x_0 \\ y=y_0}}$ 或 $f'_y(x_0,y_0)$ 等.

由定义可以看到,$f'_x(x_0,y_0)$ 实际上就是 x 的一元函数 $f(x,y_0)$ 在点 x_0 处的导数,$f'_y(x_0,y_0)$ 就是 y 的一元函数 $f(x_0,y)$ 在点 y_0 处的导数,如果函数 $z=f(x,y)$ 在区域 D 内的每一点 (x,y) 对 x 的偏导数都存在,那么这个偏导数还是 x,y 的二元函数,它称为函数 $z=f(x,y)$ 对自变量 x 的偏导函数,记作 $\dfrac{\partial z}{\partial x},\dfrac{\partial f}{\partial x},z'_x,f'_x(x,y)$ 等,类似地,可以定义函数 $z=f(x,y)$ 对自变量 y 的偏导函数,记作 $\dfrac{\partial z}{\partial y},\dfrac{\partial f}{\partial y},z'_y,f'_y(x,y)$ 等.

由偏导函数的概念可知,$f(x,y)$ 在点 (x_0,y_0) 处对 x 的偏导数 $f'_x(x_0,y_0)$ 就是偏导函数 $f'_x(x,y)$ 在点 (x_0,y_0) 处的函数值,$f'_y(x_0,y_0)$ 就是偏导函数 $f'_y(x,y)$ 在点 (x_0,y_0) 处

的函数值,今后我们也把偏导函数简称为偏导数.

显然,根据偏导数的定义,求偏导数用不着建立新的运算法则,只需注意求偏导数时是对哪一个变量,而视另一个变量为常数,仍旧是一元函数的求导数问题.

注意:$\dfrac{\partial z}{\partial x}$ 是一个整体记号,不能把偏导数的记号 $\dfrac{\partial z}{\partial x}$ 理解为 ∂z 与 ∂x 之商,它与一元函数的导数记号 $\dfrac{\mathrm{d}y}{\mathrm{d}x}$ 可以看成两个微分 $\mathrm{d}y$ 与 $\mathrm{d}x$ 之商不同.

例 1 设 $z = x^2 y \mathrm{e}^y$,求 z'_x,z'_y,$z'_x|_{(1,0)}$,$z'_y|_{(1,0)}$.

解 把 $x^2 y \mathrm{e}^y$ 中的 y 看成常数,对 x 求导,即得

$$z'_x = 2xy\mathrm{e}^y,$$

同样,$z'_y = x^2 \mathrm{e}^y + x^2 y \mathrm{e}^y = x^2(1+y)\mathrm{e}^y$,所以

$$z'_x|_{(1,0)} = z'_x(1,0) = 0,$$
$$z'_y|_{(1,0)} = z'_y(1,0) = 1.$$

由于 $z'_x|_{(1,0)}$ 实际上就是 x 的一元函数 $z(x,0)$ 在点 $x_0 = 1$ 的导数,$z'_y|_{(1,0)}$ 实际上就是 y 的一元函数 $z(1,y)$ 在点 $y_0 = 0$ 的导数,因此 $z'_x|_{(1,0)}$ 和 $z'_y|_{(1,0)}$ 也可如下计算:

将 $y = 0$ 代入二元函数的表达式,得 $z(x,0) = 0$,因此 $\dfrac{\mathrm{d}z(x,0)}{\mathrm{d}x} = 0$,从而

$$z'_x|_{(1,0)} = \frac{\mathrm{d}z(x,0)}{\mathrm{d}x}\Big|_{x=1} = 0;$$

将 $x = 1$ 代入二元函数的表达式,得 $z(1,y) = y\mathrm{e}^y$,因此 $\dfrac{\mathrm{d}z(1,y)}{\mathrm{d}y} = \mathrm{e}^y + y\mathrm{e}^y$,从而

$$z'_y|_{(1,0)} = \frac{\mathrm{d}z(1,y)}{\mathrm{d}y}\Big|_{y=0} = (\mathrm{e}^y + y\mathrm{e}^y)|_{y=0} = 1.$$

例 2 $z = \tan\left(\dfrac{y}{x} + \dfrac{x}{y}\right)$,求 z'_x,z'_y.

解 设 $u = \dfrac{y}{x} + \dfrac{x}{y}$,则 $z = \tan u$,将 z 对 x 求偏导数时,把 y 看成常数,这时 u 成为 x 的函数,用复合函数求导法则,得

$$z'_x = \sec^2 u \cdot u'_x = \sec^2\left(\frac{y}{x} + \frac{x}{y}\right)\left(-\frac{y}{x^2} + \frac{1}{y}\right),$$

同样可得

$$z'_y = \sec^2\left(\frac{y}{x} + \frac{x}{y}\right)\left(\frac{1}{x} - \frac{x}{y^2}\right).$$

例 3 求 $r = \sqrt{x^2 + y^2 + z^2}$ 的偏导数.

解 r 为 x, y, z 的三元函数,将 y 和 z 都视为常量,对 x 求导得

$$\frac{\partial r}{\partial x} = \frac{x}{\sqrt{x^2 + y^2 + z^2}} = \frac{x}{r}.$$

同理可得 $\quad \dfrac{\partial r}{\partial y} = \dfrac{y}{\sqrt{x^2 + y^2 + z^2}} = \dfrac{y}{r}, \quad \dfrac{\partial r}{\partial z} = \dfrac{z}{\sqrt{x^2 + y^2 + z^2}} = \dfrac{z}{r}.$

在分界点、不连续点处的偏导数要用定义求,见下例.

例 4 设 $f(x,y) = \begin{cases} \dfrac{xy}{x^2 + y^2}, & x^2 + y^2 \neq 0, \\ 0, & x^2 + y^2 = 0, \end{cases}$ 求 $f_x'(0,0), f_y'(0,0).$

解 由定义, $f_x'(0,0) = \lim\limits_{\Delta x \to 0} \dfrac{f(0 + \Delta x, 0) - f(0,0)}{\Delta x} = \lim\limits_{\Delta x \to 0} \dfrac{\dfrac{\Delta x \cdot 0}{(\Delta x)^2 + 0^2} - 0}{\Delta x} = \lim\limits_{\Delta x \to 0} 0$

$= 0$,同样可得 $f_y'(0,0) = \lim\limits_{\Delta y \to 0} \dfrac{f(0, 0 + \Delta y) - f(0,0)}{\Delta y} = \lim\limits_{\Delta y \to 0} \dfrac{\dfrac{0 \cdot \Delta y}{0^2 + (\Delta y)^2} - 0}{\Delta y} = \lim\limits_{\Delta y \to 0} 0 = 0.$

在一元函数中,函数若在某点 x_0 处可导,则函数必在该点 x_0 处连续.但是在多元函数中,若多元函数在某点 (x_0, y_0) 处偏导数存在,函数不一定在点 (x_0, y_0) 处连续.如上例,函数在点 $(0,0)$ 处的两个偏导数都存在,但由上节可知 $f(x,y)$ 在点 $(0,0)$ 处不连续.

7.2.2 高阶偏导数

设函数 $z = f(x,y)$ 在区域 D 内存在偏导数 $f_x'(x,y), f_y'(x,y)$,那么在 D 内这两个函数仍是 x, y 的二元函数,如果这两个函数的偏导数也存在,则称它们是 $z = f(x,y)$ 的二阶偏导数,分别记作

$$\frac{\partial}{\partial x}\left(\frac{\partial z}{\partial x}\right) = \frac{\partial^2 z}{\partial x^2} = f_{xx}''(x,y) = f_{11}''(x,y),$$

$$\frac{\partial}{\partial y}\left(\frac{\partial z}{\partial x}\right) = \frac{\partial^2 z}{\partial x \partial y} = f_{xy}''(x,y) = f_{12}''(x,y),$$

$$\frac{\partial}{\partial x}\left(\frac{\partial z}{\partial y}\right) = \frac{\partial^2 z}{\partial y \partial x} = f_{yx}''(x,y) = f_{21}''(x,y),$$

$$\frac{\partial}{\partial y}\left(\frac{\partial z}{\partial y}\right) = \frac{\partial^2 z}{\partial y^2} = f_{yy}''(x,y) = f_{22}''(x,y),$$

其中 $\dfrac{\partial^2 z}{\partial x \partial y}$ 与 $\dfrac{\partial^2 z}{\partial y \partial x}$ 称为二阶混合偏导数,同样可定义三阶及三阶以上偏导数.

例 5 求 $z = x^2 \sin y$ 的二阶偏导数.

解 $\quad \dfrac{\partial z}{\partial x} = 2x \sin y, \quad \dfrac{\partial z}{\partial y} = x^2 \cos y,$

$\dfrac{\partial^2 z}{\partial x^2} = 2 \sin y, \quad \dfrac{\partial^2 z}{\partial x \partial y} = 2x \cos y, \quad \dfrac{\partial^2 z}{\partial y \partial x} = 2x \cos y, \quad \dfrac{\partial^2 z}{\partial y^2} = -x^2 \sin y.$

此例中 $\dfrac{\partial^2 z}{\partial x \partial y} = \dfrac{\partial^2 z}{\partial y \partial x}$. 关于二阶混合偏导数,我们有如下的一般结论.

定理 7.1 如果函数 $z = f(x,y)$ 的两个混合偏导数 $f''_{xy}(x,y)$ 与 $f''_{yx}(x,y)$ 在某区域内连续,则在该区域内必有 $f''_{xy}(x,y) = f''_{yx}(x,y)$.

证明略.

例 6 验证函数 $z = \ln \sqrt{x^2 + y^2}$ 满足 Laplace(拉普拉斯) 方程 $\dfrac{\partial^2 z}{\partial x^2} + \dfrac{\partial^2 z}{\partial y^2} = 0$.

解 因 $\dfrac{\partial z}{\partial x} = \dfrac{x}{x^2 + y^2}, \dfrac{\partial^2 z}{\partial x^2} = \dfrac{(x^2 + y^2) - x \cdot 2x}{(x^2 + y^2)^2} = \dfrac{y^2 - x^2}{(x^2 + y^2)^2},$

同样可得
$$\frac{\partial z}{\partial y} = \frac{y}{x^2 + y^2}, \qquad \frac{\partial^2 z}{\partial y^2} = \frac{x^2 - y^2}{(x^2 + y^2)^2},$$

从而有
$$\frac{\partial^2 z}{\partial x^2} + \frac{\partial^2 z}{\partial y^2} = 0.$$

7.2.3　全微分

我们知道,一元函数 $y = f(x)$ 在点 x_0 处的微分 $\mathrm{d}y = A\Delta x$ 具有两个特性:

(1) 它是 Δx 的线性函数;

(2) 当 $\Delta x \to 0$ 时,它与函数改变量 Δy 之差是比 Δx 更高阶的无穷小,即
$$\Delta y = A\Delta x + o(\Delta x) = \mathrm{d}y + o(\Delta x)(\Delta x \to 0),$$
对于一元函数 $y = f(x)$ 来说,函数在点 x_0 处可微与函数在点 x_0 处可导是等价的,而且,函数在点 x_0 处可微或可导的条件下,有 $A = f'(x_0)$,当 $|\Delta x|$ 很小时,我们可以用 $\mathrm{d}y$ 近似代替 Δy,即 $\Delta y \approx \mathrm{d}y$.

对于二元函数 $z = f(x,y)$,也有类似的问题需要研究,即当自变量 x 与 y 在点 (x_0, y_0) 处分别有改变量 Δx 与 Δy 时,函数有相应的改变量(称为全增量)Δz
$$\Delta z = f(x_0 + \Delta x, y_0 + \Delta y) - f(x_0, y_0),$$
它是 $\Delta x, \Delta y$ 的函数,一般来说,这个函数是比较复杂的,为了近似计算的需要,我们需研究 Δz 用 $\Delta x, \Delta y$ 来线性近似表示的问题,这就是全微分的概念.

定义 7.7 如果函数 $z = f(x,y)$ 在点 (x,y) 的全增量可表示为
$$\Delta z = A\Delta x + B\Delta y + o(\rho),$$
其中 A, B 是 x, y 的函数,它与 $\Delta x, \Delta y$ 无关,$\rho = \sqrt{(\Delta x)^2 + (\Delta y)^2}$,当 $\rho \to 0$ 时,$o(\rho)$ 是比 ρ 较高阶的无穷小量,则称函数 $z = f(x,y)$ 在点 (x,y) 处可微,$A\Delta x + B\Delta y$ 称为函数 $z = f(x,y)$ 在点 (x,y) 处的全微分,记作 $\mathrm{d}z$ 或 $\mathrm{d}f(x,y)$,即
$$\mathrm{d}z = A\Delta x + B\Delta y.$$
与一元函数处理方式一样,我们先介绍二元函数可微与连续的关系.

当 $z = f(x,y)$ 在点 (x,y) 处可微时,由于有

$$\Delta z = A\Delta x + B\Delta y + o(\rho),$$

其中 $\rho = \sqrt{(\Delta x)^2 + (\Delta y)^2}$，当 $\Delta x \to 0, \Delta y \to 0$ 时，显然有 $\rho \to 0$，因此 $\lim\limits_{\substack{\Delta x \to 0 \\ \Delta y \to 0}} \Delta z = 0$. 由此可得以下定理.

定理 7.2 如果函数 $z = f(x,y)$ 在点 (x,y) 处可微,则 $f(x,y)$ 在点 (x,y) 处必连续,反之不然.

连续不一定可微,可见下面的例子.

下面讨论可微与可偏导的关系.

设函数 $z = f(x,y)$ 在点 (x,y) 处可微,则

$$\Delta z = f(x + \Delta x, y + \Delta y) - f(x,y) = A\Delta x + B\Delta y + o(\rho),$$

其中 $\rho = \sqrt{(\Delta x)^2 + (\Delta y)^2}$，特别地,当 $\Delta y = 0$ 时,有

$$f(x + \Delta x, y) - f(x,y) = A\Delta x + o(|\Delta x|),$$

因此

$$\frac{\partial z}{\partial x} = \lim_{\Delta x \to 0} \frac{f(x + \Delta x, y) - f(x,y)}{\Delta x} = \lim_{\Delta x \to 0} \frac{A\Delta x + o(|\Delta x|)}{\Delta x} = A,$$

即 $\dfrac{\partial z}{\partial x}$ 存在,且 $\dfrac{\partial z}{\partial x} = A$,同理可得 $\dfrac{\partial z}{\partial y}$ 存在,且 $\dfrac{\partial z}{\partial y} = B$,此即为如下定理.

定理 7.3(可微的必要条件) 如果函数 $z = f(x,y)$ 在点 (x,y) 处可微,则 $z = f(x,y)$ 在点 (x,y) 处可偏导,而且 $\dfrac{\partial z}{\partial x} = A, \dfrac{\partial z}{\partial y} = B.$

与一元函数不同的是,偏导数存在仅仅是二元函数可微的必要条件,而不是充分条件,见下例.

例 7 设 $z = f(x,y) = \sqrt{|xy|}$,讨论其在点 $(0,0)$ 处的连续性、可偏导性和可微性.

解 (1)连续性

因为 $\lim\limits_{\substack{x \to 0 \\ y \to 0}} f(x,y) = 0 = f(0,0)$,因此函数在点 $(0,0)$ 处连续.

(2)可偏导性

由偏导数定义可求得 $\dfrac{\partial z}{\partial x}\Big|_{(0,0)} = \lim\limits_{\Delta x \to 0} \dfrac{f(0 + \Delta x, 0) - f(0,0)}{\Delta x} = \lim\limits_{\Delta x \to 0} \dfrac{0}{\Delta x} = \lim\limits_{\Delta x \to 0} 0 = 0,$

同理可得 $\dfrac{\partial z}{\partial y}\Big|_{(0,0)} = 0.$ 因此函数 $z = \sqrt{|xy|}$ 在点 $(0,0)$ 处可偏导.

(3)可微性

下面用反证法证明函数在 $(0,0)$ 处的全微分不存在. 假设该函数在点 $(0,0)$ 处可微,则有

$$\Delta z = A\Delta x + B\Delta y + o(\rho),$$

由定理 7.3, $A = \dfrac{\partial z}{\partial x}\Big|_{(0,0)} = 0, B = \dfrac{\partial z}{\partial y}\Big|_{(0,0)} = 0$, 即 $\Delta z = o(\rho)$, 但事实上, 根据函数的表达式有

$$\Delta z = f(\Delta x, \Delta y) - f(0,0) = \sqrt{|\Delta x \cdot \Delta y|}.$$

由于极限 $\lim\limits_{\rho \to 0} \dfrac{\Delta z}{\rho} = \lim\limits_{\rho \to 0} \dfrac{\sqrt{|\Delta x \cdot \Delta y|}}{\sqrt{(\Delta x)^2 + (\Delta y)^2}} = \lim\limits_{\substack{\Delta x \to 0 \\ \Delta y \to 0}} \sqrt{\dfrac{|\Delta x \cdot \Delta y|}{(\Delta x)^2 + (\Delta y)^2}}$ 不存在(见本章

7.1 节例 7), 说明 $\sqrt{|\Delta x \cdot \Delta y|}$ 不是 ρ 的高阶无穷小, 这与 $\Delta z = o(\rho)$ 矛盾, 因此 $z = \sqrt{|xy|}$ 在点 $(0,0)$ 处不可微.

此例说明函数连续不一定可微, 即使函数的各个偏导数都存在, 函数也不一定可微, 但是如果函数的偏导数不仅存在而且还都是连续的, 就可以得出全微分是存在的.

定理 7.4(可微的充分条件)   如果函数 $z = f(x,y)$ 在点 (x,y) 的某邻域内存在偏导数 $\dfrac{\partial z}{\partial x}$ 及 $\dfrac{\partial z}{\partial y}$, 而且偏导数 $\dfrac{\partial z}{\partial x}$ 与 $\dfrac{\partial z}{\partial y}$ 在点 (x,y) 处连续, 则 $f(x,y)$ 在点 (x,y) 处是可微的.

证明略.

因此, 如果函数 $z = f(x,y)$ 在点 (x,y) 处可微, 则在点 (x,y) 处的全微分可写成 $\mathrm{d}z = \dfrac{\partial z}{\partial x}\Delta x + \dfrac{\partial z}{\partial y}\Delta y$, 对于自变量 x,y, 我们规定 $\mathrm{d}x = \Delta x, \mathrm{d}y = \Delta y$, 故上式又可以写成

$$\mathrm{d}z = \frac{\partial z}{\partial x}\mathrm{d}x + \frac{\partial z}{\partial y}\mathrm{d}y.$$

例 8   求 $z = \mathrm{e}^{\frac{y}{x}}$ 的全微分.

解 $\dfrac{\partial z}{\partial x} = -\dfrac{y}{x^2}\mathrm{e}^{\frac{y}{x}}, \dfrac{\partial z}{\partial y} = \dfrac{1}{x}\mathrm{e}^{\frac{y}{x}}$, 因此, $\mathrm{d}z = -\dfrac{y}{x^2}\mathrm{e}^{\frac{y}{x}}\mathrm{d}x + \dfrac{1}{x}\mathrm{e}^{\frac{y}{x}}\mathrm{d}y$.

例 9   求函数 $f(x,y) = x^2 y^3$ 在点 $(2,-1)$ 处的全微分.

解   因为 $f'_x(x,y) = 2xy^3, f'_y(x,y) = 3x^2 y^2$, 因此在点 $(2,-1)$ 处的全微分

$$\mathrm{d}z = f'_x(2,-1)\mathrm{d}x + f'_y(2,-1)\mathrm{d}y = -4\mathrm{d}x + 12\mathrm{d}y.$$

下面介绍全微分在近似计算中的应用.

我们知道, 若函数 $z = f(x,y)$ 在点 (x_0, y_0) 处可微, 即

$$\Delta z = f(x_0 + \Delta x, y_0 + \Delta y) - f(x_0, y_0)$$
$$= f'_x(x_0, y_0)\Delta x + f'_y(x_0, y_0)\Delta y + o(\rho) \quad (\rho \to 0),$$

因此, 当 $|\Delta x|, |\Delta y|$ 很小时,

$$\Delta z \approx \mathrm{d}z = f'_x(x_0, y_0)\Delta x + f'_y(x_0, y_0)\Delta y,$$

即

$$f(x_0 + \Delta x, y_0 + \Delta y) \approx f(x_0, y_0) + f'_x(x_0, y_0)\Delta x + f'_y(x_0, y_0)\Delta y.$$

例 10 计算 $(0.98)^{2.03}$ 的近似值.

解 设函数 $f(x,y) = x^y$,取 $x_0 = 1, y_0 = 2, \Delta x = -0.02, \Delta y = 0.03$,则

$$f(1,2) = 1, \quad f'_x(x,y) = yx^{y-1}, \quad f'_x(1,2) = 2,$$
$$f'_y(x,y) = x^y \ln x, \quad f'_y(1,2) = 0,$$

因此

$$(0.98)^{2.03} = f(0.98, 2.03) \approx f(1,2) + f'_x(1,2)\Delta x + f'_y(1,2)\Delta y$$
$$= 1 + 2 \times (-0.02) = 0.96.$$

习题 7.2

1. 求下列函数在给定点的一阶偏导数:

(1) $z = y^x + e^{xy}$,在点 $(1,2)$ 处的 $\dfrac{\partial z}{\partial y}$.

(2) $z = e^y \cos x$,在点 $\left(0, \dfrac{\pi}{2}\right)$ 处的 $\dfrac{\partial z}{\partial x}$.

(3) $z = y^2 + (x-2)\arcsin\sqrt{\dfrac{y}{x}}$,在点 $\left(2, \dfrac{1}{2}\right)$ 处的 $\dfrac{\partial z}{\partial y}$.

2. 求下列函数的一阶偏导数:

(1) $z = \ln\left(\dfrac{x}{y}\right)$

(2) $z = \dfrac{x}{\sqrt{x^2 + y^2}}$

(3) $z = (x^2 + y^2)^{\frac{3}{2}}$

(4) $z = \sin(xy) + \cos^2(xy)$

(5) $z = (1 + xy)^y$

(6) $u = (xy)^z$

3. 验证下列等式:

(1) 已知 $z = e^{-\left(\frac{1}{x} + \frac{1}{y}\right)}$,则 $x^2 \dfrac{\partial z}{\partial x} + y^2 \dfrac{\partial z}{\partial y} = 2z$.

(2) $z = \ln(\sqrt[4]{x} + \sqrt[4]{y})$,则 $x\dfrac{\partial z}{\partial x} + y\dfrac{\partial z}{\partial y} = \dfrac{1}{4}$.

4. 求下列函数的二阶偏导数:

(1) $z = x^4 + y^4 - 4x^2 y^2$

(2) $z = xe^{2y}$

(3) $z = \arctan\dfrac{y}{x}$

(4) $z = x\ln(x + y)$

5. 设 $u = e^{-x}\sin\dfrac{x}{y}$,求 $\dfrac{\partial^2 u}{\partial x \partial y}$ 在点 $\left(2, \dfrac{1}{\pi}\right)$ 处的值.

6. 已知 $f(x-y, x+y) = x^2 - y^2$,求 $\dfrac{\partial f(x,y)}{\partial y}$.

7. 设 $f(x,y) = \begin{cases} \dfrac{x^3}{x^2+y^2}, & x^2+y^2 \neq 0, \\ 0, & x^2+y^2 = 0, \end{cases}$ 求 $f'_x(0,0), f'_y(0,0)$.

8. 设 $f(x,y) = \displaystyle\int_0^{xy} e^{-t^2} \mathrm{d}t$, 求 $\dfrac{x}{y}\dfrac{\partial^2 f}{\partial x^2} - 2\dfrac{\partial^2 f}{\partial x \partial y} + \dfrac{y}{x}\dfrac{\partial^2 f}{\partial y^2}$.

9. 求下列各题:

(1) 设 $z = \ln f(x^2 y)$, 其中 $f > 0$ 且可导, 计算 $\dfrac{\partial z}{\partial x}$.

(2) $u = \dfrac{1}{\sqrt{x^2+y^2+z^2}}$, 求 $\dfrac{\partial^2 u}{\partial x^2} + \dfrac{\partial^2 u}{\partial y^2} + \dfrac{\partial^2 u}{\partial z^2}$.

10. 设 $z = \ln(e^x + e^y)$, 证明 $\dfrac{\partial^2 z}{\partial x^2} \cdot \dfrac{\partial^2 z}{\partial y^2} - \left(\dfrac{\partial^2 z}{\partial x \partial y}\right)^2 = 0$.

11. 求下列函数的全微分:

(1) $z = \arctan(xy)$

(2) $z = \arcsin \dfrac{y}{x}$

(3) $z = y^{\sin x}$

(4) $z = a^{\sqrt{x^2-y^2}}, a > 0, a \neq 1$

(5) $z = \ln\left(1 + \dfrac{x}{y}\right)$

(6) $z = x\sin(x - 2y)$

(7) $z = \ln\tan \dfrac{y}{x}$

(8) $z = \ln \sqrt{1+x^2+y^2}$ 在点 $(1,1)$ 处的 $\mathrm{d}z$

12. 已知 $\mathrm{d}z = \dfrac{1}{y}e^{\frac{x}{y}}\mathrm{d}x - \dfrac{x}{y^2}e^{\frac{x}{y}}\mathrm{d}y$, 求 $\dfrac{\partial^2 z}{\partial x \partial y}$.

13. 计算下列函数在已知点的全微分:

(1) $z = x^2 y^3, (x_0, y_0) = (2, -1), \Delta x = -0.01, \Delta y = -0.02$;

(2) $z = e^{xy}, (x_0, y_0) = (1, 1), \Delta x = 0.2, \Delta y = 0.1$.

14. 已知边长 $x = 4$ 米与 $y = 3$ 米的矩形, 求当 x 边增加 0.5 厘米, y 边减少 0.5 厘米时, 此矩形对角线长变化的近似值.

15. 利用全微分计算 $\sqrt{(1.02)^3 + (1.97)^3}$ 的近似值.

16. 设 $f(x,y) = \begin{cases} \dfrac{x^2 y^2}{(x^2+y^2)^{\frac{3}{2}}}, & x^2+y^2 \neq 0, \\ 0, & x^2+y^2 = 0, \end{cases}$ 证明 $f(x,y)$ 在点 $(0,0)$ 处连续且偏导数存在, 但不可微.

7.3　多元函数偏导法

7.3.1　多元复合函数的链式法则

首先,我们回顾一元函数的复合求导法则:如果 $y = f(u)$ 及 $u = \varphi(x)$ 均可导,则复合函数 $y = f(\varphi(x))$ 的导数公式为 $\dfrac{\mathrm{d}y}{\mathrm{d}x} = \dfrac{\mathrm{d}y}{\mathrm{d}u} \cdot \dfrac{\mathrm{d}u}{\mathrm{d}x}$,这时,自变量 x,中间变量 u,及因变量 y 之间的关系可表示为

$$y \to u \to x,$$

此称为复合关系的链式图,对于一元复合函数来说,复合关系的链式图比较简单,对于二元函数来说,链式图较为复杂.我们先来讨论一般的情况,即:函数 $z = f(u,v)$ 是 u,v 的函数,而 $u = \varphi(x,y)$ 及 $v = \Psi(x,y)$ 都是关于 x,y 的函数,则 $z = f(\varphi(x,y),\Psi(x,y))$ 是关于 x,y 的复合函数,称 u,v 为中间变量,其复合关系的链式图如图 7-3-1 所示.

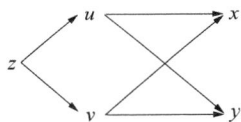

图 7-3-1

如何求以上的二元复合函数的偏导数,我们有如下定理.

定理 7.5　如果函数 $u = \varphi(x,y)$ 及 $v = \Psi(x,y)$ 在点 (x,y) 存在偏导数,函数 $z = f(u,v)$ 在对应点 (u,v) 可微,那么复合函数 $z = f(\varphi(x,y),\Psi(x,y))$ 在点 (x,y) 存在对 x 及 y 的偏导数,并且它们可由下列公式来计算

$$\frac{\partial z}{\partial x} = \frac{\partial z}{\partial u}\frac{\partial u}{\partial x} + \frac{\partial z}{\partial v}\frac{\partial v}{\partial x}$$

$$\frac{\partial z}{\partial y} = \frac{\partial z}{\partial u}\frac{\partial u}{\partial y} + \frac{\partial z}{\partial v}\frac{\partial v}{\partial y}$$

证明略.

上述公式称为多元复合函数求导的链式法则,定理的结论虽然是针对两个中间变量与两个自变量的情形给出的,但它们也适用于任意有限多个中间变量和任意有限多个自变量的情形.有几个中间变量,求导公式中就有几项相加.

例如,设 $z = f(x,y)$,$x = \varphi(t)$,$y = \Psi(t)$,其中 f,φ,Ψ 均是可微函数,则复合函数 $z = f(\varphi(t),\Psi(t))$ 是变量 t 的一元函数,其复合关系链式图如图 7-3-2,因此有

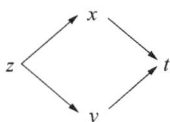

图 7-3-2

$$\frac{\mathrm{d}z}{\mathrm{d}t} = \frac{\partial z}{\partial x}\frac{\mathrm{d}x}{\mathrm{d}t} + \frac{\partial z}{\partial y}\frac{\mathrm{d}y}{\mathrm{d}t} = f'_x \cdot \varphi' + f'_y \cdot \Psi',$$

其中 $\dfrac{\mathrm{d}z}{\mathrm{d}t}$ 称为全导数.

又如,设 $z = f(u), u = \varphi(x, y)$,其中 f, φ 可微,则复合函数 $z = f(\varphi(x, y))$ 是 x, y 的二元函数,链式图见图 7-3-3,因此有

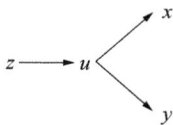

$$\frac{\partial z}{\partial x} = \frac{\mathrm{d}z}{\mathrm{d}u} \frac{\partial u}{\partial x} = f' \cdot \varphi'_x,$$

$$\frac{\partial z}{\partial x} = \frac{\mathrm{d}z}{\mathrm{d}u} \frac{\partial u}{\partial y} = f' \cdot \varphi'_y.$$

图 7-3-3

注意:由于 z 是 u 的一元函数,因此上述两个等式中出现的是 z 对 u 的导数 $\dfrac{\mathrm{d}z}{\mathrm{d}u}$,而不可能是 $\dfrac{\partial z}{\partial u}$.

再如,设 $z = f(x, v), v = \varphi(x, y)$,其中 f, φ 均可微,则复合函数 $z = f(x, \varphi(x, y))$ 是 x, y 的二元函数,链式图见图 7-3-4,因此有

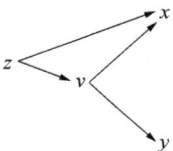

$$\frac{\partial z}{\partial x} = \frac{\partial f}{\partial x} + \frac{\partial f}{\partial v} \cdot \frac{\partial v}{\partial x},$$

$$\frac{\partial z}{\partial y} = \frac{\partial f}{\partial v} \cdot \frac{\partial v}{\partial y}.$$

图 7-3-4

在上述第一个等式的右边,我们用了记号 $\dfrac{\partial f}{\partial x}$ 而不用记号 $\dfrac{\partial z}{\partial x}$,这是为防止与等式左边的 $\dfrac{\partial z}{\partial x}$ 混淆.

上述几例,只是几个常见的多元复合函数的例子,多元函数的复合关系可能出现多种情形,一般多元函数的求偏导的步骤如下:

(1) 画出多元复合关系的链式图,分清变量之间的关系;

(2) 根据链式图列出多元复合函数求偏导的公式.

例 1 求 $z = (x^2 + y^2)^{xy}$ 的偏导数.

解 令 $u = x^2 + y^2, v = xy$,则 $z = u^v$,因此

$$\frac{\partial z}{\partial x} = \frac{\partial z}{\partial u} \frac{\partial u}{\partial x} + \frac{\partial z}{\partial v} \frac{\partial v}{\partial x} = vu^{v-1} \cdot 2x + u^v \ln u \cdot y$$

$$= 2x^2 y (x^2 + y^2)^{xy-1} + y(x^2 + y^2)^{xy} \ln(x^2 + y^2),$$

$$\frac{\partial z}{\partial y} = \frac{\partial z}{\partial u} \frac{\partial u}{\partial y} + \frac{\partial z}{\partial v} \frac{\partial v}{\partial y} = vu^{v-1} \cdot 2y + u^v \ln u \cdot x$$

$$= 2xy^2 (x^2 + y^2)^{xy-1} + x(x^2 + y^2)^{xy} \ln(x^2 + y^2).$$

例 2 $z = \cos\left(\dfrac{y}{x^2} + \dfrac{x^2}{y}\right)$,求 z'_x, z'_y.

解　令 $\dfrac{y}{x^2}+\dfrac{x^2}{y}=u$，则 $z=\cos u$，

$$\frac{\partial z}{\partial x}=\frac{\mathrm{d}z}{\mathrm{d}u}\cdot\frac{\partial u}{\partial x}=-\sin u\cdot\left(-\frac{2y}{x^3}+\frac{2x}{y}\right)=\left(\frac{2y}{x^3}-\frac{2x}{y}\right)\sin\left(\frac{y}{x^2}+\frac{x^2}{y}\right),$$

$$\frac{\partial z}{\partial y}=\frac{\mathrm{d}z}{\mathrm{d}u}\cdot\frac{\partial u}{\partial y}=-\sin u\cdot\left(\frac{1}{x^2}-\frac{x^2}{y^2}\right)=\left(\frac{x^2}{y^2}-\frac{1}{x^2}\right)\sin\left(\frac{y}{x^2}+\frac{x^2}{y}\right).$$

例 3　设 $z=x^3-y^2+t,x=\sin t,y=\cos t$，求全导数 $\dfrac{\mathrm{d}z}{\mathrm{d}t}$ 在

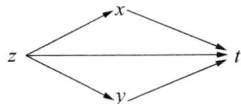

$t=\dfrac{\pi}{4}$ 时的值.

图 7 - 3 - 5

解　首先画出复合关系的链式图（见图 7 - 3 - 5），

因此全导数 $\dfrac{\mathrm{d}z}{\mathrm{d}t}$ 为

$$\frac{\mathrm{d}z}{\mathrm{d}t}=\frac{\partial z}{\partial x}\frac{\mathrm{d}x}{\mathrm{d}t}+\frac{\partial z}{\partial y}\frac{\mathrm{d}y}{\mathrm{d}t}+\frac{\partial z}{\partial t}=3x^2\cos t-2y(-\sin t)+1=3\sin^2 t\cos t+\sin 2t+1,$$

从而

$$\frac{\mathrm{d}z}{\mathrm{d}t}\bigg|_{t=\frac{\pi}{4}}=2+\frac{3}{4}\sqrt{2}.$$

例 4　如果 $z=\dfrac{y^2}{2x}+\varphi(xy),\varphi$ 为可微函数，证明 $x^2\dfrac{\partial z}{\partial x}-xy\dfrac{\partial z}{\partial y}+\dfrac{3}{2}y^2=0.$

证　$\dfrac{\partial z}{\partial x}=-\dfrac{y^2}{2x^2}+y\varphi'(xy),\quad x^2\dfrac{\partial z}{\partial x}=-\dfrac{y^2}{2}+x^2y\varphi'(xy),$

$\dfrac{\partial z}{\partial y}=\dfrac{y}{x}+x\varphi'(xy),\quad xy\dfrac{\partial z}{\partial y}=y^2+x^2y\varphi'(xy),$

因此，$x^2\dfrac{\partial z}{\partial x}-xy\dfrac{\partial z}{\partial y}=-\dfrac{3}{2}y^2$，即 $x^2\dfrac{\partial z}{\partial x}-xy\dfrac{\partial z}{\partial y}+\dfrac{3}{2}y^2=0.$

例 5　$z=f\left(x^2y,\dfrac{y}{x}\right),f$ 有二阶连续偏导数，求 $\dfrac{\partial z}{\partial x},\dfrac{\partial z}{\partial y},\dfrac{\partial^2 z}{\partial x^2},\dfrac{\partial^2 z}{\partial x\partial y}.$

解　为了简洁起见，下面分别用 f_1',f_2' 表示 f 对第一个和第二个中间变量的偏导数，类似地，$f_{11}'',f_{12}'',f_{22}''$ 分别表示各个二阶偏导数.

$$\frac{\partial z}{\partial x}=f_1'\cdot 2xy+f_2'\cdot\left(-\frac{y}{x^2}\right),\qquad \frac{\partial z}{\partial y}=f_1'\cdot x^2+f_2'\cdot\frac{1}{x},$$

$$\frac{\partial^2 z}{\partial x^2}=2yf_1'+2xy\left[f_{11}''\cdot 2xy+f_{12}''\cdot\left(-\frac{y}{x^2}\right)\right]+$$

$$\frac{2}{x^3}\cdot yf_2'-\frac{y}{x^2}\left[f_{21}''\cdot 2xy+f_{22}''\cdot\left(-\frac{y}{x^2}\right)\right],$$

$$=2yf_1'+\frac{2}{x^3}yf_2'+4x^2y^2f_{11}''-\frac{4y^2}{x}f_{12}''+\frac{y^2}{x^4}f_{22}'',$$

$$\frac{\partial^2 z}{\partial x \partial y} = \frac{\partial}{\partial y}\left(\frac{\partial z}{\partial x}\right)$$

$$= 2x f_1' + 2xy\left(f_{11}'' \cdot x^2 + f_{12}'' \cdot \frac{1}{x}\right) - \frac{1}{x^2} f_2' - \frac{y}{x^2}\left(f_{21}'' \cdot x^2 + f_{22}'' \cdot \frac{1}{x}\right)$$

$$= 2x f_1' - \frac{1}{x^2} f_2' + 2x^3 y f_{11}'' + y f_{12}'' - \frac{y}{x^3} f_{22}''.$$

这里要注意 f_1' 与 f_2' 同 f 一样是 $u = x^2 y, v = \frac{y}{x}$ 的二元函数,所以求 $\frac{\partial}{\partial x}(f_1')$ 和 $\frac{\partial}{\partial x}(f_2')$ 时还是要按照多元复合函数求导法则计算.

7.3.2 多元隐函数偏导法

(1) 由方程 $F(x,y) = 0$ 所确定的隐函数 $y = f(x)$ 的导数

在研究一元函数的求导方法时,曾经讨论过由方程 $F(x,y) = 0$ 所确定的隐函数 $y = f(x)$ 的求导方法,即:方程 $F(x,y) = 0$ 两边对自变量 x 求导,视 y 为 x 的函数,即可得到一个含 y' 的方程,从中解出 y',即为所求隐函数的导数. 现在我们借助多元复合函数的求导法则来求隐函数的导数.

设方程 $F(x,y) = 0$ 确定了一个隐函数 $y = f(x)$,则有恒等式
$$F(x, f(x)) \equiv 0,$$
此等式两边对 x 求导,可得
$$\frac{\partial F}{\partial x} + \frac{\partial F}{\partial y} \cdot \frac{\mathrm{d}y}{\mathrm{d}x} = 0.$$

如果 $\frac{\partial F}{\partial y} \neq 0$,则

$$\frac{\mathrm{d}y}{\mathrm{d}x} = -\frac{\dfrac{\partial F}{\partial x}}{\dfrac{\partial F}{\partial y}},$$

此即为利用偏导数知识来求由方程确定隐函数的导数的计算公式.

注意:上述公式中的 $\frac{\partial F}{\partial x}, \frac{\partial F}{\partial y}$ 是把 x, y 看成 F 的两个自变量而对 x 和 y 的偏导数.

例 6 求由方程 $\sin y + x\mathrm{e}^y = x$ 所确定的隐函数 $y = y(x)$ 的导数 $\frac{\mathrm{d}y}{\mathrm{d}x}$.

解法一 令 $F(x,y) = \sin y + x\mathrm{e}^y - x$,则 $F_x' = \mathrm{e}^y - 1, F_y' = \cos y + x\mathrm{e}^y$,因此
$$\frac{\mathrm{d}y}{\mathrm{d}x} = -\frac{F_x'}{F_y'} = -\frac{\mathrm{e}^y - 1}{\cos y + x\mathrm{e}^y}.$$

解法二 用第三章介绍的隐函数求导法,把 y 看成 x 的函数,方程两边对 x 求导,得

$$\cos y \cdot y' + e^y + x e^y \cdot y' = 1,$$

移项，$(\cos y + x e^y) y' = 1 - e^y$，所以

$$y' = \frac{dy}{dx} = \frac{1 - e^y}{\cos y + x e^y}.$$

（2）由方程 $F(x, y, z) = 0$ 所确定的隐函数 $z = f(x, y)$ 的偏导数

对于由方程 $F(x, y, z) = 0$ 所确定的隐函数 $z = f(x, y)$，如果 $\dfrac{\partial F}{\partial z} \neq 0$，则由 $F(x, y, f(x, y)) \equiv 0$，两边对 x, y 分别求偏导数，得

$$\frac{\partial F}{\partial x} + \frac{\partial F}{\partial z} \cdot \frac{\partial z}{\partial x} = 0,$$

$$\frac{\partial F}{\partial y} + \frac{\partial F}{\partial z} \cdot \frac{\partial z}{\partial y} = 0.$$

因此

$$\frac{\partial z}{\partial x} = -\frac{\dfrac{\partial F}{\partial x}}{\dfrac{\partial F}{\partial z}}, \quad \frac{\partial z}{\partial y} = -\frac{\dfrac{\partial F}{\partial y}}{\dfrac{\partial F}{\partial z}}.$$

注意：上式中出现的 $\dfrac{\partial F}{\partial x}, \dfrac{\partial F}{\partial y}, \dfrac{\partial F}{\partial z}$ 是把 x, y, z 看成 F 的三个自变量而对 x, y, z 的偏导数.

例 7　由方程 $\sin z = x^2 y z$ 确定隐函数 $z = f(x, y)$，求 $\dfrac{\partial z}{\partial x}, \dfrac{\partial z}{\partial y}$.

解　设 $F(x, y, z) = \sin z - x^2 y z$，则有

$$\frac{\partial F}{\partial x} = -2xyz, \quad \frac{\partial F}{\partial y} = -x^2 z, \quad \frac{\partial F}{\partial z} = \cos z - x^2 y,$$

因此

$$\frac{\partial z}{\partial x} = -\frac{\dfrac{\partial F}{\partial x}}{\dfrac{\partial F}{\partial z}} = \frac{2xyz}{\cos z - x^2 y}, \quad \frac{\partial z}{\partial y} = -\frac{\dfrac{\partial F}{\partial y}}{\dfrac{\partial F}{\partial z}} = \frac{x^2 z}{\cos z - x^2 y}.$$

另解　方程 $\sin z = x^2 y z$ 两边对 x 求偏导数，把 y 看作常数，把 z 看作 x, y 的函数，有

$$\cos z \cdot \frac{\partial z}{\partial x} = 2xyz + x^2 y \frac{\partial z}{\partial x},$$

解之得 $\dfrac{\partial z}{\partial x} = \dfrac{2xyz}{\cos z - x^2 y}$，同理可得 $\dfrac{\partial z}{\partial y} = \dfrac{x^2 z}{\cos z - x^2 y}$.

例 8　设 $z = f(x, y)$ 是方程 $z - y - x + x e^{z - x - y} = 0$ 所确定的二元函数，求 dz.

解　设 $F(x, y, z) = z - y - x + x e^{z - x - y}$，则

$$F'_x = -1 + e^{z - x - y} - x e^{z - x - y}, \quad F'_y = -1 - x e^{z - x - y}, \quad F'_z = 1 + x e^{z - x - y},$$

因此

$$\frac{\partial z}{\partial x} = -\frac{F'_x}{F'_z} = \frac{1+(x-1)\mathrm{e}^{z-x-y}}{1+x\mathrm{e}^{z-x-y}}, \qquad \frac{\partial z}{\partial y} = -\frac{F'_y}{F'_z} = \frac{1+x\mathrm{e}^{z-x-y}}{1+x\mathrm{e}^{z-x-y}} = 1,$$

所以

$$\mathrm{d}z = z'_x \mathrm{d}x + z'_y \mathrm{d}y = \frac{1+(x-1)\mathrm{e}^{z-x-y}}{1+x\mathrm{e}^{z-x-y}}\mathrm{d}x + \mathrm{d}y.$$

例 9 已知由方程 $\varphi(x^2-y^2,2xyz)=0$ 确定 z 是 x,y 的隐函数,其中 φ 是可微函数, 求 $\frac{\partial z}{\partial x},\frac{\partial z}{\partial y}$.

解 设 $F(x,y,z)=\varphi(x^2-y^2,2xyz)$,由多元复合函数偏导法可得

$$F'_x = 2x\,\varphi'_1 + 2yz\,\varphi'_2, \qquad F'_y = -2y\,\varphi'_1 + 2xz\,\varphi'_2, \qquad F'_z = 2xy\,\varphi'_2,$$

因此

$$\frac{\partial z}{\partial x} = -\frac{F'_x}{F'_z} = -\frac{2x\,\varphi'_1+2yz\,\varphi'_2}{2xy\,\varphi'_2} = -\frac{x\,\varphi'_1+yz\,\varphi'_2}{xy\,\varphi'_2},$$

$$\frac{\partial z}{\partial y} = -\frac{F'_y}{F'_z} = -\frac{-2y\,\varphi'_1+2xz\,\varphi'_2}{2xy\,\varphi'_2} = \frac{y\,\varphi'_1-xz\,\varphi'_2}{xy\,\varphi'_2},$$

习题 7.3

1. 求全导数:

(1) $z=\arcsin(x-y),x=3t,y=4t^3$,求 $\dfrac{\mathrm{d}z}{\mathrm{d}t}$.

(2) $z=x^y,x=\sin t,y=\cos t$,求 $\dfrac{\mathrm{d}z}{\mathrm{d}t}$.

(3) $u=\dfrac{x}{y}+\dfrac{y}{z},x=2t,y=\dfrac{1}{t},z=t^2$,求 $\dfrac{\mathrm{d}u}{\mathrm{d}t}$.

2. 求偏导数:

(1) $z=u^2\ln v,u=\dfrac{y}{x},v=x^2+y^2$,求 $\dfrac{\partial z}{\partial x},\dfrac{\partial z}{\partial y}$.

(2) $z=\arctan\dfrac{y}{x},y=s+t,x=s-t$,求 $\dfrac{\partial z}{\partial s},\dfrac{\partial z}{\partial t}$.

(3) $z=(3x^2+y^2)^{2x+3}$,求 $\dfrac{\partial z}{\partial x},\dfrac{\partial z}{\partial y}$.

(4) $z=f\left(\dfrac{y}{x}\right)$,其中 f 有二阶导数,求 $\dfrac{\partial^2 z}{\partial x^2},\dfrac{\partial^2 z}{\partial y^2}$.

(5) $z=f(x^2+y^2)$,其中 f 有二阶导数,求 $\dfrac{\partial z}{\partial x},\dfrac{\partial^2 z}{\partial x^2}$.

3. 验证下列等式:

(1) 若 $z = \dfrac{y}{f(x^2 - y^2)}$，其中 $f(u)$ 可导，则 $\dfrac{1}{x}\dfrac{\partial z}{\partial x} + \dfrac{1}{y}\dfrac{\partial z}{\partial y} = \dfrac{z}{y^2}$.

(2) $u = x\varphi(x + y) + y\Psi(x + y)$，其中 φ, Ψ 有连续的二阶导数，则 $\dfrac{\partial^2 u}{\partial x^2} - 2\dfrac{\partial^2 u}{\partial x\partial y} + \dfrac{\partial^2 u}{\partial y^2} = 0$.

4. 设 $z = xyf\left(\dfrac{y}{x}\right)$，$f(u)$ 可导，求 $xz'_x + yz'_y$.

5. $z = f(x, u)$，$u = \dfrac{x}{y}$，其中 f 可微，求 $\dfrac{\partial z}{\partial x}$，$\dfrac{\partial z}{\partial y}$.

6. 设 $z = f(x^2 y + \mathrm{e}^{\frac{y}{x}})$，$f$ 可微，求 $\dfrac{\partial z}{\partial x}$，$\dfrac{\partial z}{\partial y}$.

7. 设 $z = f(x^2 y, \mathrm{e}^{\frac{y}{x}})$，$f$ 可微，求 $\dfrac{\partial z}{\partial x}$，$\dfrac{\partial z}{\partial y}$.

8. 设 $z = f(\sqrt{x^2 + y^2})$，其中 f 可微，而且 $x\dfrac{\partial z}{\partial x} + y\dfrac{\partial z}{\partial y} = 1$，求 $f(\sqrt{x^2 + y^2})$.

9. 设 $z = f(xy, x^2 + y^2)$，f 具有连续的二阶偏导数，求 $\dfrac{\partial^2 z}{\partial x\partial y}$.

10. 设 $z = f(u, x, y)$，$u = x\mathrm{e}^y$，其中 f 具有二阶连续偏导数，求 $\dfrac{\partial^2 z}{\partial x\partial y}$.

11. 设 $u = f(2x - y, y\sin x)$，其中 $f(s, t)$ 具有二阶连续偏导数，求 $\dfrac{\partial^2 u}{\partial x\partial y}$.

12. 已知 $\mathrm{e}^x \sin y + \mathrm{e}^y \cos x = 1$，求 $\dfrac{\mathrm{d}y}{\mathrm{d}x}$，$\dfrac{\mathrm{d}x}{\mathrm{d}y}$.

13. 已知函数 $y = y(x)$ 由方程 $xy + \ln y - \ln x = 0$ 所确定，求 $\dfrac{\mathrm{d}y}{\mathrm{d}x}$，$\dfrac{\mathrm{d}x}{\mathrm{d}y}$.

14. 已知 $z\mathrm{e}^x + \mathrm{e}^y - y\mathrm{e}^z = 0$，求 $\dfrac{\partial z}{\partial x}$，$\dfrac{\partial z}{\partial y}$.

15. 已知 $x + y^2 + z^3 - xy = 2z$，求 $\dfrac{\partial z}{\partial x}$，$\dfrac{\partial z}{\partial y}$.

16. 已知 $\cos z = xyz$，求 $\dfrac{\partial z}{\partial x}$，$\dfrac{\partial z}{\partial y}$.

17. 若 $u = \sin(y + 3z)$，其中 z 由方程 $z^2 y - xz^3 - 1 = 0$ 所确定，求 $\dfrac{\partial u}{\partial x}\Big|_{(1,0)}$.

18. 设 $z = f(x, y)$ 由方程 $2xz - 2xyz + \ln(xyz) = 0$ 所确定，求 $\mathrm{d}z$.

19. 设 $z = z(x, y)$ 是由方程 $z - y - x + x\mathrm{e}^{z - y - x} = 0$ 确定的隐函数，求 $\mathrm{d}z$.

20. 方程 $F(x + y + z, x^2 + y^2 + z^2) = 0$ 确定 $z = f(x, y)$，其中 F 可微，求 $\dfrac{\partial z}{\partial x}$，$\dfrac{\partial z}{\partial y}$.

21. 函数 $u = f(x, y, z)$ 有连续偏导数，且 $z = z(x, y)$ 由方程 $x\mathrm{e}^x - y\mathrm{e}^y = z\mathrm{e}^z$ 所确定，求 $\mathrm{d}u$.

22. 设函数 $z = f(x,y)$ 是由方程 $F\left(x + \dfrac{z}{y}, y + \dfrac{z}{x}\right) = 0$ 所确定,其中 F 可微,证明

$$x\frac{\partial z}{\partial x} + y\frac{\partial z}{\partial y} = z - xy.$$

23. 设 $f(x,y,z) = x^2 yz^3$,其中 $z = z(x,y)$ 是由方程 $x^2 + y^2 + z^2 - 3xyz = 0$ 所确定,求 $f'_x(1,1,1)$.

24. 设 $u = f(x,y,z)$ 有连续偏导数,$z = z(x,y)$ 是由方程 $x + 2y + xy - ze^z = 0$ 所确定,求 $\dfrac{\partial u}{\partial x}, \dfrac{\partial u}{\partial y}$.

7.4 多元函数极值问题

7.4.1 二元函数的极值

本节利用多元函数微分学讨论多元函数的极值问题,首先给出二元函数极值的定义.

定义 7.8 设函数 $f(x,y)$ 在点 (x_0, y_0) 的某邻域内有定义,如果对此邻域内任何不同于 (x_0, y_0) 的点 (x,y),都有 $f(x,y) < f(x_0, y_0)$〔或 $f(x,y) > f(x_0, y_0)$〕,则称函数 $f(x,y)$ 在点 (x_0, y_0) 取得极大值 $f(x_0, y_0)$〔或极小值 $f(x_0, y_0)$〕,点 (x_0, y_0) 称为 $f(x,y)$ 的极大值点(或极小值点),极大值、极小值统称为极值,使函数取得极值的点 (x_0, y_0) 称为极值点.

例 1 函数 $f(x,y) = \sqrt{x^2 + y^2}$ 在点 $(0,0)$ 处取到极小值.

解 因为对于点 $(0,0)$ 的某一邻域内任一异于点 $(0,0)$ 的点,其函数值为正,而点 $(0,0)$ 处的函数值为零,即

$$f(x,y) > f(0,0), \quad (x,y) \neq (0,0).$$

因此,函数在点 $(0,0)$ 处取得极小值,极小值为 $f(0,0) = 0$.

例 2 函数 $f(x,y) = y^2 - x^2$ 在点 $(0,0)$ 处无极值.

解 因为该函数在点 $(0,0)$ 处的函数值为零,但对于点 $(0,0)$ 的任一个去心邻域 $\{(x,y) \mid 0 < \sqrt{x^2 + y^2} < \delta\}(\delta > 0)$,总可以找到一点,比如点 $\left(0, \dfrac{\delta}{2}\right)$,其函数值为

$$f\left(0, \frac{\delta}{2}\right) = \frac{\delta^2}{4} > 0 = f(0,0).$$

同时,又可找另外一点,比如点 $\left(\dfrac{\delta}{2}, 0\right)$,其函数值为

$$f\left(\frac{\delta}{2}, 0\right) = -\frac{\delta^2}{4} < 0 = f(0,0).$$

由极值点的定义,点$(0,0)$不是极值点.

由一元函数极值的必要条件可得出二元函数极值的必要条件.

定理 7.6(极值存在的必要条件)　设函数$z=f(x,y)$在点(x_0,y_0)处有极值且两个偏导数$f'_x(x_0,y_0),f'_y(x_0,y_0)$都存在,则必有$f'_x(x_0,y_0)=0,f'_y(x_0,y_0)=0$.

证　不妨设$z=f(x,y)$在点(x_0,y_0)处取得极大值,依定义,对于点(x_0,y_0)某邻域内异于点(x_0,y_0)的任何点(x,y),恒有

$$f(x,y)<f(x_0,y_0).$$

特别对该邻域内的点$(x,y_0)\ne(x_0,y_0)$,有

$$f(x,y_0)<f(x_0,y_0).$$

这表明,一元函数$f(x,y_0)$在点$x=x_0$处取得极大值,由一元函数取得极值的必要条件,可知$f'_x(x_0,y_0)=0$,类似地可证明$f'_y(x_0,y_0)=0$.

使$f'_x(x,y)=0,f'_y(x,y)=0$同时成立的点(x_0,y_0)称为函数$f(x,y)$的驻点,由定理 7.6 可知,如果函数的偏导数存在,且在点(x_0,y_0)取得极值,则点(x_0,y_0)一定是函数的驻点,但反过来,驻点不一定都是极值点,如例 2 中讨论的函数$f(x,y)=y^2-x^2$,可求得$f'_x(0,0)=f'_y(0,0)=0$,即点$(0,0)$是函数的驻点,但由例 2 可知,点$(0,0)$不是$f(x,y)$的极值点.另外,函数$f(x,y)$的偏导数不存在的点也可能是极值点,如例 1 中讨论的函数$z=\sqrt{x^2+y^2}$,由偏导数的定义可得

$$f'_x(0,0)=\lim_{\Delta x\to 0}\frac{f(0+\Delta x,0)-f(0,0)}{\Delta x}=\lim_{\Delta x\to 0}\frac{\sqrt{(\Delta x)^2}}{\Delta x}=\lim_{\Delta x\to 0}\frac{|\Delta x|}{\Delta x}$$

不存在(左极限为-1,右极限为 1,左右极限不相等),同理$f'_y(0,0)$也不存在,因此函数在点$(0,0)$处两个偏导数都不存在,但由例 1 可知,函数在点$(0,0)$处取得极小值.关于偏导数不存在的点的极值,这里我们不作重点讨论.下面介绍二元函数极值的充分条件.

定理 7.7(极值的充分条件)　设函数$f(x,y)$在点(x_0,y_0)的某邻域内有连续的二阶偏导数,且点(x_0,y_0)是它的驻点,记$f''_{xx}(x_0,y_0)=A,f''_{xy}(x_0,y_0)=B,f''_{yy}(x_0,y_0)=C$,则有:

(1) 当$B^2-AC<0$且$A<0$时,$f(x_0,y_0)$是极大值,当$B^2-AC<0$且$A>0$时,$f(x_0,y_0)$是极小值;

(2) 当$B^2-AC>0$时,$f(x_0,y_0)$不是极值;

(3) 当$B^2-AC=0$时,$f(x_0,y_0)$是否取得极值,需另作讨论.

证略.

例 3　求$z=x^3+y^3-3xy$的极值.

解　先解方程组求驻点$\begin{cases}\dfrac{\partial z}{\partial x}=3x^2-3y=0,\\[2mm]\dfrac{\partial z}{\partial y}=3y^2-3x=0,\end{cases}$　解得$\begin{cases}x=0,\\y=0,\end{cases}\begin{cases}x=1,\\y=1,\end{cases}$　由于$\dfrac{\partial^2 z}{\partial x^2}=$

$6x, \dfrac{\partial^2 z}{\partial x \partial y} = -3, \dfrac{\partial^2 z}{\partial y^2} = 6y$，因此在点$(0,0)$处，$A = 0, B = -3, C = 0, B^2 - AC = 9 > 0$，故点$(0,0)$不是极值点. 在点$(1,1)$处，$A = 6, B = -3, C = 6, B^2 - AC = -27 < 0$且$A > 0$，因此函数在点$(1,1)$处取得极小值，且极小值为$z(1,1) = -1$.

7.4.2　二元函数的最大值与最小值

设函数$z = f(x,y)$在有界闭区域D上连续，则$f(x,y)$在D上取得最大值与最小值，当$f(x,y)$是可微函数时，$f(x,y)$的最大值与最小值必出现在驻点或边界上，因此可通过比较驻点及边界上的函数值求出最大值与最小值，对于实际问题，如果根据问题的性质，知道所研究的函数在区域D内一定有最大值（或最小值），而且在D内函数只有唯一的驻点，则可以肯定该驻点处的函数值就是该函数在区域D上的最大值或最小值.

例 4　某工厂用钢板制造容积为V的一个无盖长方形铁盒，问长、宽、高如何选取才能最省钢板？

解　设长方形铁盒的长、宽、高分别为x, y, z，则表面积为$S = xy + 2xz + 2yz$，且$xyz = V$.

由于$z = \dfrac{V}{xy}$，将其代入S，得$S = xy + \dfrac{2V}{y} + \dfrac{2V}{x}$，由题意知$x > 0, y > 0$，等式两边分别对$x, y$求偏导数，得

$$\begin{cases} \dfrac{\partial S}{\partial x} = y - \dfrac{2V}{x^2} = 0, \\ \dfrac{\partial S}{\partial y} = x - \dfrac{2V}{y^2} = 0, \end{cases}$$

解方程组得唯一驻点$x = y = \sqrt[3]{2V}, z = \dfrac{1}{2}\sqrt[3]{2V}$.

由实际问题可知最小值存在，因此该驻点也是最小值点，即当长、宽、高分别为$\sqrt[3]{2V}$，$\sqrt[3]{2V}, \dfrac{1}{2}\sqrt[3]{2V}$时，盒子用料最省，此时用料为$S = 3\sqrt[3]{4V^2}$.

例 5　假设某厂生产一种产品要使用甲、乙两种原料，已知当用甲种原料x单位，乙种原料y单位时，可生产Q单位的产品
$$Q = Q(x,y) = 10xy + 20.25x + 30.37y - 10x^2 - 5y^2,$$
而甲、乙的价格依次为25元／单位和37元／单位，产品的售价为100元／单位，生产的固定成本为2000元. 问当x, y为何值时，工厂能获得最大利润？

解　总成本函数为$C(x,y) = 25x + 37y + 2000$，总收益函数为$R(x,y) = 100Q(x, y)$，所以利润函数为
$$L(x,y) = R(x,y) - C(x,y)$$

$$= 100(10xy + 20.25x + 30.37y - 10x^2 - 5y^2) - (25x + 37y + 2000)$$
$$= 1000xy + 2000x + 3000y - 1000x^2 - 500y^2 - 2000,$$

解方程组 $\begin{cases} L'_x = 1000y + 2000 - 2000x = 0, \\ L'_y = 1000x + 3000 - 1000y = 0, \end{cases}$ 得唯一驻点 $x = 5, y = 8$,由实际问题知最大值一定存在,所以当用甲种原料 5 单位,乙种原料 8 单位时,工厂能获得最大利润,最大利润为 $L(5, 8) = 15000$ 元.

例 6 设商品 A 的需求量为 x 吨,价格为 p 万元,需求函数为 $x = 26 - p$,商品 B 的需求量为 y 吨,价格为 q 万元,需求函数为 $y = 10 - 0.25q$,生产两种商品的总成本为 $C(x, y) = x^2 + 2xy + y^2$.问两种商品各生产多少时,才能获得最大利润,最大利润是多少?

解 由 $x = 26 - p$ 得 $p = 26 - x$,由 $y = 10 - 0.25q$ 得 $q = 40 - 4y$,因此总收入为

$$R(x, y) = xp + yq = x(26 - x) + y(40 - 4y),$$

总利润函数为

$$\begin{aligned} L(x, y) &= R(x, y) - C(x, y) \\ &= 26x - x^2 + 40y - 4y^2 - (x^2 + 2xy + y^2) \\ &= 26x - 2x^2 + 40y - 5y^2 - 2xy \end{aligned}$$

解方程组 $\begin{cases} L'_x = 26 - 4x - 2y = 0, \\ L'_y = 40 - 10y - 2x = 0, \end{cases}$ 得唯一驻点 $(5, 3)$,由问题的实际意义可知,生产出商品 A 的数量为 5 吨,商品 B 的数量为 3 吨时,可获得最大利润 $L(5, 3) = 125$(万元).

7.4.3 条件极值

在前面所讨论的求函数极值的问题中,对函数的自变量除了限制在函数的定义域内以外,没有附加其他条件,此时的极值称为无条件极值,简称极值.如果自变量 x 与 y 之间还要满足一定的条件 $\varphi(x, y) = 0$,称为约束条件或约束方程,这时所求的极值叫做条件极值,下面介绍求解条件极值问题的拉格朗日乘数法.

求函数 $z = f(x, y)$ 在约束条件 $\varphi(x, y) = 0$ 下的可能极值点.

设约束方程 $\varphi(x, y) = 0$ 确定一个隐函数 $y = y(x)$,将 $y(x)$ 代入 $z = f(x, y)$ 中,得到一个关于 x 的一元函数 $z = f(x, y(x))$,设 $f(x, y)$ 在所考虑的范围内存在连续的偏导数,利用复合函数求导法,得

$$\frac{\mathrm{d}z}{\mathrm{d}x} = f'_x + f'_y \cdot \frac{\mathrm{d}y}{\mathrm{d}x},$$

根据隐函数求导法则,得 $\dfrac{\mathrm{d}y}{\mathrm{d}x} = -\dfrac{\varphi'_x}{\varphi'_y}$,代入上式得

$$\frac{\mathrm{d}z}{\mathrm{d}x} = f'_x - f'_y \cdot \frac{\varphi'_x}{\varphi'_y},$$

根据一元函数极值的必要条件以及约束方程,我们可得如下两个未知数方程的方程组

$$\begin{cases} f'_x - f'_y \cdot \dfrac{\varphi'_x}{\varphi'_y} = 0, \\ \varphi = 0, \end{cases}$$

由此解出的 (x,y) 即为可能的极值点.

记 $-\dfrac{f'_y}{\varphi'_y} = \lambda$,则此方程组可改写为

$$\begin{cases} f'_x + \lambda \varphi'_x = 0, \\ f'_y + \lambda \varphi'_y = 0, \\ \varphi(x,y) = 0, \end{cases}$$

从上述方程组可解出 x_0, y_0, λ_0,其中的 (x_0, y_0) 即为可能的极值点,这种方法称为拉格朗日(Lagrange)乘数法,λ 称为拉格朗日乘数,容易看出上述方程组的左端三个式子恰好是函数 $F(x,y,\lambda) = f(x,y) + \lambda \varphi(x,y)$ 对 x,y,λ 的三个一阶偏导数,我们称函数 $F(x,y,\lambda)$ 为拉格朗日函数.

综上所述,应用拉格朗日乘数法求函数 $z = f(x,y)$ 在约束条件 $\varphi(x,y) = 0$ 下的可能极值点的一般步骤为:

(1)构造拉格朗日函数 $F(x,y,\lambda) = f(x,y) + \lambda \varphi(x,y)$;

(2)建立方程组 $\begin{cases} F'_x = f'_x(x,y) + \lambda \varphi'_x(x,y) = 0, \\ F'_y = f'_y(x,y) + \lambda \varphi'_y(x,y) = 0, \\ F'_\lambda = \varphi(x,y) = 0; \end{cases}$

(3)上述方程组的解 (x,y),即为可能的极值点.

至于这样求得的点是否是极值点,一般可根据实际问题的性质进行判断.

这种方法可以推广到自变量多于两个,约束方程多于一个的情况,例如要求三元函数 $u = f(x,y,z)$ 在条件 $\varphi(x,y,z) = 0$,$\Psi(x,y,z) = 0$ 下的可能极值点,方法如下:

(1)构造拉格朗日函数 $F(x,y,z,\lambda,\mu) = f(x,y,z) + \lambda \varphi(x,y,z) + \mu \Psi(x,y,z)$;

(2)建立方程组 $\begin{cases} F'_x = f'_x + \lambda \varphi'_x + \mu \Psi'_x = 0, \\ F'_y = f'_y + \lambda \varphi'_y + \mu \Psi'_y = 0, \\ F'_z = f'_z + \lambda \varphi'_z + \mu \Psi'_z = 0, \\ F'_\lambda = \varphi(x,y,z) = 0, \\ F'_\mu = \Psi(x,y,z) = 0; \end{cases}$

(3)解出的 (x,y,z) 即为满足约束条件的函数的可能极值点.

例 7 用拉格朗日乘数法求本节例 4 中的容积为 V 的无盖长方形铁盒问题,即求函数 $S = xy + 2xz + 2yz$ 在约束条件 $xyz = V$ 下的最小值.

解 因为只有一个约束条件,因此构造拉格朗日函数 $F(x,y,z,\lambda) = xy + 2xz + 2yz + \lambda(xyz - V)$,令

$$\begin{cases} F'_x = y + 2z + \lambda yz = 0, \\ F'_y = x + 2z + \lambda xz = 0, \\ F'_z = 2x + 2y + \lambda xy = 0, \\ F'_\lambda = xyz - V = 0, \end{cases}$$

解出 $x = y = \sqrt[3]{2V}, z = \dfrac{1}{2}\sqrt[3]{2V}$,与本节例 4 的结论相同.

例 8 设某工厂生产某种产品 S(吨)与所用两种原料 A, B 的数量 x, y(吨)之间的关系式为 $S(x,y) = 0.005x^2 y$,现购原料准备向银行贷款 150 万元,已知 A, B 原料每吨单价分别为 1 万元和 2 万元.问购进这两种原料各多少吨,才能使生产的产品数量最多?

解 根据题意将问题归结为求函数 $S(x,y) = 0.005x^2 y$ 在约束条件 $x + 2y = 150$ 下的最大值.

作拉格朗日函数 $F(x,y,\lambda) = 0.005x^2 y + \lambda(x + 2y - 150)$,求 F 的一阶偏导数,并令其等于零,得

$$\begin{cases} F'_x = 0.01xy + \lambda = 0, \\ F'_y = 0.005x^2 + 2\lambda = 0, \\ F'_\lambda = x + 2y - 150 = 0, \end{cases}$$

解之得 $x = 100, y = 25(\lambda = -25)$,因为只有唯一驻点 $(100, 25)$,且实际问题的最大值是存在的,所以驻点 $(100, 25)$ 是函数 $S(x,y)$ 的最大值点,其最大值 $S(100, 25) = 1250$(吨),即购进 A 原料 100 吨,B 原料 25 吨时,可使生产的产品数量最多.

例 9 某工厂生产 A, B 两种型号的机床,其产量分别为 x, y 台,总成本函数 $C(x,y) = x^2 + 2y^2 - xy$(万元),若根据市场调查预测,共需要这两种机床 8 台,问应生产 A, B 两种型号的机床各几台,才能使得总成本最小?

解 根据题意可归结为求函数 $C(x,y) = x^2 + 2y^2 - xy$ 在约束条件 $x + y = 8$ 下的最小值,故可用拉格朗日乘数法求解,作拉格朗日函数

$$F(x,y,\lambda) = x^2 + 2y^2 - xy + \lambda(x + y - 8)$$

求 F 的各一阶偏导数,得方程组

$$\begin{cases} F'_x = 2x - y + \lambda = 0, \\ F'_y = 4y - x + \lambda = 0, \\ F'_\lambda = x + y - 8 = 0, \end{cases}$$

解得 $x = 5, y = 3, \lambda = -7$,因为只有唯一驻点,且实际问题的最小值是存在的,因此,驻点 $(5,3)$ 是函数 $C(x,y)$ 的最小值点,因此当两种型号的机器各生产 5 台和 3 台时,其总成本最小,最小值为 $C(5,3) = 28$.

习题 7.4

1. 求下列函数的极值:

(1) $f(x,y) = x^2 + xy + y^2 + x - y + 1$

(2) $f(x,y) = e^{2x}(x + y^2 + 2y)$

(3) $f(x,y) = \sin x + \sin y + \cos(x+y) \left(0 \leqslant x \leqslant \frac{\pi}{4}, 0 \leqslant y \leqslant \frac{\pi}{4} \right)$

(4) $f(x,y) = x^3 - y^3 + 3x^2 + 3y^2 - 9x$

(5) $f(x,y) = -x^4 - y^4 + 4xy - 1$

(6) $f(x,y) = (a - x - y)xy, (a \neq 0)$

2. 某企业所生产的一种商品同时在两个市场销售,售价分别为 P_1 和 P_2,销量分别为 Q_1 和 Q_2,需求函数分别为 $Q_1 = 24 - 0.2P_1$,$Q_2 = 10 - 0.05P_2$,成本函数为 $C = 35 + 40(Q_1 + Q_2)$,试问,应如何确定 P_1,P_2 才可获最大利润?最大利润为多少?

3. 某厂生产表面涂以贵重原料的桶,桶的形状为无盖的长方体,容积为 256 米^3,问如何设计桶的长、宽、高可使所用涂料最省?

4. 已知某公司售出 x 单位甲种产品和 y 单位乙种产品时的利润为

$$L(x,y) = 4000x + 5000y - x^2 - y^2 - xy - 2000,$$

试确定 x,y 的值,使利润达到最大.

5. 某工厂生产两种产品 A 和 B,出厂价分别为 64 元和 40 元,当 A 和 B 的产量分别为 x,y 时,总成本为 $C = 2x^2 - 4xy + 4y^2 + 8y + 14$(元),问如何安排两种产品的产量,可使利润最大?

6. 假设某企业在两个互相分割的市场上出售同一种产品,两个市场的需求函数分别是 $P_1 = 18 - 2Q_1$,$P_2 = 12 - 2Q_2$,其中 P_1,P_2 分别表示该产品在两个市场的价格(单位:万元/吨),Q_1,Q_2 分别表示该产品在两个市场的销售量(即需求量,单位:吨),并且该企业生产这种产品的总成本函数是 $C = 5 + 2(Q_1 + Q_2)$,(1) 如果该企业实行价格差别策略,试确定两个市场上该产品的销售量和价格,使该企业获得最大利润;(2) 如果该企业实行价格无差别策略,试确定两个市场上该产品的销售量及其统一价格,使该企业的利润最大化;(3) 比较两种价格策略下的总利润大小.

7. 求抛物线 $y = x^2$ 与直线 $x - y - 2 = 0$ 之间的最短距离.

8. 在半径为 a 的半球内,内接一长方体,问各边长为多少时,其体积最大.

9. 某饼干厂生产苏打饼干及甜饼干,苏打饼干每斤纯利 6 角,甜饼干每斤纯利 4 角,制造 x 斤苏打饼干及 y 斤甜饼干的成本函数为 $C(x,y) = 10000 + x + \frac{x^2}{6000} + y$,而该厂每月的制造预算是 20000 元,问应如何分配苏打饼干及甜饼干的生产,才能使利润最大?

10. 某企业的总成本函数为 $C(x,y) = 3x^2 + 5y^2 - 2xy + 2$,产品限额为 $x + y = 30$,求最小成本.

11. 设生产函数为 $Q = x^{0.4}y^{0.5}$,其中 x 为资本投入,y 为劳动投入,约束条件为 $3x + 4y = 108$,且知 Q 存在最大值,求其最大值.

12. 设某工厂的总利润函数为 $L(x,y) = 60x + 120y - 2x^2 - 2xy - 5y^2$,设备的最大生产能力为 $x + y = 15$,求最大利润.

13. 某工厂生产两种产品的需求函数分别为 $x = 72 - 0.5P_1$,$y = 120 - P_2$,总成本函数为 $C(x,y) = x^2 + xy + y^2 + 35$,产品的总数额为 $x + y = 40$,求最大利润及此时的产出水平(x,y 的值)和价格.

14. 设生产某种产品必须投入两种要素,x,y 分别为两要素的投入量,Q 为产出量,若生产函数为 $Q = 2x^{\alpha}y^{\beta}$,其中 α,β 为正常数,且 $\alpha + \beta = 1$,假设两种要素的价格分别为 p_1,p_2,试问当产出量为 12 时,两要素各投入多少,可以使得投入总费用最小?

15. 某公司可通过电台及报纸两种方式做销售某种商品的广告,根据统计资料销售收入 R(万元)与电台广告费 x_1(万元)及报纸广告费 x_2(万元)之间的关系有如下经验公式

$$R = 15 + 14x_1 + 32x_2 - 8x_1x_2 - 2x_1^2 - 10x_2^2.$$

(1) 在广告费用不限的情况下,求最优广告策略;

(2) 如果提供的广告费用为 1.5(万元),求相应的最优广告策略.

16. 求由一定点 (x_0, y_0, z_0) 到平面 $Ax + By + Cz + D = 0$ 的最短距离.

7.5 二重积分

二重积分是定积分的推广,被积函数由一元函数 $y = f(x)$ 推广到二元函数 $z = f(x,y)$,积分范围由 x 轴上的闭区间 $[a,b]$ 推广到 xOy 平面上的有界闭区域 D,本节用定积分的基本思想建立二重积分的概念、性质以及计算方法.

7.5.1 二重积分的概念及性质

在第六章中,我们从曲边梯形的面积问题引进了定积分的定义,类似地,下面我们从曲顶柱体的体积问题引进二重积分的定义. 设 D 是 xOy 平面上的有界闭区域,以曲面 $z = f(x,y)[f(x,y) \geqslant 0]$ 为顶,以区域 D 为底,以 D 的边界为准线,母线平行于 z 轴的柱面为侧面的立体称为曲顶柱体(如图 $7-5-1$).

如果 $f(x,y) \equiv c$(常数 $c > 0$),则曲顶柱体成为平顶柱体,因此它的体积为 $V = c \cdot A$,其中 A 是有界闭区域 D 的面积,当 $f(x,y)$ 不是常数函数时,我们参照曲边梯形求面积的方法,采用如下步骤来求曲顶柱体的体积 V.

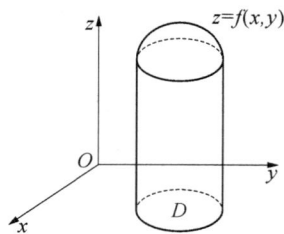 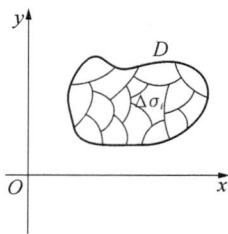

图 7 - 5 - 1   图 7 - 5 - 2

（1）分割

将区域 D 任意分为 n 个小区域 $\Delta\sigma_1,\Delta\sigma_2,\cdots,\Delta\sigma_n$，并仍用 $\Delta\sigma_i$ 表示第 i 个小区域的面积（如图 7 - 5 - 2），作以这些小区域的边界为准线，母线平行于 z 轴的柱面，这些柱体就把原来的曲顶柱体分割成了 n 个小曲顶柱体，记第 i 个小曲顶柱体的体积为 ΔV_i，则

$$V = \sum_{i=1}^{n} \Delta V_i.$$

（2）近似代替

在每个小曲顶柱体的底 $\Delta\sigma_i$ 上任取一点 $(\xi_i,\eta_i)(i=1,2,\cdots,n)$，则以 $\Delta\sigma_i$ 为底，以 $f(\xi_i,\eta_i)$ 为高的平顶柱体的体积为 $f(\xi_i,\eta_i)\Delta\sigma_i$，将上式作为与其同底的小曲顶柱体的体积 ΔV_i 的近似值，即

$$\Delta V_i \approx f(\xi_i,\eta_i)\Delta\sigma_i \quad (i=1,2,\cdots,n).$$

（3）求和

n 个小平顶柱体体积之和可作为所求曲顶柱体体积 V 的近似值 $V \approx \sum_{i=1}^{n} f(\xi_i,\eta_i)\Delta\sigma_i.$

（4）取极限

D 分得越细，上述和式就越接近于曲顶柱体的体积，我们把 $\Delta\sigma_i$ 中任意两点间距离的最大值称为 $\Delta\sigma_i$ 的直径，以 d_i 表示，记 $d = \max\{d_1,d_2,\cdots,d_n\}$ 为小区域直径中的最大者，如果当 $d \to 0$ 时，极限 $\lim\limits_{d\to 0}\sum\limits_{i=1}^{n} f(\xi_i,\eta_i)\Delta\sigma_i$ 存在，则我们将这个极限值定义为曲顶柱体的体积，即

$$V = \lim_{d\to 0}\sum_{i=1}^{n} f(\xi_i,\eta_i)\Delta\sigma_i.$$

由上述定义可知，曲顶柱体的体积可用一个和式的极限 $\lim\limits_{d\to 0}\sum\limits_{i=1}^{n} f(\xi_i,\eta_i)\Delta\sigma_i$ 来表示.

事实上，有许多实际问题的解决都是采用分割、近似代替、求和、取极限的方法，而最后都归结为这一种结构的和式的极限，我们将这种和式的极限形式加以抽象，从而便得出二重积分的概念.

定义 7.9　设 $f(x,y)$ 是定义在有界闭区域 D 上的二元函数,将闭区域 D 任意分成 n 个小区域 $\Delta\sigma_1,\Delta\sigma_2,\cdots,\Delta\sigma_n$,并以 $\Delta\sigma_i$ 和 $d_i(i=1,2,\cdots,n)$ 分别表示第 i 个小区域的面积和直径,记 $d=\max\limits_{1\leqslant i\leqslant n}\{d_i\}$,在每个小区域 $\Delta\sigma_i(i=1,2,\cdots,n)$ 上任取一点 (ξ_i,η_i),作和式 $\sum\limits_{i=1}^{n}f(\xi_i,\eta_i)\Delta\sigma_i$,如果当 $d\to0$ 时,极限 $\lim\limits_{d\to0}\sum\limits_{i=1}^{n}f(\xi_i,\eta_i)\Delta\sigma_i$ 存在,且与小区域的分法及点 (ξ_i,η_i) 的选取无关,则称函数 $f(x,y)$ 在有界闭区域 D 上是可积的,并称此极限值为函数 $f(x,y)$ 在区域 D 上的二重积分,记作 $\iint\limits_{D}f(x,y)\mathrm{d}\sigma$. 即

$$\iint\limits_{D}f(x,y)\mathrm{d}\sigma=\lim\limits_{d\to0}\sum\limits_{i=1}^{n}f(\xi_i,\eta_i)\Delta\sigma_i,$$

其中 D 称为积分区域,$f(x,y)$ 称为被积函数,$f(x,y)\mathrm{d}\sigma$ 称为被积表达式,$\mathrm{d}\sigma$ 称为面积元素,x 与 y 称为积分变量.

可以证明:

(1) 若函数 $f(x,y)$ 在有界闭区域 D 上可积,则函数 $f(x,y)$ 在 D 上有界;

(2) 若函数 $f(x,y)$ 在有界闭区域 D 上连续,则函数 $f(x,y)$ 在 D 上可积.

当函数 $f(x,y)$ 在有界闭区域 D 上连续且非负时,二重积分 $\iint\limits_{D}f(x,y)\mathrm{d}\sigma$ 表示以曲面 $z=f(x,y)$ 为顶,以区域 D 为底的曲顶柱体的体积 V,即 $V=\iint\limits_{D}f(x,y)\mathrm{d}\sigma$. 这就是二重积分的几何意义. 例如二重积分

$$\iint\limits_{D}\sqrt{R^2-x^2-y^2}\,\mathrm{d}\sigma,\quad D:x^2+y^2\leqslant R^2$$

就表示球心在坐标原点,半径为 R 的上半球的体积(如图 $7-5-3$),因此,上述二重积分的值等于 $\dfrac{2}{3}\pi R^2$.

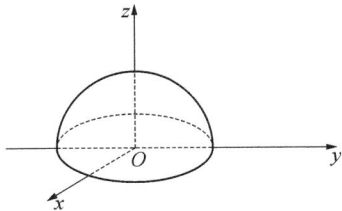

图 $7-5-3$

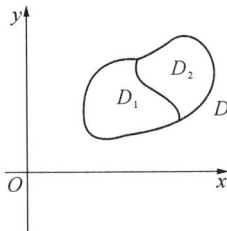

图 $7-5-4$

二重积分与定积分有类似的性质,现列举如下(证明从略). 假定 D 为有界闭区域,所讨论的函数均在 D 上可积.

性质 1 $\displaystyle\iint\limits_{D} kf(x,y)\mathrm{d}\sigma = k\iint\limits_{D} f(x,y)\mathrm{d}\sigma$ （k 为常数）.

性质 2 $\displaystyle\iint\limits_{D}[f(x,y) \pm g(x,y)]\mathrm{d}\sigma = \iint\limits_{D} f(x,y)\mathrm{d}\sigma \pm \iint\limits_{D} g(x,y)\mathrm{d}\sigma.$

性质 3(对积分区域的可加性) 若 D 被分成两个区域 D_1 和 D_2（如图 7-5-4），则函数在 D 上的二重积分等于它在 D_1 与 D_2 上的二重积分之和，即

$$\iint\limits_{D} f(x,y)\mathrm{d}\sigma = \iint\limits_{D_1} f(x,y)\mathrm{d}\sigma + \iint\limits_{D_2} f(x,y)\mathrm{d}\sigma.$$

性质 4 如果在区域 D 上有 $f(x,y) \leqslant g(x,y)$，则有 $\displaystyle\iint\limits_{D} f(x,y)\mathrm{d}\sigma \leqslant \iint\limits_{D} g(x,y)\mathrm{d}\sigma.$

特别地，$\displaystyle\left| \iint\limits_{D} f(x,y)\mathrm{d}\sigma \right| \leqslant \iint\limits_{D} |f(x,y)|\mathrm{d}\sigma.$

性质 5 若在区域 D 上 $f(x,y) \equiv 1$，σ 为 D 的面积，则 $\displaystyle\iint\limits_{D} 1\mathrm{d}\sigma = \iint\limits_{D} \mathrm{d}\sigma = \sigma.$

这个性质的几何意义是明显的，高为 1 的平顶柱体的体积在数值上就等于柱体的底面积.

性质 6(估值定理) 设 M 与 m 分别是函数 $f(x,y)$ 在 D 上的最大值与最小值，σ 为 D 的面积，则

$$m\sigma \leqslant \iint\limits_{D} f(x,y)\mathrm{d}\sigma \leqslant M\sigma.$$

事实上，因为 $m \leqslant f(x,y) \leqslant M$，所以由**性质 4**，有

$$\iint\limits_{D} m\mathrm{d}\sigma \leqslant \iint\limits_{D} f(x,y)\mathrm{d}\sigma \leqslant \iint\limits_{D} M\mathrm{d}\sigma.$$

再根据**性质 1** 和**性质 5**，便得到所要证明的不等式.

性质 7(二重积分的中值定理) 设函数 $f(x,y)$ 在有界闭区域 D 上连续，σ 是 D 的面积，则在 D 上至少存在一点 (ξ,η)，使得 $\displaystyle\iint\limits_{D} f(x,y)\mathrm{d}\sigma = f(\xi,\eta) \cdot \sigma.$

中值定理的几何意义为：在闭区域 D 上以曲面 $z = f(x,y)$ 为顶的曲顶柱体的体积等于以区域 D 上某一点 (ξ,η) 的函数值为高，以 D 为底的平顶柱体的体积.

7.5.2 直角坐标系下二重积分的计算

由二重积分的定义可知，若函数 $f(x,y)$ 在 D 上可积，则二重积分的值与区域 D 的分法无关，即与小区域 $\Delta\sigma_i(i=1,2,\cdots,n)$ 的形状无关，在直角坐标系下，我们常采用平行于坐标轴的直线来划分区域 D（如图 7-5-5），此时的小区域 $\Delta\sigma_i$ 的形状为小矩形，其边长分别为 Δx_i 和 Δy_i，即 $\Delta\sigma_i = \Delta x_i \cdot \Delta y_i$. 因而面积元素 $\mathrm{d}\sigma$ 也常记作 $\mathrm{d}x\mathrm{d}y$，即 $\mathrm{d}\sigma = \mathrm{d}x\mathrm{d}y$，从而

在直角坐标系下,二重积分也可以记作 $\iint\limits_{D} f(x,y)\mathrm{d}x\mathrm{d}y$.

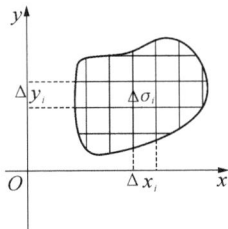

图 7 - 5 - 5

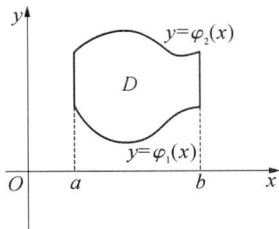

图 7 - 5 - 6

二重积分的计算方法,是把二重积分化为二次定积分(也称化为累次积分或二次积分),下面我们把平面区域 D 分为两种形状,分别导出二重积分化为累次积分的计算公式.

(1) D 是由 $x=a,x=b(a<b)$,$y=\varphi_1(x)$,$y=\varphi_2(x)[\varphi_1(x)\leqslant\varphi_2(x)]$ 围成的平面区域,即 D 可表示成 $D=\{(x,y)\mid\varphi_1(x)\leqslant y\leqslant\varphi_2(x),a\leqslant x\leqslant b\}$(如图 7 - 5 - 6 所示),此时我们不妨设在 D 上 $z=f(x,y)\geqslant 0$,这样,计算二重积分 $\iint\limits_{D} f(x,y)\mathrm{d}x\mathrm{d}y$ 就是要计算曲顶柱体的体积 V(如图 7 - 5 - 7 所示).

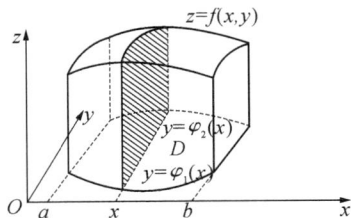

图 7 - 5 - 7

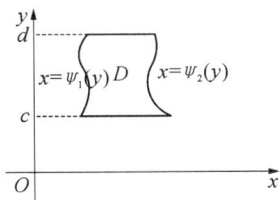

图 7 - 5 - 8

过 $[a,b]$ 中任意一点 x,作一个垂直于 x 轴的平面去截曲顶柱体,所得的截面是一个以区间 $[\varphi_1(x),\varphi_2(x)]$ 为底,以曲线 $z=f(x,y)$ 为曲边的曲边梯形(图 7 - 5 - 7 中的阴影部分),其截面面积为 $A(x)$,

$$A(x)=\int_{\varphi_1(x)}^{\varphi_2(x)} f(x,y)\mathrm{d}y.$$

根据第六章定积分中的平行截面面积为已知的立体的体积公式可知,该曲顶柱体的体积为

$$V=\int_a^b A(x)\mathrm{d}x=\int_a^b\left[\int_{\varphi_1(x)}^{\varphi_2(x)} f(x,y)\mathrm{d}y\right]\mathrm{d}x,$$

上式右端的积分是先对 y 后对 x 的累次积分(即二次定积分),先把 x 看作常数,把 $f(x,y)$ 看作 y 的函数,并对 y 计算从 $\varphi_1(x)$ 到 $\varphi_2(x)$ 的定积分,然后再把算得的结果(是 x 的函

数）再对 x 计算在区间 $[a,b]$ 上的定积分，这个先对 y 后对 x 的累次积分也常常记作 $\int_a^b \mathrm{d}x \int_{\varphi_1(x)}^{\varphi_2(x)} f(x,y)\mathrm{d}y$，因此

$$\iint_D f(x,y)\mathrm{d}x\mathrm{d}y = \int_a^b \left[\int_{\varphi_1(x)}^{\varphi_2(x)} f(x,y)\mathrm{d}y\right]\mathrm{d}x = \int_a^b \mathrm{d}x \int_{\varphi_1(x)}^{\varphi_2(x)} f(x,y)\mathrm{d}y. \qquad (7-1)$$

在上述讨论中，我们假定 $f(x,y)$ 连续且非负，但实际上上述公式中只要 $f(x,y)$ 在 D 上连续即可.

（2）若 D 由 $y=c,y=d(c<d),x=\Psi_1(y),x=\Psi_2(y)[\Psi_1(y) \leqslant \Psi_2(y)]$ 围成，即 D 可表示成 $D = \{(x,y) \mid \Psi_1(y) \leqslant x \leqslant \Psi_2(y), c \leqslant y \leqslant d\}$（如图 7-5-8）. 则二重积分化为累次积分的计算公式为

$$\iint_D f(x,y)\mathrm{d}x\mathrm{d}y = \int_c^d \left[\int_{\Psi_1(y)}^{\Psi_2(y)} f(x,y)\mathrm{d}x\right]\mathrm{d}y = \int_c^d \mathrm{d}y \int_{\Psi_1(y)}^{\Psi_2(y)} f(x,y)\mathrm{d}x. \qquad (7-2)$$

这时，把二重积分化为先对 x 后对 y 的累次积分.

关于二重积分的计算公式，需要注意以下几点：

（1）若积分区域 D 是一矩形，即 $D = \{(x,y) \mid a \leqslant x \leqslant b, c \leqslant y \leqslant d\}$，且函数 $f(x,y)$ 在 D 上连续，则式 $(7-1)$ 与式 $(7-2)$ 变为

$$\iint_D f(x,y)\mathrm{d}x\mathrm{d}y = \int_a^b \mathrm{d}x \int_c^d f(x,y)\mathrm{d}y = \int_c^d \mathrm{d}y \int_a^b f(x,y)\mathrm{d}x.$$

（2）如果函数 $f(x,y) = f_1(x) \cdot f_2(y)$ 在区域 D 上可积，其中区域 D 为

$$D = \{(x,y) \mid a \leqslant x \leqslant b, c \leqslant y \leqslant d\},$$

则

$$\iint_D f(x,y)\mathrm{d}x\mathrm{d}y = \left[\int_a^b f_1(x)\mathrm{d}x\right] \cdot \left[\int_c^d f_2(y)\mathrm{d}y\right].$$

（3）如果垂直于坐标轴的直线与区域 D 的边界曲线交点多于两个（如图 7-5-9），则需要将区域 D 分成若干个小区域，使每个小区域的边界曲线与垂直于坐标轴的直线的交点不多于两个，然后再根据二重积分对区域的可加性来进行计算.

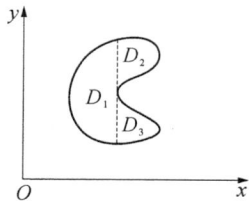

图 7-5-9

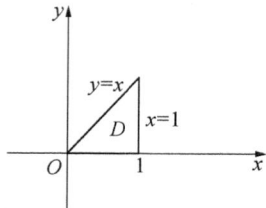

图 7-5-10

例 1　将二重积分 $\iint_D f(x,y)\mathrm{d}\sigma$ 化为累次积分，其中 D 是由 x 轴，直线 $x=1$ 与 $y=x$

所围成的平面区域(如图 7 − 5 − 10 所示).

解　(1)若把 D 写成 $D = \{(x,y) \mid 0 \leqslant y \leqslant x, 0 \leqslant x \leqslant 1\}$,则

$$\iint\limits_D f(x,y)\mathrm{d}\sigma = \int_0^1 \mathrm{d}x \int_0^x f(x,y)\mathrm{d}y.$$

(2)若把 D 写成 $D = \{(x,y) \mid y \leqslant x \leqslant 1, 0 \leqslant y \leqslant 1\}$,则

$$\iint\limits_D f(x,y)\mathrm{d}\sigma = \int_0^1 \mathrm{d}y \int_y^1 f(x,y)\mathrm{d}x.$$

例 2　把二重积分 $\iint\limits_D f(x,y)\mathrm{d}x\mathrm{d}y$ 化成二次积分,其中 D 为由圆 $x^2 + y^2 = 1$,直线 $y = x$ 和 x 轴所围成的在第一象限的部分.

解　D 如图 7 − 5 − 11 所示,上半圆的方程为 $y = \sqrt{1 - x^2}$,它与直线 $y = x$ 的交点为 $\left(\dfrac{\sqrt{2}}{2}, \dfrac{\sqrt{2}}{2}\right)$,$D$ 的下边界曲线为 $y = 0(0 \leqslant x \leqslant 1)$,但是上边界曲线由两条不同的曲线共同组成,它的方程是一个分段函数,即

$$y = \begin{cases} x, & 0 \leqslant x \leqslant \dfrac{\sqrt{2}}{2}, \\ \sqrt{1 - x^2}, & \dfrac{\sqrt{2}}{2} < x \leqslant 1. \end{cases}$$

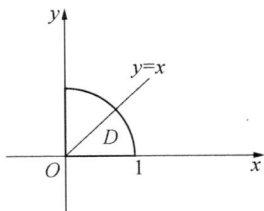

图 7 − 5 − 11

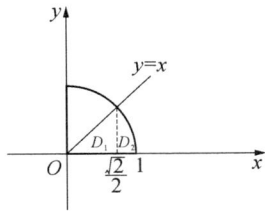

图 7 − 5 − 12

因此,用直线 $x = \dfrac{\sqrt{2}}{2}$ 将 D 分成两个小区域 D_1 和 D_2(如图 7 − 5 − 12),即

$$D = \left\{(x,y) \mid 0 \leqslant y \leqslant x, 0 \leqslant x \leqslant \frac{\sqrt{2}}{2}\right\} \bigcup \left\{(x,y) \mid 0 \leqslant y \leqslant \sqrt{1 - x^2}, \frac{\sqrt{2}}{2} \leqslant x \leqslant 1\right\}.$$

因此,由公式(7 − 1)可得

$$\iint\limits_D f(x,y)\mathrm{d}x\mathrm{d}y = \int_0^{\frac{\sqrt{2}}{2}} \mathrm{d}x \int_0^x f(x,y)\mathrm{d}y + \int_{\frac{\sqrt{2}}{2}}^1 \mathrm{d}x \int_0^{\sqrt{1 - x^2}} f(x,y)\mathrm{d}y.$$

如果把区域 D 表示成 $D = \left\{(x,y) \mid y \leqslant x \leqslant \sqrt{1 - y^2}, 0 \leqslant y \leqslant \dfrac{\sqrt{2}}{2}\right\}$,则由公式(7 − 2)可得

$$\iint\limits_{D} f(x,y)\mathrm{d}x\mathrm{d}y = \int_{0}^{\frac{\sqrt{2}}{2}}\mathrm{d}y\int_{y}^{\sqrt{1-y^2}} f(x,y)\mathrm{d}x.$$

例 3　计算 $\iint\limits_{D} x^2 y\mathrm{d}x\mathrm{d}y$，其中 $D = \{(x,y) \mid 0 \leqslant x \leqslant 1, 0 \leqslant y \leqslant 2\}$.

解　$\iint\limits_{D} x^2 y\mathrm{d}x\mathrm{d}y = \int_{0}^{2}\mathrm{d}y\int_{0}^{1} x^2 y\mathrm{d}x = \int_{0}^{2} y\mathrm{d}y \cdot \int_{0}^{1} x^2\mathrm{d}x = \dfrac{2}{3}.$

例 4　计算 $\iint\limits_{D} xy\mathrm{d}x\mathrm{d}y$，其中 D 是由 $y = x^2$ 与 $y = x$ 围成的区域.

解　先画出区域 D 的图形（如图 $7-5-13$），解方程组 $\begin{cases} y = x^2, \\ y = x, \end{cases}$
得两曲线的交点为 $(0,0)$，$(1,1)$，若采用先对 y 积分，则由公式 $(7-1)$ 可得

图 $7-5-13$

$$\iint\limits_{D} xy\mathrm{d}x\mathrm{d}y = \int_{0}^{1}\mathrm{d}x\int_{x^2}^{x} xy\mathrm{d}y = \int_{0}^{1} x\mathrm{d}x\int_{x^2}^{x} y\mathrm{d}y = \frac{1}{2}\int_{0}^{1} x \cdot y^2 \Big|_{x^2}^{x}\mathrm{d}x$$

$$= \frac{1}{2}\int_{0}^{1}(x^3 - x^5)\mathrm{d}x = \frac{1}{2}\left(\frac{1}{4}x^4 - \frac{1}{6}x^6\right)\Big|_{0}^{1} = \frac{1}{24}.$$

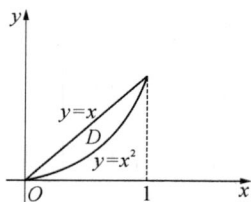

也可先对 x 积分

$$\iint\limits_{D} xy\mathrm{d}x\mathrm{d}y = \int_{0}^{1}\mathrm{d}y\int_{y}^{\sqrt{y}} xy\mathrm{d}x = \frac{1}{2}\int_{0}^{1} y \cdot x^2 \Big|_{y}^{\sqrt{y}}\mathrm{d}y$$

$$= \frac{1}{2}\int_{0}^{1} y(y - y^2)\mathrm{d}y = \frac{1}{2}\left(\frac{1}{3}y^3 - \frac{1}{4}y^4\right)\Big|_{0}^{1} = \frac{1}{24}.$$

以上两种计算方法难易程度没有差别，但有时却会大不一样. 如下例.

例 5　求二重积分 $\iint\limits_{D} x\mathrm{e}^{xy}\mathrm{d}x\mathrm{d}y$，$D = \{(x,y) \mid 0 \leqslant x \leqslant 1, 1 \leqslant y \leqslant 2\}$.

解　先对 y 积分

$$\iint\limits_{D} x\mathrm{e}^{xy}\mathrm{d}x\mathrm{d}y = \int_{0}^{1}\mathrm{d}x\int_{1}^{2} x\mathrm{e}^{xy}\mathrm{d}y = \int_{0}^{1}\mathrm{e}^{xy}\Big|_{1}^{2}\mathrm{d}x = \int_{0}^{1}(\mathrm{e}^{2x} - \mathrm{e}^{x})\mathrm{d}x$$

$$= \left(\frac{1}{2}\mathrm{e}^{2x} - \mathrm{e}^{x}\right)\Big|_{0}^{1} = \frac{1}{2}\mathrm{e}^2 - \mathrm{e} + \frac{1}{2}.$$

先对 x 积分

$$\iint\limits_{D} x\mathrm{e}^{xy}\mathrm{d}x\mathrm{d}y = \int_{1}^{2}\mathrm{d}y\int_{0}^{1} x\mathrm{e}^{xy}\mathrm{d}x.$$

为了计算 $\int_{0}^{1} x\mathrm{e}^{xy}\mathrm{d}x$，需用分部积分法，计算要比上面方法麻烦，读者自己算一下.

例 6　计算 $\iint\limits_{D} xy\mathrm{d}\sigma$，其中 D 由直线 $y = x - 4$ 及抛物线 $y^2 = 2x$ 围成，如图 $7-5-14$.

解 先对 x 积分,则

$$\iint_D xy\,\mathrm{d}\sigma = \int_{-2}^4 \mathrm{d}y \int_{\frac{y^2}{2}}^{y+4} xy\,\mathrm{d}x = \int_{-2}^4 \frac{1}{2}y\left[(y+4)^2 - \frac{1}{4}y^4\right]\mathrm{d}y = 90,$$

先对 y 积分,则需分块

$$\iint_D xy\,\mathrm{d}\sigma = \int_0^2 \mathrm{d}x \int_{-\sqrt{2x}}^{\sqrt{2x}} xy\,\mathrm{d}y + \int_2^8 \mathrm{d}x \int_{x-4}^{\sqrt{2x}} xy\,\mathrm{d}y,$$

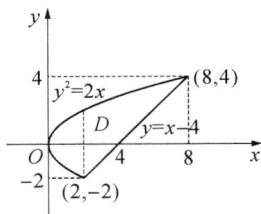

图 7 − 5 − 14

后面这种做法明显要比前者麻烦,读者自己算一下.

例 7 计算 $\displaystyle\iint_D \mathrm{e}^{-y^2}\,\mathrm{d}\sigma$,其中 D 是顶点为 $(0,0),(1,1),(0,1)$ 的三角形.

解 D 的区域如图 7 − 5 − 15,先对 x 积分,则

$$\iint_D \mathrm{e}^{-y^2}\,\mathrm{d}\sigma = \int_0^1 \mathrm{d}y \int_0^y \mathrm{e}^{-y^2}\,\mathrm{d}x = \int_0^1 y\mathrm{e}^{-y^2}\,\mathrm{d}y = \frac{1}{2}\left(1 - \frac{1}{\mathrm{e}}\right).$$

先对 y 积分,则

$$\iint_D \mathrm{e}^{-y^2}\,\mathrm{d}\sigma = \int_0^1 \mathrm{d}x \int_x^1 \mathrm{e}^{-y^2}\,\mathrm{d}y.$$

这时我们遇到求 e^{-y^2} 的原函数,从不定积分中已知,e^{-y^2} 的原函数不能用初等函数表示,即 $\int \mathrm{e}^{-y^2}\,\mathrm{d}y$ 不是初等函数,故这个次序无法计算.

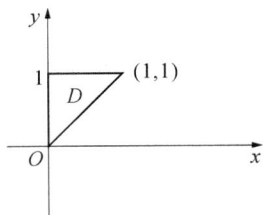

图 7 − 5 − 15

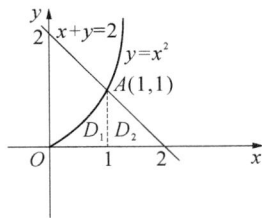

图 7 − 5 − 16

例 8 交换二次积分 $\displaystyle\int_0^1 \mathrm{d}x \int_0^{x^2} f(x,y)\,\mathrm{d}y + \int_1^2 \mathrm{d}x \int_0^{2-x} f(x,y)\,\mathrm{d}y$ 的积分次序.

解 交换二次积分的积分次序,关键是要从二次积分找出它所表示的二重积分的积分区域 D,设第一、第二个积分的积分区域依次为 D_1 和 D_2,则

$$D_1 = \{(x,y) \mid 0 \leqslant y \leqslant x^2, 0 \leqslant x \leqslant 1\},$$
$$D_2 = \{(x,y) \mid 0 \leqslant y \leqslant 2-x, 1 \leqslant x \leqslant 2\},$$

而 $D = D_1 \bigcup D_2$,直线 $x = 1$ 将 D 分成左右两部分 D_1, D_2(如图 7 − 5 − 16),因此 D 可表示成 $D = \{(x,y) \mid \sqrt{y} \leqslant x \leqslant 2-y, 0 \leqslant y \leqslant 1\}$,从而先对 x 积分再对 y 积分的二次积分为

$$原式 = \iint\limits_{D_1} f(x,y)\mathrm{d}\sigma + \iint\limits_{D_2} f(x,y)\mathrm{d}\sigma = \iint\limits_{D} f(x,y)\mathrm{d}\sigma = \int_0^1 \mathrm{d}y \int_{\sqrt{y}}^{2-y} f(x,y)\mathrm{d}x.$$

通过上面的例子,二重积分的计算步骤为:

(1)画出积分区域 D 的图形;

(2)选择适当的积分次序(选择积分次序的两条原则:一要积分容易,二要积分区域尽量少分块或者不分块);

(3)用不等式组表示积分区域 D;

(4)确定二次积分的上、下限并计算出结果.

7.5.3 极坐标系下二重积分的计算

首先,我们简单地复习一下极坐标与直角坐标系的关系.

如果把直角坐标系的原点取为极点,把 x 轴的正半轴取为极轴,那么直角坐标与极坐标之间(图 $7-5-17$)的关系为

$$\begin{cases} x = r\cos\theta, \\ y = r\sin\theta, \end{cases} \quad 或 \quad \begin{cases} r = \sqrt{x^2 + y^2}, \\ \theta = \arctan \dfrac{y}{x}, \end{cases}$$

其中 $r(r \geqslant 0)$ 称为极径, $\theta(0 \leqslant \theta \leqslant 2\pi)$ 称为极角,逆时针旋转为正.

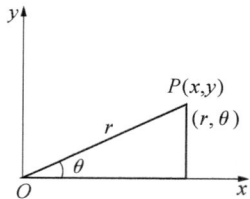 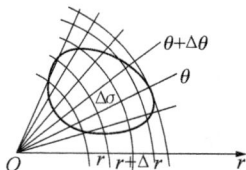

图 $7-5-17$ 图 $7-5-18$

根据二重积分的定义 $\iint\limits_{D} f(x,y)\mathrm{d}\sigma = \lim\limits_{d\to 0} \sum\limits_{i=1}^{n} f(\xi_i,\eta_i)\Delta\sigma_i$ 可知,若 $f(x,y)$ 在有界闭区域 D 上可积,则上述极限值与积分区域 D 的分法无关,因此我们可以用以极点为中心的一族同心圆,以及从极点出发的一族射线把区域 D 分成 n 个小闭区域(如图 $7-5-18$),小区域 $\Delta\sigma$ 的面积为

$$\Delta\sigma = \frac{1}{2}(r + \Delta r)^2 \cdot \Delta\theta - \frac{1}{2}r^2 \cdot \Delta\theta = \frac{1}{2}(2r + \Delta r)\Delta r \Delta\theta = \bar{r}\Delta r \Delta\theta.$$

其中 $\bar{r} = \dfrac{r + (r + \Delta r)}{2}$ 表示相邻两个圆弧半径的平均值,当 $\Delta r \to 0$ 时, $\bar{r} \to r$,因此,在极坐标系中面积元素可写成 $\mathrm{d}\sigma = r\mathrm{d}r\mathrm{d}\theta$,考虑到 $x = r\cos\theta, y = r\sin\theta$,因此我们得到二重积分在极坐标系下的表示式

$$\iint\limits_{D} f(x,y)\mathrm{d}\sigma = \iint\limits_{D} f(r\cos\theta, r\sin\theta)r\mathrm{d}r\mathrm{d}\theta.$$

极坐标系中二重积分的计算与直角坐标系中二重积分的计算一样,也要将它化为累次积分来计算. 通常是选择先对 r 积分,后对 θ 积分的次序,我们分以下三种情况讨论.

(1) 极点 O 在积分区域 D 内,D 的边界是连续封闭曲线 $r = r(\theta)$(如图 $7-5-19$),则

$$D = \{(r,\theta) \mid 0 \leqslant r \leqslant r(\theta), 0 \leqslant \theta \leqslant 2\pi\},$$

从而极坐标系下的二重积分化为累次积分的公式为

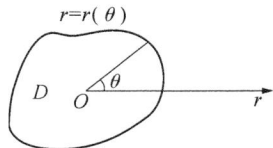

图 $7-5-19$

$$\iint\limits_{D} f(r\cos\theta, r\sin\theta)r\mathrm{d}r\mathrm{d}\theta = \int_0^{2\pi}\mathrm{d}\theta\int_0^{r(\theta)} f(r\cos\theta, r\sin\theta)r\mathrm{d}r.$$

(2) 极点 O 在积分区域 D 外,且区域 D 由两条射线 $\theta = \alpha$,$\theta = \beta$ 以及两条连续曲线 $r = r_1(\theta)$,$r = r_2(\theta)$ 围成(如图 $7-5-20$),则

$$D = \{(r,\theta) \mid 0 \leqslant r_1(\theta) \leqslant r \leqslant r_2(\theta), \alpha \leqslant \theta \leqslant \beta\},$$

从而

$$\iint\limits_{D} f(r\cos\theta, r\sin\theta)r\mathrm{d}r\mathrm{d}\theta = \int_\alpha^\beta\mathrm{d}\theta\int_{r_1(\theta)}^{r_2(\theta)} f(r\cos\theta, r\sin\theta)r\mathrm{d}r.$$

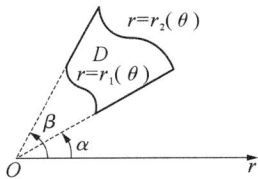

图 $7-5-20$

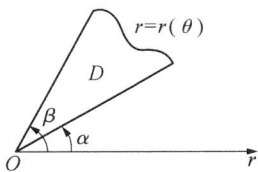

图 $7-5-21$

(3) 极点 O 在积分区域 D 的边界曲线上(如图 $7-5-21$),其中 $r = r(\theta)$ 在区间 $[\alpha,\beta]$ 上连续,则 $D = \{(r,\theta) \mid 0 \leqslant r \leqslant r(\theta), \alpha \leqslant \theta \leqslant \beta\}$,因此

$$\iint\limits_{D} f(r\cos\theta, r\sin\theta)r\mathrm{d}r\mathrm{d}\theta = \int_\alpha^\beta\mathrm{d}\theta\int_0^{r(\theta)} f(r\cos\theta, r\sin\theta)r\mathrm{d}r.$$

综上所述,极坐标系下二重积分的计算步骤如下:

(1) 把被积函数 $f(x,y)$ 中的 x,y 分别用 $x = r\cos\theta$,$y = r\sin\theta$ 代替;

(2) 把面积元素 $\mathrm{d}\sigma = \mathrm{d}x\mathrm{d}y$ 用 $r\mathrm{d}r\mathrm{d}\theta$ 代替;

(3) 把极坐标系下的二重积分化为二次积分.

在计算二重积分时,若积分区域 D 的边界曲线在极坐标系下表示比较简单,或者被积函数的函数表达式用极坐标变量 r,θ 来表示比较简便,这时我们就可以用极坐标来计算,下面举一些例子.

例 9　计算 $\displaystyle\iint\limits_{D} \sqrt{x^2 + y^2}\mathrm{d}x\mathrm{d}y$,其中平面区域 D 是圆 $x^2 + y^2 = 2y$ 围成的区域(如图

$7-5-22$).

解　把 $x=r\cos\theta, y=r\sin\theta$ 代入圆 $x^2+y^2=2y$ 方程，
得

$$(r\cos\theta)^2+(r\sin\theta)^2=2r\sin\theta,$$

即 $r=2\sin\theta$，因此，区域 D 可表示为 $\{(r,\theta)\mid 0\leqslant r\leqslant 2\sin\theta, 0\leqslant\theta\leqslant\pi\}$，所以

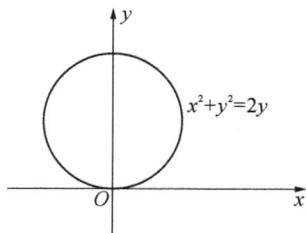

图 $7-5-22$

$$\iint\limits_{D}\sqrt{x^2+y^2}\,\mathrm{d}x\mathrm{d}y=\iint\limits_{D}\sqrt{(r\cos\theta)^2+(r\sin\theta)^2}\,r\mathrm{d}r\mathrm{d}\theta$$

$$=\int_0^\pi\mathrm{d}\theta\int_0^{2\sin\theta}r^2\mathrm{d}r=\int_0^\pi\frac{r^3}{3}\Big|_0^{2\sin\theta}\mathrm{d}\theta=\frac{8}{3}\int_0^\pi\sin^3\theta\mathrm{d}\theta$$

$$=\frac{8}{3}\int_0^\pi(\cos^2\theta-1)\mathrm{d}\cos\theta=\frac{8}{3}\left(\frac{1}{3}\cos^3\theta-\cos\theta\right)\Big|_0^\pi=\frac{8}{3}\times\frac{4}{3}=\frac{32}{9}.$$

例 10　计算二重积分 $I=\iint\limits_{D}\arctan\dfrac{y}{x}\mathrm{d}\sigma$，其中 D 为圆 $x^2+y^2=1, x^2+y^2=9$，直线 $y=0, y=x$ 所围成的第一象限区域（如图 $7-5-23$）。

解　利用极坐标，区域 D 可表示为 $0\leqslant\theta\leqslant\dfrac{\pi}{4}, 1\leqslant r\leqslant 3$，被积函数 $\arctan\dfrac{y}{x}=\theta$，因而

$$I=\iint\limits_{D}\arctan\frac{y}{x}\mathrm{d}\sigma=\iint\limits_{D}\theta r\mathrm{d}r\mathrm{d}\theta=\int_0^{\frac{\pi}{4}}\mathrm{d}\theta\int_1^3\theta\cdot r\mathrm{d}r=\int_0^{\frac{\pi}{4}}\theta\mathrm{d}\theta\cdot\int_1^3 r\mathrm{d}r$$

$$=\frac{1}{2}\theta^2\Big|_0^{\frac{\pi}{4}}\cdot\frac{1}{2}r^2\Big|_1^3=\frac{\pi^2}{8}.$$

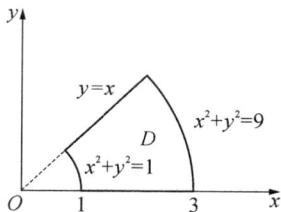

图 $7-5-23$

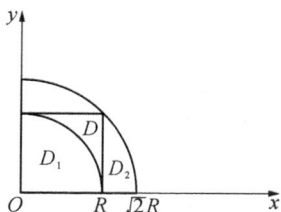

图 $7-5-24$

例 11　（1）计算二重积分 $I=\iint\limits_{x^2+y^2\leqslant R^2}\mathrm{e}^{-(x^2+y^2)}\mathrm{d}\sigma$；

（2）利用（1）的结果计算广义积分 $\int_0^{+\infty}\mathrm{e}^{-x^2}\mathrm{d}x$ 的值。

解　（1）令 $x=r\cos\theta, y=r\sin\theta$，则积分区域 $D=\{(r,\theta)\mid 0\leqslant r\leqslant R, 0\leqslant\theta\leqslant 2\pi\}$，于是

$$I = \iint\limits_{D} \mathrm{e}^{-r^2} r \mathrm{d}r \mathrm{d}\theta = \int_0^{2\pi} \mathrm{d}\theta \int_0^R \mathrm{e}^{-r^2} r \mathrm{d}r = 2\pi \cdot \left(-\frac{1}{2}\right)\mathrm{e}^{-r^2}\bigg|_0^R = \pi(1 - \mathrm{e}^{-R^2}).$$

（2）如图 $7-5-24$ 所示,构造三个积分区域: $D_1 = \{(x,y) \mid x^2 + y^2 \leqslant R^2, x \geqslant 0,$ $y \geqslant 0\}$, $D_2 = \{(x,y) \mid x^2 + y^2 \leqslant 2R^2, x \geqslant 0, y \geqslant 0\}$, $D = \{(x,y) \mid 0 \leqslant x \leqslant R, 0 \leqslant y$ $\leqslant R\}$,则 $D_1 \subset D \subset D_2$,又因为 $\mathrm{e}^{-(x^2+y^2)} > 0$,因此有

$$\iint\limits_{D_1} \mathrm{e}^{-(x^2+y^2)} \mathrm{d}x\mathrm{d}y \leqslant \iint\limits_{D} \mathrm{e}^{-(x^2+y^2)} \mathrm{d}x\mathrm{d}y \leqslant \iint\limits_{D_2} \mathrm{e}^{-(x^2+y^2)} \mathrm{d}x\mathrm{d}y,$$

而 $\iint\limits_{D} \mathrm{e}^{-(x^2+y^2)} \mathrm{d}x\mathrm{d}y = \int_0^R \mathrm{d}x \int_0^R \mathrm{e}^{-(x^2+y^2)} \mathrm{d}y = \int_0^R \mathrm{e}^{-x^2} \mathrm{d}x \cdot \int_0^R \mathrm{e}^{-y^2} \mathrm{d}y = \left(\int_0^R \mathrm{e}^{-x^2} \mathrm{d}x\right)^2$,利用（1）中的结论可得

$$\frac{\pi}{4}(1 - \mathrm{e}^{-R^2}) \leqslant \left(\int_0^R \mathrm{e}^{-x^2} \mathrm{d}x\right)^2 \leqslant \frac{\pi}{4}(1 - \mathrm{e}^{-2R^2}).$$

令 $R \to +\infty$,由上式得出 $\left(\int_0^{+\infty} \mathrm{e}^{-x^2} \mathrm{d}x\right)^2 = \frac{\pi}{4}$,即 $\int_0^{+\infty} \mathrm{e}^{-x^2} \mathrm{d}x = \frac{\sqrt{\pi}}{2}$.

例 12 将 $\int_0^2 \mathrm{d}x \int_x^{\sqrt{3}x} f(\sqrt{x^2 + y^2}) \mathrm{d}y$ 化为极坐标形式下的二次积分.

解 如图 $7-5-25$,积分区域 D 为

$$D = \{(x,y) \mid x \leqslant y \leqslant \sqrt{3}x, 0 \leqslant x \leqslant 2\},$$

直线 $x = 2$ 的极坐标形式为 $r\cos\theta = 2$,即 $r = 2\sec\theta$. 直线 $y = x$, $y = \sqrt{3}x$ 的极坐标形式分别为 $\theta = \dfrac{\pi}{4}, \theta = \dfrac{\pi}{3}$,因此

$$\int_0^2 \mathrm{d}x \int_x^{\sqrt{3}x} f(\sqrt{x^2 + y^2}) \mathrm{d}y = \iint\limits_{D} f(\sqrt{x^2 + y^2}) \mathrm{d}x\mathrm{d}y$$

$$= \iint\limits_{D} f(r) r \mathrm{d}r \mathrm{d}\theta$$

$$= \int_{\frac{\pi}{4}}^{\frac{\pi}{3}} \mathrm{d}\theta \int_0^{2\sec\theta} f(r) r \mathrm{d}r.$$

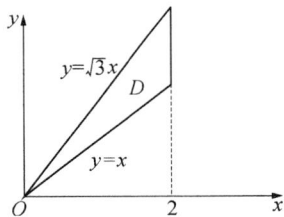

图 $7-5-25$

习题 7.5

1. 利用二重积分的几何意义,求 $\iint\limits_{D}(1 - x - y)\mathrm{d}\sigma$,其中 $D: x \geqslant 0, y \geqslant 0, x + y \leqslant 1$.

2. 将下列二重积分分别化为两种次序的累次积分:

（1）$\iint\limits_{D} f(x,y)\mathrm{d}\sigma$, D 是由 $x^2 + y^2 = 1$ 围成的区域.

(2) $\iint\limits_{D} f(x,y)\mathrm{d}\sigma$，$D$ 是由 $2x+y=4$，x 轴与 y 轴围成的区域.

(3) $\iint\limits_{D} f(x,y)\mathrm{d}\sigma$，$D$ 是由 $y=x^2$，$y=2x$ 围成的区域.

(4) $\iint\limits_{D} f(x,y)\mathrm{d}\sigma$，$D$ 是由 $y=\ln x$，$y=0$，$x=\mathrm{e}$ 围成的区域.

3. 交换积分次序:

(1) $\displaystyle\int_0^1 \mathrm{d}y \int_0^{2y} f(x,y)\mathrm{d}x$ 　　　(2) $\displaystyle\int_{-a}^0 \mathrm{d}x \int_{-x}^a f(x,y)\mathrm{d}y + \int_0^{\sqrt{a}} \mathrm{d}x \int_{x^2}^a f(x,y)\mathrm{d}y$

(3) $\displaystyle\int_{-1}^1 \mathrm{d}x \int_{-\sqrt{1-x^2}}^{1-x^2} f(x,y)\mathrm{d}y$ 　　　(4) $\displaystyle\int_0^1 \mathrm{d}x \int_0^{x^2} f(x,y)\mathrm{d}y + \int_1^3 \mathrm{d}x \int_0^{\frac{3-x}{2}} f(x,y)\mathrm{d}y$

(5) $\displaystyle\int_{-1}^0 \mathrm{d}x \int_{-x}^{2-x^2} f(x,y)\mathrm{d}y + \int_0^1 \mathrm{d}x \int_x^{2-x^2} f(x,y)\mathrm{d}y$

4. 计算下列二重积分:

(1) $\iint\limits_{D} \dfrac{x^2}{1+y^2}\mathrm{d}\sigma$，其中 $D=\{(x,y)\mid 0\leqslant x\leqslant 1,0\leqslant y\leqslant 1\}$.

(2) $\iint\limits_{D} \dfrac{x}{1+y}\mathrm{d}\sigma$，其中 D 是由 $y=x$，$x=2$ 及 $y=\dfrac{1}{x}$ 围成的区域.

(3) $\iint\limits_{D} \cos(x+y)\mathrm{d}\sigma$，其中 D 是由 $x=0$，$y=\pi$，$y=x$ 围成的区域.

(4) $\iint\limits_{D} \dfrac{y}{x}\mathrm{d}\sigma$，其中 D 是由直线 $y=x$，$y=2x$ 及 $x=1$，$x=2$ 围成的区域.

(5) $\iint\limits_{D} \dfrac{\sin xy}{x}\mathrm{d}\sigma$，其中 D 是由 $x=y^2$，$x=1+\sqrt{1-y^2}$ 围成的区域.

(6) $\iint\limits_{D} \dfrac{xy}{\sqrt{1+y}}\mathrm{d}\sigma$，其中 D 是由 $y=x^2$，$y=1$，$x=0$ 所围的第一象限部分.

(7) $\iint\limits_{D} \mathrm{e}^{x^2}\mathrm{d}\sigma$，其中 D 是第一象限中由 $y=x$ 与 $y=x^3$ 围成的区域.

5. 计算下列累次积分:

(1) $\displaystyle\int_1^4 \mathrm{d}y \int_{\sqrt{y}}^2 \dfrac{\ln x}{x^2-1}\mathrm{d}x$ 　　　(2) $\displaystyle\int_1^5 \mathrm{d}y \int_y^5 \dfrac{1}{y\ln x}\mathrm{d}x$

(3) $\displaystyle\int_1^3 \mathrm{d}x \int_{x-1}^2 \sin y^2 \mathrm{d}y$ 　　　(4) $\displaystyle\int_0^1 \mathrm{d}x \int_{x^2}^1 \dfrac{xy}{\sqrt{1+y^3}}\mathrm{d}y$

(5) $\displaystyle\int_0^{\frac{\pi}{6}} \mathrm{d}y \int_y^{\frac{\pi}{6}} \dfrac{\cos x}{x}\mathrm{d}x$

6. 把积分 $\iint\limits_{D} f(x,y)\mathrm{d}\sigma$ 表示为极坐标形式的二次积分，其中积分区域 D 为:

(1) $x^2 + y^2 \leqslant a^2 (a > 0)$ (2) $x^2 + y^2 \leqslant 2x$

(3) $x^2 + y^2 \leqslant 2y$ (4) $a^2 \leqslant x^2 + y^2 \leqslant b^2, y \geqslant 0$,其中 $0 < a < b$

(5) $0 \leqslant y \leqslant 1 - x, 0 \leqslant x \leqslant 1$ (6) $x^2 \leqslant y \leqslant 1, -1 \leqslant x \leqslant 1$

7. 化下列二次积分为极坐标形式的二次积分:

(1) $\displaystyle\int_0^1 \mathrm{d}x \int_0^1 f(x, y)\mathrm{d}y$ (2) $\displaystyle\int_0^1 \mathrm{d}x \int_{1-x}^{\sqrt{1-x^2}} f(x, y)\mathrm{d}y$

8. 利用极坐标计算下列各题:

(1) $\displaystyle\iint\limits_D \ln(1 + x^2 + y^2)\mathrm{d}\sigma$,其中 D 是由圆周 $x^2 + y^2 = 1$ 及坐标轴所围成的在第一象限的闭区域.

(2) $\displaystyle\iint\limits_D \sin\sqrt{x^2 + y^2}\,\mathrm{d}\sigma$,其中 $D: \pi^2 \leqslant x^2 + y^2 \leqslant 4\pi^2$.

(3) $\displaystyle\iint\limits_D \sqrt{\frac{1 - x^2 - y^2}{1 + x^2 + y^2}}\,\mathrm{d}\sigma$,其中 D 由 $x^2 + y^2 \leqslant 1$ 与 $x \geqslant 0$ 以及 $y \geqslant 0$ 所围成.

(4) $\displaystyle\iint\limits_D \frac{y}{\sqrt{x^2 + y^2}}\mathrm{d}\sigma, D: x^2 + y^2 = Ry (R > 0)$ 所围成的区域.

(5) $\displaystyle\iint\limits_D \sqrt{x}\,\mathrm{d}\sigma, D: x^2 + y^2 \leqslant x$.

9. 把下列积分化为极坐标形式,并计算积分值:

(1) $\displaystyle\int_0^{2a} \mathrm{d}x \int_0^{\sqrt{2ax-x^2}} (x^2 + y^2)\mathrm{d}y$ $(a > 0)$

(2) $\displaystyle\int_0^1 \mathrm{d}x \int_{x^2}^x (x^2 + y^2)^{-\frac{1}{2}}\mathrm{d}y$

(3) $\displaystyle\int_0^a \mathrm{d}y \int_0^{\sqrt{a^2-y^2}} (x^2 + y^2)\mathrm{d}x$ $(a > 0)$

复 习 题 七

一、单项选择题

1. 球面方程 $x^2 + y^2 + z^2 - 2x - 2z = 0$ 的球心 M_0 及半径 R 分别为( ).

A. $M_0(1, 0, 1), R = \sqrt{2}$ B. $M_0(-1, 0, -1), R = \sqrt{2}$

C. $M_0(-1, 0, -1), R = 2$ D. $M_0(1, 0, 1), R = 2$

2. 在球面 $(x-1)^2 + (y-2)^2 + z^2 = 1$ 上的点为( ).

A. $(1, 2, 1)$ B. $(4, 2, 5)$ C. $(1, 2, 0)$ D. $(0, 5, 3)$

3. 二元函数 $z = \dfrac{1}{\sqrt{x^2 + y^2 - 1}}$ 的定义域为(　　).

A. $\{(x, y) \mid x^2 + y^2 < 1\}$　　　　　　　B. $\{(x, y) \mid x^2 + y^2 > 1\}$

C. $\{(x, y) \mid 0 < x^2 + y^2 < 1\}$　　　　D. $\{(x, y) \mid x^2 + y^2 \geqslant 1\}$

4. 二元函数 $z = \dfrac{1}{\sqrt{1 - x^2}} - \dfrac{1}{\sqrt{y^2 - 1}}$ 的定义域是(　　).

A. $\{(x, y) \mid \mid x \mid < 1, \mid y \mid \geqslant 1\}$　　　B. $\{(x, y) \mid \mid x \mid < 1, \mid y \mid > 1\}$

C. $\{(x, y) \mid \mid x \mid < 1, \mid y \mid \leqslant 1\}$　　　D. $\{(x, y) \mid \mid x \mid \leqslant 1, \mid y \mid \geqslant 1\}$

5. 设 $z = f(x, y) = \dfrac{xy}{x^2 + y^2}$,则下列各结论中不正确的是(　　).

A. $f\left(1, \dfrac{y}{x}\right) = \dfrac{xy}{x^2 + y^2}$　　　　　　B. $f\left(1, \dfrac{x}{y}\right) = \dfrac{xy}{x^2 + y^2}$

C. $f\left(\dfrac{1}{x}, \dfrac{1}{y}\right) = \dfrac{xy}{x^2 + y^2}$　　　　　D. $f(x + y, x - y) = \dfrac{xy}{x^2 + y^2}$

6. 当 $(x, y) \to (0, 0)$ 时,函数 $z = \dfrac{\tan(xy^2)}{y^2}$ 的极限是(　　).

A. 1　　　　　　　B. 0　　　　　　　C. ∞　　　　　　D. 不存在

7. $f(x, y) = \begin{cases} \dfrac{xy}{x^2 + y^2}, & x^2 + y^2 \neq 0, \\ 0, & x^2 + y^2 = 0, \end{cases}$ 在点 $(0, 0)$ 处间断是因为(　　).

A. $f(x, y)$ 在点 $(0, 0)$ 处无定义　　　　B. $\lim\limits_{\substack{x \to 0 \\ y \to 0}} f(x, y)$ 不存在

C. $\lim\limits_{\substack{x \to 0 \\ y \to 0}} f(x, y)$ 存在但不等于 $f(0, 0)$　　D. 点 $(0, 0)$ 处 $f(x, y)$ 的偏导数不存在

8. 二元函数 $f(x, y)$ 的两个偏导数存在,且 $\dfrac{\partial z}{\partial x} > 0, \dfrac{\partial z}{\partial y} < 0$,则(　　).

A. 当 y 保持不变时,$f(x, y)$ 是随 x 的减少而单调增加的

B. 当 x 保持不变时,$f(x, y)$ 是随 y 的增加而单调增加的

C. 当 y 保持不变时,$f(x, y)$ 是随 x 的增加而单调减少的

D. 当 x 保持不变时,$f(x, y)$ 是随 y 的增加而单调减少的

9. 设 $z = e^x \sin y$,则 $\mathrm{d}z = ($　　$)$.

A. $e^x(\sin y \mathrm{d}x + \cos y \mathrm{d}y)$　　　　　B. $e^x \cos y \mathrm{d}x \mathrm{d}y$

C. $e^x \sin y \mathrm{d}x$　　　　　　　　　　D. $e^x \cos y \mathrm{d}y$

10. 设 $z = f(ax + by)$,f 可微,则(　　).

A. $a \dfrac{\partial z}{\partial x} = b \dfrac{\partial z}{\partial y}$　　　　　　　　　B. $\dfrac{\partial z}{\partial x} = \dfrac{\partial z}{\partial y}$

C. $b \dfrac{\partial z}{\partial x} = a \dfrac{\partial z}{\partial y}$ 　　　　　　　　D. $\dfrac{\partial z}{\partial x} = -\dfrac{\partial z}{\partial y}$

11. $f'_x(x_0, y_0), f'_y(x_0, y_0)$ 存在,则 $f(x, y)$ 在点 (x_0, y_0) 处(　　　).

A. 一定不可微　　　　B. 一定可微　　　　C. 有定义　　　　D. 无定义

12. 设 $z = z(x, y)$ 是由方程 $x = \ln \dfrac{z}{y}$ 确定的隐函数,则 $\dfrac{\partial z}{\partial x} = ($　　　$)$.

A. 1　　　　　　　　B. e^x　　　　　　　C. ye^x　　　　　D. y

13. 设方程 $F(x - z, y - z) = 0$ 确定了函数 $z = z(x, y)$,$F(u, v)$ 具有连续的偏导数,

且 $F'_u + F'_v \neq 0$,则 $\dfrac{\partial z}{\partial x} + \dfrac{\partial z}{\partial y} = ($　　　$)$.

A. 0　　　　　　　　B. 1　　　　　　　　C. -1　　　　　D. z

14. 设 $z = \dfrac{1}{2}\ln(1 + x^2 + y^2)$,则 $\mathrm{d}z \mid_{(1,1)} = ($　　　$)$.

A. $\dfrac{1}{3}(\mathrm{d}x + \mathrm{d}y)$ 　　　　　　　B. $\mathrm{d}x + \mathrm{d}y$

C. $\sqrt{3}(\mathrm{d}x + \mathrm{d}y)$ 　　　　　　　D. $\dfrac{1}{2}(\mathrm{d}x + \mathrm{d}y)$

15. 函数 $f(x, y)$ 在点 (x_0, y_0) 处偏导数 $f'_x(x_0, y_0), f'_y(x_0, y_0)$ 存在是函数 $f(x, y)$ 在点 (x_0, y_0) 处可微的(　　　).

A. 充分且必要条件　　　　　　　B. 必要但非充分条件

C. 充分但非必要条件　　　　　　D. 既不充分又不必要的条件

16. 若 $I = \iint\limits_{D} xy \,\mathrm{d}\sigma$,其中 $D = \{(x, y) \mid -1 \leqslant x \leqslant 1, -1 \leqslant y \leqslant 1\}$,则 $I = ($　　　$)$.

A. 0　　　　　　　B. $\dfrac{1}{2}$　　　　　　C. $\dfrac{1}{4}$　　　　　D. 1

17. 若二重积分 $\iint\limits_{D} f(x, y)\mathrm{d}\sigma$ 可表示成 $\displaystyle\int_{-1}^{1} \mathrm{d}x \int_{-\sqrt{1-x^2}}^{\sqrt{1-x^2}} f(x, y)\mathrm{d}y$,则 D 可以表示成(　　　).

A. $\{(x, y) \mid -1 \leqslant x \leqslant 1, -1 \leqslant y \leqslant 1\}$　　B. $\{(x, y) \mid x^2 + y^2 \leqslant 1\}$

C. $\{(x, y) \mid x^2 + y^2 = 1\}$　　　　　　D. $\{(x, y) \mid x^2 + y^2 \geqslant 1\}$

18. 交换积分 $\displaystyle\int_0^1 \mathrm{d}y \int_{-\sqrt{y}}^{\sqrt{y}} f(x, y)\mathrm{d}x$ 的次序可得(　　　).

A. $\displaystyle\int_{-1}^{1} \mathrm{d}x \int_0^1 f(x, y)\mathrm{d}y$　　　　　　B. $\displaystyle\int_{-1}^{1} \mathrm{d}x \int_{x^2}^{x} f(x, y)\mathrm{d}y$

C. $\displaystyle\int_{-1}^{1} \mathrm{d}x \int_0^{x^2} f(x, y)\mathrm{d}y$　　　　　D. $\displaystyle\int_{-1}^{1} \mathrm{d}x \int_{x^2}^{1} f(x, y)\mathrm{d}y$

19. 设 $D = \{(x,y) \mid x^2 + y^2 \leqslant a^2\}$，若 $\iint\limits_{D} \sqrt{a^2 - x^2 - y^2}\, dxdy = \pi$，则 $a = ($　　$)$.

A. 1　　　　　　B. $\sqrt[3]{\dfrac{3}{2}}$　　　　　　C. $\sqrt[3]{\dfrac{3}{4}}$　　　　　　D. $\sqrt[3]{\dfrac{1}{2}}$.

20. 设 $f(x,y)$ 连续，且 $f(x,y) = xy + \iint\limits_{D} f(u,v)\,dudv$，其中 D 是由 $y = 0, y = x^2$,
$x = 1$ 所围区域，则 $f(x,y) = ($　　$)$.

A. xy　　　　　B. $2xy$　　　　　C. $xy + \dfrac{1}{8}$　　　　　D. $xy + 1$

二、填空题

1. 函数 $z = \dfrac{\ln(x+y)}{\sqrt{x}}$ 的定义域为_____.

2. 极限 $\lim\limits_{\substack{x \to 0 \\ y \to \pi}} \dfrac{\sin(xy)}{x} = $_____.

3. 设 $f(x,y) = \begin{cases} \dfrac{\tan(x^2 + y^2)}{x^2 + y^2}, & x^2 + y^2 \neq 0, \\ A, & x^2 + y^2 = 0, \end{cases}$ 要使 $f(x,y)$ 在点 $(0,0)$ 处连续，则
$A = $_____.

4. 设函数 $z = z(x,y)$ 由方程 $xy^2z = x + y + z$ 所确定，则 $\dfrac{\partial z}{\partial y} = $_____.

5. 函数 $z = x^2 + 4xy - y^2 + 6x - 8y + 12$ 的驻点是_____.

6. 设积分区域 D 的面积为 S，则 $\iint\limits_{D} 2d\sigma = $_____.

7. 设 $z = e^{-x} - f(x - 2y)$，且当 $y = 0$ 时 $z = x^2$，则 $\dfrac{\partial z}{\partial x} = $_____.

8. 交换积分次序 $\int_0^1 dy \int_{\sqrt{y}}^{\sqrt{2-y^2}} f(x,y)dx = $_____.

9. 若 $z = \dfrac{y}{f(x^2 - y^2)}$，$f$ 可微，则 $\dfrac{1}{x}\dfrac{\partial z}{\partial x} + \dfrac{1}{y}\dfrac{\partial z}{\partial y} = $_____.

三、计算题

1. 设 $z = \dfrac{\ln(xy)}{y}$，求 dz.

2. 设 $z = f(x,u,v)$，$u = 2x + y$，$v = xy$，f 具有一阶连续偏导数，求 $\dfrac{\partial z}{\partial x}$，$\dfrac{\partial z}{\partial y}$.

3. 设 $f(x,y) = e^{-x}(x^2 + y^2) + y\ln(\sqrt{x} + x^y)$，求 $f'_x(1,0)$.

4. 若函数 $z = z(x,y)$ 由方程 $x - \arctan(yz) = 0$ 确定，求 z'_x, z'_y.

5. 计算 $\iint\limits_{D} \sin\dfrac{\pi x}{2y}\mathrm{d}\sigma$，其中 D 由 $y=\sqrt{x},y=x$ 所围.

6. 交换二次积分次序 $\displaystyle\int_{\frac{1}{2}}^{1}\mathrm{d}y\int_{\frac{1}{y}}^{2}f(x,y)\mathrm{d}x+\int_{1}^{\sqrt{2}}\mathrm{d}y\int_{y^2}^{2}f(x,y)\mathrm{d}x$.

7. 计算 $\iint\limits_{D}\mathrm{e}^{\frac{y}{x+y}}\mathrm{d}x\mathrm{d}y$，其中 D 是由 $x=0,y=0$ 及 $x+y=1$ 所围成的平面区域.

8. 计算 $\iint\limits_{D}x\mathrm{d}\sigma$，其中 D 是以 $(0,0),(1,2),(2,1)$ 为顶点的三角形区域.

9. 计算 $\displaystyle\int_{0}^{1}\dfrac{1}{\sqrt{x}}\mathrm{d}x\int_{\sqrt{x}}^{1}\mathrm{e}^{-y^2}\mathrm{d}y$.

10. 计算 $I=\displaystyle\int_{0}^{a}f(x)\mathrm{d}x$，其中 $f(x)=\displaystyle\int_{0}^{a-x}\mathrm{e}^{y(2a-y)}\mathrm{d}y$.

四、应用题

1. 把一个正数 a 分成三个正数之和，且使它们的乘积为最大，求这三个数.

2. 某公司在 A 城花广告费 x（千元），则 A 城的销售额可达 $\dfrac{240x}{x+10}$（千元），若在 B 城花广告费 y（千元），则在 B 城的销售额可达 $\dfrac{400y}{y+13.5}$（千元），假定利润是销售额的 $\dfrac{1}{3}$，而公司的广告预算是 16.5（千元），应如何分配广告费，可使得总利润最大？

五、综合题

1. 设 $f(x,y,z)=\mathrm{e}^x yz^2$，其中 $z=z(x,y)$ 是由方程 $x+y+z-xyz=0$ 确定的隐函数，求 $f'_x(0,1,-1)$.

2. 求顶为 $z=\sqrt{4-x^2-y^2}$，底为区域 $D:x^2+y^2\leqslant 2x,x\geqslant 0,y\geqslant 0$ 的曲顶柱体的体积.

3. 设 $f(x)$ 为 $[0,+\infty)$ 上的可导函数，$f(0)=0,f'(0)=3$，
$$g(t)=\iint\limits_{x^2+y^2\leqslant t^2}f(\sqrt{x^2+y^2})\mathrm{d}\sigma,$$
求 $\lim\limits_{t\to 0+}\dfrac{g(t)}{\pi t^3}$.

4. 设闭区域 $D=\{(x,y)\mid x^2+y^2\leqslant y,x\geqslant 0\}$，$f(x,y)$ 为 D 上的连续函数，且
$$f(x,y)=\sqrt{1-x^2-y^2}-\dfrac{8}{\pi}\iint\limits_{D}f(u,v)\mathrm{d}u\mathrm{d}v,$$
求 $f(x,y)$.

第八章　无穷级数

无穷级数是高等数学中的一个重要组成部分,它是表示函数、研究函数性质以及进行数值计算的一种有效工具,无论对数学理论本身还是对数学的应用,它都具有重要的作用.本章从无穷级数的概念、性质出发,研究级数敛散性的判别法,在此基础上讨论幂级数的性质、和函数以及如何把一元函数表示成幂级数的问题.

8.1　无穷级数的概念及基本性质

定义 8.1　设 $\{u_n\}$ 是一个数列,把它的各项依次相加的表达式 $u_1 + u_2 + \cdots + u_n + \cdots$ 称为无穷级数,简称级数,记为 $\sum\limits_{n=1}^{\infty} u_n$,即

$$\sum_{n=1}^{\infty} u_n = u_1 + u_2 + \cdots + u_n + \cdots,$$

其中第 n 项 u_n 称为级数的通项或者一般项.

对于级数 $\sum\limits_{n=1}^{\infty} u_n$,令

$$S_1 = u_1, \ S_2 = u_1 + u_2, \ \cdots, \ S_n = u_1 + u_2 + \cdots + u_n, \ \cdots$$

则称数列 $\{S_n\}$ 为级数 $\sum\limits_{n=1}^{\infty} u_n$ 的前 n 项部分和数列,简称为部分和.

定义 8.2　给定级数 $\sum\limits_{n=1}^{\infty} u_n$,如果部分和数列 $\{S_n\}$ 有极限 S,即

$$\lim_{n \to \infty} S_n = S,$$

则称级数 $\sum\limits_{n=1}^{\infty} u_n$ 收敛,并称该级数的和为 S,记为 $\sum\limits_{n=1}^{\infty} u_n = S$,如果极限 $\lim\limits_{n \to \infty} S_n$ 不存在,则称级数 $\sum\limits_{n=1}^{\infty} u_n$ 发散,此时级数 $\sum\limits_{n=1}^{\infty} u_n$ 没有和.

当级数 $\sum\limits_{n=1}^{\infty} u_n$ 收敛时,称 $S - S_n$ 为该级数的余项,记作 R_n,即

$$R_n = S - S_n = u_{n+1} + u_{n+2} + \cdots + u_{n+k} + \cdots,$$

用 S_n 作为 S 的近似值所产生的误差,就是余项的绝对值 $|R_n|$.

例 1 讨论级数 $\sum_{n=1}^{\infty} \dfrac{1}{n(n+1)} = \dfrac{1}{1 \cdot 2} + \dfrac{1}{2 \cdot 3} + \cdots + \dfrac{1}{n(n+1)} + \cdots$ 的敛散性(收敛还是发散),若收敛,求其和.

解 由于 $u_n = \dfrac{1}{n(n+1)} = \dfrac{1}{n} - \dfrac{1}{n+1}$,因此部分和

$$S_n = \frac{1}{1 \cdot 2} + \frac{1}{2 \cdot 3} + \cdots + \frac{1}{n(n+1)}$$

$$= \left(1 - \frac{1}{2}\right) + \left(\frac{1}{2} - \frac{1}{3}\right) + \cdots + \left(\frac{1}{n} - \frac{1}{n+1}\right) = 1 - \frac{1}{n+1}.$$

从而 $\lim\limits_{n \to \infty} S_n = \lim\limits_{n \to \infty} \left(1 - \dfrac{1}{n+1}\right) = 1$,因此该级数收敛,其和为 1.

例 2 无穷级数 $\sum\limits_{n=1}^{\infty} aq^{n-1} = a + aq + aq^2 + \cdots + aq^{n-1} + \cdots$ 称为几何级数或等比级数,其中 $a \neq 0$,讨论该级数的敛散性.

解 根据公比 q 的取值分情况讨论.

(1)当 $|q| \neq 1$ 时,前 n 项部分和 $S_n = a + aq + aq^2 + \cdots + aq^{n-1} = \dfrac{a - aq^n}{1 - q}$.

如果 $|q| < 1$,则由于 $\lim\limits_{n \to \infty} q^n = 0$,从而 $\lim\limits_{n \to \infty} S_n = \dfrac{a}{1 - q}$. 所以当 $|q| < 1$ 时,几何级数 $\sum\limits_{n=1}^{\infty} aq^{n-1}$ 收敛,其和为 $\dfrac{a}{1 - q}$.

如果 $|q| > 1$,则 $\lim\limits_{n \to \infty} q_n = \infty$,从而 $\lim\limits_{n \to \infty} S_n = \infty$. 所以当 $|q| > 1$ 时,级数 $\sum\limits_{n=1}^{\infty} aq^{n-1}$ 发散,它没有和.

(2)当 $q = 1$ 时,级数成为 $a + a + \cdots + a + \cdots$,前 n 项部分和 $S_n = na$,则 $\lim\limits_{n \to \infty} S_n = \infty$,所以级数 $\sum\limits_{n=1}^{\infty} aq^{n-1}$ 发散.

(3)当 $q = -1$ 时,级数成为 $a - a + a - a + \cdots$,当 n 为偶数时,$S_n = 0$,当 n 为奇数时,$S_n = a$,因此当 $n \to \infty$ 时,前 n 项部分和数列 S_n 没有极限,所以级数 $\sum\limits_{n=1}^{\infty} aq^{n-1}$ 发散.

综上所述,当 $|q| < 1$ 时,几何级数 $\sum\limits_{n=1}^{\infty} aq^{n-1}$ 收敛,其和为 $\dfrac{a}{1 - q}$,即 $\sum\limits_{n=1}^{\infty} aq^{n-1} = \dfrac{a}{1 - q}$;当 $|q| \geqslant 1$ 时,几何级数 $\sum\limits_{n=1}^{\infty} aq^{n-1}$ 发散.

例 3　证明调和级数 $\displaystyle\sum_{n=1}^{\infty}\frac{1}{n}$ 发散.

证　对函数 $y=\ln x$ 在区间 $[n,n+1]$ 上应用拉格朗日中值定理知,存在 $\xi\in(n,n+1)$,使得

$$\ln(n+1)-\ln n=\frac{1}{\xi}<\frac{1}{n},$$

因此

$$\ln 2-\ln 1<\frac{1}{1}$$

$$\ln 3-\ln 2<\frac{1}{2}$$

$$\ln 4-\ln 3<\frac{1}{3}$$

$$\cdots\cdots$$

从而部分和数列

$$S_n=1+\frac{1}{2}+\frac{1}{3}+\cdots+\frac{1}{n}$$

$$>(\ln 2-\ln 1)+(\ln 3-\ln 2)+\cdots+[\ln(n+1)-\ln n]=\ln(n+1),$$

由于 $\displaystyle\lim_{n\to\infty}\ln(n+1)=+\infty$,从而 $\displaystyle\lim_{n\to\infty}S_n=+\infty$,因此调和级数 $\displaystyle\sum_{n=1}^{\infty}\frac{1}{n}$ 发散.

下面我们介绍无穷级数的一些基本性质.

性质 1(级数收敛的必要条件)　如果级数 $\displaystyle\sum_{n=1}^{\infty}u_n$ 收敛,则它的一般项 u_n 趋于零,即 $\displaystyle\lim_{n\to\infty}u_n=0$.

证　设级数 $\displaystyle\sum_{n=1}^{\infty}u_n$ 的部分和为 S_n,其和为 S,即 $\displaystyle\lim_{n\to\infty}S_n=S$,则 $\displaystyle\lim_{n\to\infty}S_{n-1}=S$,从而

$$\lim_{n\to\infty}u_n=\lim_{n\to\infty}(S_n-S_{n-1})=S-S=0.$$

注 1　性质 1 的逆否命题为:若级数的一般项不趋于零,则该级数必定发散.

注 2　$\displaystyle\lim_{n\to\infty}u_n=0$ 只是级数 $\displaystyle\sum_{n=1}^{\infty}u_n$ 收敛的必要条件,而不是充分条件. 例如 $\displaystyle\lim_{n\to\infty}\frac{1}{n}=0$,但是调和级数 $\displaystyle\sum_{n=1}^{\infty}\frac{1}{n}$ 是发散的.

例 4　判断级数 $\displaystyle\sum_{n=1}^{\infty}\left(1-\frac{1}{n}\right)^n$ 的敛散性.

解　因为 $\displaystyle\lim_{n\to\infty}u_n=\lim_{n\to\infty}\left(1-\frac{1}{n}\right)^n=\frac{1}{e}\neq 0$,因此由级数收敛的必要条件知,原级数发散.

性质 2　设 c 为非零常数, 则级数 $\sum\limits_{n=1}^{\infty} u_n$ 与级数 $\sum\limits_{n=1}^{\infty} c u_n$ 敛散性相同(同时收敛或同时发散), 当它们同时收敛时, 有 $\sum\limits_{n=1}^{\infty} c u_n = c \sum\limits_{n=1}^{\infty} u_n$.

证　设级数 $\sum\limits_{n=1}^{\infty} u_n$ 与 $\sum\limits_{n=1}^{\infty} c u_n$ 的前 n 项部分和分别为 S_n 与 W_n, 则

$$W_n = c u_1 + c u_2 + \cdots + c u_n = c S_n.$$

若 $\sum\limits_{n=1}^{\infty} u_n$ 收敛, 其和为 S, 即 $\lim\limits_{n\to\infty} S_n = S$, 则 $\lim\limits_{n\to\infty} W_n = \lim\limits_{n\to\infty} c S_n = c \lim\limits_{n\to\infty} S_n = c S$, 因此级数 $\sum\limits_{n=1}^{\infty} c u_n$ 也收敛, 且 $\sum\limits_{n=1}^{\infty} c u_n = c \sum\limits_{n=1}^{\infty} u_n$; 若 $\sum\limits_{n=1}^{\infty} u_n$ 发散, 则当 $n \to \infty$ 时, S_n 没有极限, 由于 $c \neq 0$, 从而 $W_n = c S_n$ 也没有极限, 因此级数 $\sum\limits_{n=1}^{\infty} c u_n$ 也发散.

性质 3　若级数 $\sum\limits_{n=1}^{\infty} u_n$ 与 $\sum\limits_{n=1}^{\infty} v_n$ 都收敛, 其和分别为 S 与 W, 则级数 $\sum\limits_{n=1}^{\infty} (u_n \pm v_n)$ 也收敛, 其和为 $S \pm W$, 即 $\sum\limits_{n=1}^{\infty} (u_n \pm v_n) = \sum\limits_{n=1}^{\infty} u_n \pm \sum\limits_{n=1}^{\infty} v_n = S \pm W$.

性质 3 也可表述成, 两个收敛级数可以逐项相加与逐项相减.

证　将级数 $\sum\limits_{n=1}^{\infty} u_n$ 与 $\sum\limits_{n=1}^{\infty} v_n$ 的部分和分别记为 S_n 与 W_n, $\sum\limits_{n=1}^{\infty} (u_n + v_n)$ 的部分和记为 T_n, 则 $T_n = S_n + W_n$, 从而 $\lim\limits_{n\to\infty} T_n = \lim\limits_{n\to\infty} (S_n + W_n) = S + W$, 因此级数 $\sum\limits_{n=1}^{\infty} (u_n + v_n)$ 收敛, 其和为 $S + W$.

同理可证, 级数 $\sum\limits_{n=1}^{\infty} (u_n - v_n)$ 收敛, 其和为 $S - W$.

思考: 若级数 $\sum\limits_{n=1}^{\infty} u_n$ 与 $\sum\limits_{n=1}^{\infty} v_n$ 一个收敛, 另一个发散, 则级数 $\sum\limits_{n=1}^{\infty} (u_n \pm v_n)$ 的敛散性如何? 若级数 $\sum\limits_{n=1}^{\infty} u_n$ 与 $\sum\limits_{n=1}^{\infty} v_n$ 都发散, 则 $\sum\limits_{n=1}^{\infty} (u_n \pm v_n)$ 的敛散性如何?

性质 4　从级数中任意去掉有限项, 或添加有限项, 或改变有限项的值, 都不影响级数的敛散性.

证　我们仅证明去掉前面有限项的情形, 将级数 $\sum\limits_{n=1}^{\infty} u_n$ 去掉前面 k 项后所得的级数记作 $\sum\limits_{n=k+1}^{\infty} u_n$, 记 $\sum\limits_{n=1}^{\infty} u_n$ 的部分和为 S_n, $\sum\limits_{n=k+1}^{\infty} u_n$ 的部分和为 W_n, 则

$$W_n = u_{k+1} + u_{k+2} + \cdots + u_{k+n},$$

显然
$$W_n = S_{k+n} - S_k.$$
由于 $S_k = u_1 + u_2 + \cdots + u_k$ 是一个常数,所以当 $n \to \infty$ 时,W_n 与 S_{k+n} 或 S_n 或者同时具有极限,或者同时没有极限,因此,级数 $\sum\limits_{n=1}^{\infty} u_n$ 与 $\sum\limits_{n=k+1}^{\infty} u_n$ 具有相同的敛散性,但要注意,当级数收敛时,它们的和一般不相同.

性质 5　收敛级数的各项不改变顺序而任意加括号后所得到的级数仍收敛,且其和不变.

在此略去这一性质的证明.

必须注意,仅由级数任意加括号后所得的某一个级数收敛,未必能得出原级数收敛. 例如,级数 $1 - 1 + 1 - 1 + 1 - 1 + \cdots$ 发散,但其相邻两项加括号后所得的级数
$$(1 - 1) + (1 - 1) + \cdots + (1 - 1) + \cdots = 0 + 0 + \cdots + 0 + \cdots$$
却是收敛的.

由性质 5 可知,若加括号后所得的级数发散,则原级数也发散.

例 5　判断级数 $1^2 + 2^2 + \cdots + 100^2 + \dfrac{9}{2} + \dfrac{9}{2^2} + \dfrac{9}{2^3} + \cdots$ 的敛散性.

解　由于级数 $\sum\limits_{n=1}^{\infty} \dfrac{1}{2^n}$ 收敛,由性质 2 可知级数 $\sum\limits_{n=1}^{\infty} \dfrac{9}{2^n} = \dfrac{9}{2} + \dfrac{9}{2^2} + \dfrac{9}{2^3} + \cdots$ 也收敛,而 $1^2 + 2^2 + \cdots + 100^2$ 是有限项,再依性质 4 可知,原级数是收敛的.

习题　8.1

1. 已知级数 $\sum\limits_{n=1}^{\infty} \dfrac{1}{(5n-4)(5n+1)}$,求前 n 项部分和 S_n 与级数和 S.

2. 若 $\sum\limits_{n=1}^{\infty} u_n$ 的前 n 项和 $S_n = \dfrac{2}{n+1}$,求该级数的一般项 u_n 与级数和 S.

3. 问当 p 取何值时,级数 $\sum\limits_{n=1}^{\infty} \left(\dfrac{1}{\ln p} \right)^n$ 收敛.

4. 判定下列级数的敛散性:

(1) $\sum\limits_{n=1}^{\infty} \dfrac{n}{n+1}$

(2) $0.01 + \sqrt{0.01} + \sqrt[3]{0.01} + \cdots + \sqrt[n]{0.01} + \cdots$

(3) $\sum\limits_{n=1}^{\infty} \dfrac{1}{\sqrt{n+1} + \sqrt{n}}$

(4) $\sum\limits_{n=1}^{\infty} \left(\dfrac{3n-1}{3n+1} \right)^n$

(5) $\sum\limits_{n=1}^{\infty} \left[\dfrac{(\ln 3)^n}{3^n} - \dfrac{1}{3n} \right]$

(6) $\sum\limits_{n=1}^{\infty} \dfrac{1}{(2n-1)(2n+1)}$

(7) $\left(\dfrac{2}{5}+\dfrac{1}{10}\right)+\left(\dfrac{4}{25}+\dfrac{1}{100}\right)+\left(\dfrac{8}{125}+\dfrac{1}{1000}\right)+\left(\dfrac{16}{625}+\dfrac{1}{10^4}\right)+\cdots$

(8) $\displaystyle\sum_{n=1}^{\infty}\cos\dfrac{\pi}{2n}$ 　　　　(9) $\displaystyle\sum_{n=4}^{\infty}n\tan\dfrac{\pi}{n}$

(10) $\displaystyle\sum_{n=0}^{\infty}\dfrac{5^n}{7^{n+1}}$ 　　　　(11) $\displaystyle\sum_{n=1}^{\infty}\ln\left(1+\dfrac{1}{n}\right)$

5. 已知 $\displaystyle\lim_{n\to\infty}b_n=+\infty,b_n\neq 0$，求 $\displaystyle\sum_{n=1}^{\infty}\left(\dfrac{1}{b_n}-\dfrac{1}{b_{n+1}}\right)$.

6. 设 $\{a_n\}$ 是一个数列，证明 $\displaystyle\sum_{n=1}^{\infty}(a_n-a_{n+1})$ 收敛的充分必要条件是极限 $\displaystyle\lim_{n\to\infty}a_n$ 存在.

8.2　数项级数判别法

8.2.1　正项级数

定义 8.3　如果 $u_n\geqslant 0\,(n=1,2,3,\cdots)$，则称级数 $\displaystyle\sum_{n=1}^{\infty}u_n$ 为正项级数.

设正项级数 $\displaystyle\sum_{n=1}^{\infty}u_n$ 的部分和为 S_n，则显然 $S_1\leqslant S_2\leqslant S_3\leqslant\cdots$，也即 $\{S_n\}$ 是单调不减的数列，如果 S_n 有上界，由于单调有界数列必有极限，因此数列 $\{S_n\}$ 有极限，所以级数 $\displaystyle\sum_{n=1}^{\infty}u_n$ 收敛. 反过来，如果级数 $\displaystyle\sum_{n=1}^{\infty}u_n$ 收敛，则部分和数列 $\{S_n\}$ 有极限，由于数列有极限必定有界，因此 $\{S_n\}$ 为有界数列，因此我们得到以下定理.

定理 8.1　正项级数收敛的充要条件是它的部分和数列 $\{S_n\}$ 有上界.

利用上述定理，我们可以得到判别正项级数敛散性的比较判别法.

定理 8.2(比较判别法)　设 $\displaystyle\sum_{n=1}^{\infty}u_n$ 与 $\displaystyle\sum_{n=1}^{\infty}v_n$ 都是正项级数，且 $u_n\leqslant v_n\,(n=1,2,3,\cdots)$，则

(1) 若级数 $\displaystyle\sum_{n=1}^{\infty}v_n$ 收敛，则级数 $\displaystyle\sum_{n=1}^{\infty}u_n$ 收敛；

(2) 若级数 $\displaystyle\sum_{n=1}^{\infty}u_n$ 发散，则级数 $\displaystyle\sum_{n=1}^{\infty}v_n$ 发散.

证　设级数 $\displaystyle\sum_{n=1}^{\infty}u_n$ 与 $\displaystyle\sum_{n=1}^{\infty}v_n$ 的部分和分别为 S_n 与 W_n，由于 $u_n\leqslant v_n\,(n=1,2,3,\cdots)$，所以 $S_n\leqslant W_n$.

（1）若正项级数 $\sum\limits_{n=1}^{\infty} v_n$ 收敛，则由定理 8.1 可知，它的部分和数列 $\{W_n\}$ 有上界，从而数列 $\{S_n\}$ 也有上界，故正项级数 $\sum\limits_{n=1}^{\infty} u_n$ 收敛；

（2）若正项级数 $\sum\limits_{n=1}^{\infty} u_n$ 发散，则由定理 8.1 可知，它的部分和数列 $\{S_n\}$ 无上界，从而数列 $\{W_n\}$ 也无上界，故正项级数 $\sum\limits_{n=1}^{\infty} v_n$ 发散.

推论 设 $\sum\limits_{n=1}^{\infty} u_n$ 和 $\sum\limits_{n=1}^{\infty} v_n$ 均为正项级数，如果存在常数 $c>0$ 和自然数 N，使得当 $n>N$ 时，有 $u_n \leqslant cv_n$，则

（1）若级数 $\sum\limits_{n=1}^{\infty} v_n$ 收敛，则级数 $\sum\limits_{n=1}^{\infty} u_n$ 收敛；

（2）若级数 $\sum\limits_{n=1}^{\infty} u_n$ 发散，则级数 $\sum\limits_{n=1}^{\infty} v_n$ 发散.

例 1 讨论 p 级数 $\sum\limits_{n=1}^{\infty} \dfrac{1}{n^p} = 1 + \dfrac{1}{2^p} + \dfrac{1}{3^p} + \cdots + \dfrac{1}{n^p} + \cdots$（$p>0$）的敛散性.

解 当 $p \leqslant 1$ 时，$\dfrac{1}{n^p} \geqslant \dfrac{1}{n}$（$n=1,2,3,\cdots$），而调和级数 $\sum\limits_{n=1}^{\infty} \dfrac{1}{n}$ 发散，所以 $\sum\limits_{n=1}^{\infty} \dfrac{1}{n^p}$ 发散.

当 $p>1$，$n-1 \leqslant x \leqslant n$ 时，有 $\dfrac{1}{n^p} \leqslant \dfrac{1}{x^p}$，于是

$$\frac{1}{n^p} = \int_{n-1}^{n} \frac{1}{n^p} \mathrm{d}x \leqslant \int_{n-1}^{n} \frac{1}{x^p} \mathrm{d}x = \frac{1}{p-1}\left[\frac{1}{(n-1)^{p-1}} - \frac{1}{n^{p-1}}\right] \quad (n=2,3,\cdots),$$

而级数 $\sum\limits_{n=2}^{\infty}\left[\dfrac{1}{(n-1)^{p-1}} - \dfrac{1}{n^{p-1}}\right]$ 的部分和为

$$S_n = \left(1 - \frac{1}{2^{p-1}}\right) + \left(\frac{1}{2^{p-1}} - \frac{1}{3^{p-1}}\right) + \cdots + \left[\frac{1}{n^{p-1}} - \frac{1}{(n+1)^{p-1}}\right]$$

$$= 1 - \frac{1}{(n+1)^{p-1}} \to 1 \ (n \to \infty)$$

所以级数 $\sum\limits_{n=2}^{\infty}\left[\dfrac{1}{(n-1)^{p-1}} - \dfrac{1}{n^{p-1}}\right]$ 收敛，由比较判别法可知，当 $p>1$ 时，$\sum\limits_{n=2}^{\infty} \dfrac{1}{n^p}$ 收敛，从而 $\sum\limits_{n=1}^{\infty} \dfrac{1}{n^p}$ 也收敛.

综上所述，p 级数 $\sum\limits_{n=1}^{\infty} \dfrac{1}{n^p}$，当 $p \leqslant 1$ 时发散，当 $p>1$ 时收敛.

当 $p=1$ 时，p 级数也即我们介绍过的调和级数 $\sum\limits_{n=1}^{\infty} \dfrac{1}{n}$.

用比较判别法判定一个正项级数的敛散性时,首先要凭自己所掌握的有关知识对所要判别的级数的敛散性作出初步判断,然后寻找一个敛散性已知的正项级数与之比较.经常用来作比较的有调和级数、几何级数和 p 级数,因此,读者应该熟记这几个级数的敛散性的结论.

例 2 判断级数 $\sum\limits_{n=1}^{\infty}\left(\dfrac{n}{3n+1}\right)^{n}$ 的敛散性.

解 因为当 $n \geqslant 1$ 时,有

$$\left(\frac{n}{3n+1}\right)^{n} < \left(\frac{n}{3n}\right)^{n} = \left(\frac{1}{3}\right)^{n},$$

而级数 $\sum\limits_{n=1}^{\infty}\left(\dfrac{1}{3}\right)^{n}$ 是公比 $q = \dfrac{1}{3} < 1$ 的收敛的几何级数,由正项级数的比较判别法知,级数 $\sum\limits_{n=1}^{\infty}\left(\dfrac{n}{3n+1}\right)^{n}$ 收敛.

例 3 判断级数 $\sum\limits_{n=1}^{\infty}\dfrac{1}{\sqrt{n(n+1)}}$ 的敛散性.

解 因为当 $n \geqslant 1$ 时,有

$$\frac{1}{\sqrt{n(n+1)}} > \frac{1}{\sqrt{(n+1)^{2}}} = \frac{1}{n+1},$$

而级数 $\sum\limits_{n=1}^{\infty}\dfrac{1}{n+1} = \dfrac{1}{2} + \dfrac{1}{3} + \dfrac{1}{4} + \cdots$ 是调和级数去掉第一项后所得到,因此 $\sum\limits_{n=1}^{\infty}\dfrac{1}{n+1}$ 发散,由正项级数的比较判别法知,级数 $\sum\limits_{n=1}^{\infty}\dfrac{1}{\sqrt{n(n+1)}}$ 也发散.

例 4 判定级数 $\sum\limits_{n=1}^{\infty}\dfrac{1}{\sqrt{4n^{3}-3}}$ 的敛散性.

解 因为

$$\frac{1}{\sqrt{4n^{3}-3}} < \frac{1}{\sqrt{4n^{3}-n^{3}}} = \frac{1}{\sqrt{3n^{3}}} \quad (n = 2,3,\cdots),$$

而级数 $\sum\limits_{n=1}^{\infty}\dfrac{1}{\sqrt{n^{3}}}$ 是 $p = \dfrac{3}{2} > 1$ 的 p 级数,因此收敛,所以级数 $\sum\limits_{n=1}^{\infty}\dfrac{1}{\sqrt{3}} \cdot \dfrac{1}{\sqrt{n^{3}}}$ 收敛,由正项级数的比较判别法可知,级数 $\sum\limits_{n=1}^{\infty}\dfrac{1}{\sqrt{4n^{3}-3}}$ 收敛.

在应用比较判别法判定所给级数 $\sum\limits_{n=1}^{\infty}u_{n}$ 的敛散性时,常常需要将级数 $\sum\limits_{n=1}^{\infty}u_{n}$ 的通项 u_{n} 进行放大(或缩小),以得到适当的不等式关系,而建立这样的不等式关系有时相当困难,

因此,在实际使用时,下面的比较判别法的极限形式更为方便.

定理 8.3(比较判别法的极限形式) 设 $\sum\limits_{n=1}^{\infty} u_n$ 与 $\sum\limits_{n=1}^{\infty} v_n$ 均为正项级数,且 $\lim\limits_{n\to\infty} \dfrac{u_n}{v_n} = l$.

(1) 当 $0 < l < +\infty$ 时,级数 $\sum\limits_{n=1}^{\infty} u_n$ 与 $\sum\limits_{n=1}^{\infty} v_n$ 的敛散性相同;

(2) 当 $l = 0$ 时,若级数 $\sum\limits_{n=1}^{\infty} v_n$ 收敛,则级数 $\sum\limits_{n=1}^{\infty} u_n$ 收敛;

(3) 当 $l = +\infty$ 时,若级数 $\sum\limits_{n=1}^{\infty} v_n$ 发散,则级数 $\sum\limits_{n=1}^{\infty} u_n$ 发散.

例 5 判定级数 $\sum\limits_{n=1}^{\infty} \ln\left(1 + \dfrac{1}{n^2}\right)$ 的敛散性.

解 由于当 $x \to 0$ 时,$\ln(1+x) \sim x$,从而 $\ln\left(1 + \dfrac{1}{n^2}\right) \sim \dfrac{1}{n^2}(n \to \infty)$,即

$\lim\limits_{n\to\infty} \dfrac{\ln\left(1 + \dfrac{1}{n^2}\right)}{\dfrac{1}{n^2}} = 1$,而级数 $\sum\limits_{n=1}^{\infty} \dfrac{1}{n^2}$ 收敛,因此级数 $\sum\limits_{n=1}^{\infty} \ln\left(1 + \dfrac{1}{n^2}\right)$ 收敛.

例 6 判定级数 $\sum\limits_{n=1}^{\infty} 3^n \sin \dfrac{2}{\pi^n}$ 的敛散性.

解 由于 $x \to 0$ 时,$\sin x \sim x$,从而 $\sin \dfrac{2}{\pi^n} \sim \dfrac{2}{\pi^n}(n \to \infty)$,因此 $\lim\limits_{n\to\infty} \dfrac{3^n \sin \dfrac{2}{\pi^n}}{\dfrac{2 \cdot 3^n}{\pi^n}} = 1$,而

级数 $\sum\limits_{n=1}^{\infty} 2\left(\dfrac{3}{\pi}\right)^n$ 是公比为 $q = \dfrac{3}{\pi}$ 的几何级数,因此收敛,从而级数 $\sum\limits_{n=1}^{\infty} 3^n \sin \dfrac{2}{\pi^n}$ 收敛.

例 7 判定级数 $\sum\limits_{n=1}^{\infty} \dfrac{1}{\ln(1+n)}$ 的敛散性.

解 由于 $\lim\limits_{n\to\infty} \dfrac{\dfrac{1}{\ln(1+n)}}{\dfrac{1}{n}} = +\infty$,而级数 $\sum\limits_{n=1}^{\infty} \dfrac{1}{n}$ 发散,由比较判别法的极限形式可知,

级数 $\sum\limits_{n=1}^{\infty} \dfrac{1}{\ln(1+n)}$ 发散.

例 8 判定级数 $\sum\limits_{n=1}^{\infty} \dfrac{1}{n + a^n}$ 的敛散性 $(a > 0)$.

解 对 a 分情况讨论:

(1) 若 $a > 1$, 则 $\lim\limits_{n \to \infty} \dfrac{\dfrac{1}{n + a^n}}{\dfrac{1}{a^n}} = 1$, 而 $\sum\limits_{n=1}^{\infty} \left(\dfrac{1}{a}\right)^n$ 收敛, 因此 $\sum\limits_{n=1}^{\infty} \dfrac{1}{n + a^n}$ 也收敛.

(2) 若 $0 < a \leqslant 1$, 则 $\lim\limits_{n \to \infty} \dfrac{\dfrac{1}{n + a^n}}{\dfrac{1}{n}} = 1$, 而 $\sum\limits_{n=1}^{\infty} \dfrac{1}{n}$ 为调和级数发散, 因此 $\sum\limits_{n=1}^{\infty} \dfrac{1}{n + a^n}$ 也发散.

下面介绍在使用上很方便的达朗贝尔(D'Alembert)比值判别法.

定理 8.4(D'Alembert 比值判别法) 设 $\sum\limits_{n=1}^{\infty} u_n$ 为正项级数, $u_n > 0 \, (n = 1, 2, \cdots)$, 如果 $\lim\limits_{n \to \infty} \dfrac{u_{n+1}}{u_n} = l$, 则

(1) 当 $l < 1$ 时, 级数 $\sum\limits_{n=1}^{\infty} u_n$ 收敛.

(2) 当 $l > 1$(包括 $l = +\infty$)时, 级数 $\sum\limits_{n=1}^{\infty} u_n$ 发散.

(3) 当 $l = 1$ 时, 用比值法不能判别级数 $\sum\limits_{n=1}^{\infty} u_n$ 的敛散性.

证 (1) 当 $l < 1$ 时, 取一个适当小的正数 ε 使 $l + \varepsilon = q < 1$, 根据极限定义, 存在自然数 N, 当 $n \geqslant N$ 时, 有不等式

$$\left| \frac{u_{n+1}}{u_n} - l \right| < \varepsilon,$$

即

$$\frac{u_{n+1}}{u_n} < l + \varepsilon = q,$$

于是

$$u_{N+1} < qu_N, \ u_{N+2} < qu_{N+1} < q^2 u_N, \ u_{N+3} < qu_{N+2} < q^3 u_N, \cdots$$

这样, 级数 $u_{N+1} + u_{N+2} + u_{N+3} + \cdots$ 的各项就小于收敛的等比级数(公比 $q < 1$)

$$qu_N + q^2 u_N + q^3 u_N + \cdots$$

的对应项, 因此级数 $u_{N+1} + u_{N+2} + u_{N+3} + \cdots$ 收敛, 由无穷级数的基本性质知

$$u_1 + u_2 + \cdots + u_N + u_{N+1} + u_{N+2} + u_{N+3} + \cdots$$

也收敛.

(2) 当 $l > 1$ 时, 取一个适当小的正数 ε, 使得 $l - \varepsilon > 1$, 根据极限定义, 存在正整数 N, 当 $n \geqslant N$ 时, 有不等式

$$\left| \frac{u_{n+1}}{u_n} - l \right| < \varepsilon,$$

因此，$\dfrac{u_{n+1}}{u_n} > l - \varepsilon > 1$，也即 $u_{n+1} > u_n$，所以当 $n \geqslant N$ 时，级数的一般项 u_n 是逐渐增大的，从而 $\lim\limits_{n \to \infty} u_n \neq 0$，根据级数收敛的必要条件可知，级数 $\sum\limits_{n=1}^{\infty} u_n$ 发散.

类似地，可以证明当 $\lim\limits_{n \to \infty} \dfrac{u_{n+1}}{u_n} = +\infty$ 时，级数 $\sum\limits_{n=1}^{\infty} u_n$ 发散.

（3）当 $l = 1$ 时，级数可能收敛也可能发散. 例如 p 级数 $\sum\limits_{n=1}^{\infty} \dfrac{1}{n^p}$ 不论 p 为何值都成立

$$\lim_{n \to \infty} \frac{u_{n+1}}{u_n} = \lim_{n \to \infty} \frac{\dfrac{1}{(n+1)^p}}{\dfrac{1}{n^p}} = 1,$$ 但我们知道，当 $p \leqslant 1$ 时，p 级数发散，而当 $p > 1$ 时，p 级

数收敛. 因此当 $l = 1$ 时，用比值判别法不能判别级数的敛散性.

例 9　判别级数 $\sum\limits_{n=1}^{\infty} \dfrac{1}{n!}$ 的敛散性.

解　因为 $\lim\limits_{n \to \infty} \dfrac{u_{n+1}}{u_n} = \lim\limits_{n \to \infty} \dfrac{\dfrac{1}{(n+1)!}}{\dfrac{1}{n!}} = \lim\limits_{n \to \infty} \dfrac{1}{n+1} = 0 < 1$，所以由比值判别法知，所给

的级数收敛.

例 10　判别级数 $\sum\limits_{n=1}^{\infty} \dfrac{2^n \cdot n!}{n^n}$ 的敛散性.

解　因为

$$\lim_{n \to \infty} \frac{u_{n+1}}{u_n} = \lim_{n \to \infty} \frac{2^{n+1}(n+1)!}{(n+1)^{n+1}} \cdot \frac{n^n}{2^n \cdot n!} = \lim_{n \to \infty} \frac{2n^n}{(n+1)^n} = \lim_{n \to \infty} \frac{2}{\left(1+\dfrac{1}{n}\right)^n} = \frac{2}{e} < 1,$$

所以由比值判别法可知，级数 $\sum\limits_{n=1}^{\infty} \dfrac{2^n \cdot n!}{n^n}$ 收敛.

例 11　判断级数 $\sum\limits_{n=1}^{\infty} \dfrac{n+1}{n(n+2)}$ 的敛散性.

解　因为 $\lim\limits_{n \to \infty} \dfrac{u_{n+1}}{u_n} = \lim\limits_{n \to \infty} \dfrac{n+2}{(n+1)(n+3)} \cdot \dfrac{n(n+2)}{n+1} = 1$，所以比值判别法失效，我们改用比较判别法.

由于 $\dfrac{n+1}{n(n+2)} > \dfrac{1}{n+2} \ (n = 1, 2, \cdots)$，而级数 $\sum\limits_{n=1}^{\infty} \dfrac{1}{n+2}$ 发散，故由比较判别法可知，

级数 $\sum\limits_{n=1}^{\infty} \dfrac{n+1}{n(n+2)}$ 发散.

也可以用比较判别法的极限形式,由于 $\dfrac{n+1}{n(n+2)} \sim \dfrac{1}{n}(n \to \infty)$,而调和级数 $\displaystyle\sum_{n=1}^{\infty} \dfrac{1}{n}$ 发散,因此由比较判别法的极限形式可知,原级数也发散.

8.2.2 交错级数

如果级数中的各项是任意实数(可正,可负,可为零),则称该级数为任意项级数,如果 $\displaystyle\sum_{n=1}^{\infty} u_n$ 是任意项级数,则它的部分和数列 $\{S_n\}$ 即便有界也不能保证它收敛. 因此,前面介绍的正项级数敛散性的一系列判别法都不能直接应用了,下面我们先对一种特殊的任意项级数 —— 交错级数建立一种敛散性的判别方法,然后再讨论任意项级数的敛散性问题.

定义 8.4 在一个级数中,若各项符号正负相间,即若 $u_n > 0 (n=1,2,\cdots)$,则级数
$$\sum_{n=1}^{\infty} (-1)^{n+1} u_n = u_1 - u_2 + u_3 - u_4 + \cdots + (-1)^{n+1} u_n + \cdots$$
称为交错级数.

交错级数有下述判别其收敛的定理.

定理 8.5(交错级数的莱布尼茨(Leibniz)判别法) 如果交错级数 $\displaystyle\sum_{n=1}^{\infty} (-1)^{n+1} u_n$ $(u_n > 0)$ 满足:

(1) 数列 $\{u_n\}$ 单调不增,即 $u_n \geqslant u_{n+1}(n=1,2,\cdots)$;

(2) $\displaystyle\lim_{n \to \infty} u_n = 0$,则级数 $\displaystyle\sum_{n=1}^{\infty} (-1)^{n+1} u_n$ 收敛,且该级数的和 $S \leqslant u_1$,余项 R_n 的绝对值 $|R_n| \leqslant u_{n+1}$.

证 设交错级数的前 $2n$ 项部分和为 S_{2n},则
$$S_{2n} = (u_1 - u_2) + (u_3 - u_4) + \cdots + (u_{2n-1} - u_{2n}).$$

由条件(1),上式中每一个括号都是非负的,因此 $\{S_{2n}\}$ 是单调不减数列,同时 S_{2n} 也可写成
$$S_{2n} = u_1 - (u_2 - u_3) - (u_4 - u_5) - \cdots - (u_{2n-2} - u_{2n-1}) - u_{2n}.$$

上式中每一个括号也是非负的,因此 $S_{2n} \leqslant u_1$,从而 $\{S_{2n}\}$ 是单调有界数列,由于单调有界数列必有极限,设 $\displaystyle\lim_{n \to \infty} S_{2n} = S$,则 $S \leqslant u_1$,又由于 $S_{2n+1} = S_{2n} + u_{2n+1}$,因此
$$\lim_{n \to \infty} S_{2n+1} = \lim_{n \to \infty} (S_{2n} + u_{2n+1}) = S + 0 = S,$$

从而 $\displaystyle\lim_{n \to \infty} S_n = S$ 且 $S \leqslant u_1$,因此交错级数 $\displaystyle\sum_{n=1}^{\infty} (-1)^{n+1} u_n$ 收敛,又因为
$$|R_n| = |S - S_n| = u_{n+1} - u_{n+2} + u_{n+3} - u_{n+4} + \cdots$$

也是一个交错级数,而且满足条件(1)和(2),所以该级数必收敛,且其和不大于级数的首

项,即 $|R_n| \leqslant u_{n+1}$.

例 12 判定级数 $\displaystyle\sum_{n=1}^{\infty} (-1)^{n+1} \frac{1}{n} = 1 - \frac{1}{2} + \frac{1}{3} - \frac{1}{4} + \cdots$ 的敛散性.

解 因为 $u_n = \dfrac{1}{n} > \dfrac{1}{n+1} = u_{n+1} > 0 \ (n = 1, 2, \cdots)$,并且 $\lim\limits_{n\to\infty} u_n = \lim\limits_{n\to\infty} \dfrac{1}{n} = 0$,因此,根据交错级数的莱布尼茨判别法知,级数 $\displaystyle\sum_{n=1}^{\infty} (-1)^{n+1} \frac{1}{n}$ 收敛.

例 13 判定交错级数 $\displaystyle\sum_{n=2}^{\infty} (-1)^n \frac{\sqrt{n}}{n-1}$ 的敛散性.

解 $u_n = \dfrac{\sqrt{n}}{n-1} \ (n = 2, 3, 4, \cdots)$,为了证明 $\{u_n\}$ 单调不增,考虑函数 $f(x) = \dfrac{\sqrt{x}}{x-1}$,$x \geqslant 2$,因为

$$f'(x) = \frac{\dfrac{1}{2\sqrt{x}}(x-1) - \sqrt{x}}{(x-1)^2} = \frac{-(x+1)}{2\sqrt{x}(x-1)^2},$$

所以 $x \geqslant 2$ 时,$f'(x) < 0$,因此 $x \geqslant 2$ 时,$f(x)$ 单调不增,于是 $n \geqslant 2$ 时,

$$u_n = \frac{\sqrt{n}}{n-1} \geqslant \frac{\sqrt{n+1}}{n} = u_{n+1},$$

另外

$$\lim_{n\to\infty} u_n = \lim_{n\to\infty} \frac{\sqrt{n}}{n-1} = \lim_{n\to\infty} \frac{\dfrac{1}{\sqrt{n}}}{1 - \dfrac{1}{n}} = 0,$$

满足莱布尼茨判别法的条件,所以该级数收敛.

8.2.3 绝对收敛与条件收敛

对于任意项级数 $\displaystyle\sum_{n=1}^{\infty} u_n$,如果它的各项取绝对值,则组成一个新的级数 $\displaystyle\sum_{n=1}^{\infty} |u_n|$,显然它是一个正项级数,其敛散性可用比较判别法和比值判别法来判别.

定义 8.5 对于任意项级数 $\displaystyle\sum_{n=1}^{\infty} u_n$,如果 $\displaystyle\sum_{n=1}^{\infty} |u_n|$ 收敛,则称级数 $\displaystyle\sum_{n=1}^{\infty} u_n$ 绝对收敛;如果 $\displaystyle\sum_{n=1}^{\infty} |u_n|$ 发散,而 $\displaystyle\sum_{n=1}^{\infty} u_n$ 收敛,则称级数 $\displaystyle\sum_{n=1}^{\infty} u_n$ 条件收敛.

定理 8.6 对于任意项级数 $\displaystyle\sum_{n=1}^{\infty} u_n$,如果级数绝对收敛(即级数 $\displaystyle\sum_{n=1}^{\infty} |u_n|$ 收敛),则

$$\sum_{n=1}^{\infty} u_n \text{ 也收敛.}$$

证 由于 $\sum\limits_{n=1}^{\infty} |u_n|$ 收敛,作一个新的级数 $\sum\limits_{n=1}^{\infty} v_n$,其中 $v_n = \dfrac{1}{2}(|u_n| + u_n)$,则显然 $0 \leqslant v_n \leqslant |u_n|$,由正项级数的比较判别法可知 $\sum\limits_{n=1}^{\infty} v_n$ 收敛,由于 $u_n = 2v_n - |u_n|$,因为级数 $\sum\limits_{n=1}^{\infty} |u_n|$ 与 $2\sum\limits_{n=1}^{\infty} v_n$ 都是收敛的,由级数的基本性质可知,级数 $\sum\limits_{n=1}^{\infty} u_n$ 收敛.

值得注意的是,如果级数 $\sum\limits_{n=1}^{\infty} u_n$ 收敛,不一定得到 $\sum\limits_{n=1}^{\infty} |u_n|$ 也收敛. 例如交错级数 $\sum\limits_{n=1}^{\infty} (-1)^{n-1} \dfrac{1}{n}$ 是收敛的,但 $\sum\limits_{n=1}^{\infty} \left| (-1)^{n-1} \dfrac{1}{n} \right| = \sum\limits_{n=1}^{\infty} \dfrac{1}{n}$ 为调和级数,是发散的,因此 $\sum\limits_{n=1}^{\infty} (-1)^{n-1} \dfrac{1}{n}$ 是条件收敛级数,而非绝对收敛的级数.

例 14 判别级数 $\sum\limits_{n=1}^{\infty} \dfrac{\sin n}{n^2}$ 的敛散性,如果收敛,指出绝对收敛还是条件收敛.

解 考虑各项加绝对值后所得到的正项级数 $\sum\limits_{n=1}^{\infty} \left| \dfrac{\sin n}{n^2} \right|$,由于 $\left| \dfrac{\sin n}{n^2} \right| \leqslant \dfrac{1}{n^2}$,而级数 $\sum\limits_{n=1}^{\infty} \dfrac{1}{n^2}$ 为 $p = 2$ 的 p 级数,是收敛的,由比较判别法知,级数 $\sum\limits_{n=1}^{\infty} \left| \dfrac{\sin n}{n^2} \right|$ 收敛,因此原级数绝对收敛.

例 15 判断级数 $\sum\limits_{n=1}^{\infty} (-1)^n (\sqrt{n^2+1} - \sqrt{n^2-1})$ 的敛散性,若收敛,指出是绝对收敛还是条件收敛.

解 考虑各项加绝对值后得到的正项级数

$$\sum_{n=1}^{\infty} |(-1)^n (\sqrt{n^2+1} - \sqrt{n^2-1})| = \sum_{n=1}^{\infty} (\sqrt{n^2+1} - \sqrt{n^2-1}).$$

由于

$$\sqrt{n^2+1} - \sqrt{n^2-1} = \frac{2}{\sqrt{n^2+1} + \sqrt{n^2-1}} \sim \frac{1}{n} \quad (n \to \infty),$$

因为调和级数 $\sum\limits_{n=1}^{\infty} \dfrac{1}{n}$ 发散,根据正项级数比较判别法的极限形式可知,级数 $\sum\limits_{n=1}^{\infty} (\sqrt{n^2+1} - \sqrt{n^2-1})$ 发散,即级数 $\sum\limits_{n=1}^{\infty} (-1)^n (\sqrt{n^2+1} - \sqrt{n^2-1})$ 非绝对收敛.

由于

$$\sum_{n=1}^{\infty} (-1)^n (\sqrt{n^2+1} - \sqrt{n^2-1}) = \sum_{n=1}^{\infty} \frac{(-1)^n \cdot 2}{\sqrt{n^2+1} + \sqrt{n^2-1}}$$

是交错级数,显然满足莱布尼茨判别法的两个条件,因此原级数是收敛的,也即级数 $\sum_{n=1}^{\infty} (-1)^n (\sqrt{n^2+1} - \sqrt{n^2-1})$ 条件收敛.

注意:当级数 $\sum_{n=1}^{\infty} |u_n|$ 发散时,只能断定级数 $\sum_{n=1}^{\infty} u_n$ 非绝对收敛,而不能断定其发散,但当运用达朗贝尔比值判别法判别正项级数 $\sum_{n=1}^{\infty} |u_n|$ 发散时,则我们可以断定级数 $\sum_{n=1}^{\infty} u_n$ 必发散,因为如果 $\lim_{n\to\infty} \frac{|u_{n+1}|}{|u_n|} = l > 1$,则从某项开始必有 $\frac{|u_{n+1}|}{|u_n|} > 1$,即 $|u_{n+1}| > |u_n|$,即从某项开始 $|u_n|$ 越来越大,因此当 $n \to \infty$ 时,$|u_n|$ 不趋于零,从而当 $n \to \infty$ 时,u_n 不趋向于零. 因此,级数 $\sum_{n=1}^{\infty} u_n$ 发散.

例 16 判定级数 $\sum_{n=1}^{\infty} (-1)^{n-1} \frac{a^n}{n}$ (其中 a 为常数) 的敛散性,在收敛时区分是绝对收敛还是条件收敛.

解 当 $a = 0$ 时,级数显然收敛且为绝对收敛.

当 $a \neq 0$ 时,考虑 $\sum_{n=1}^{\infty} \left| (-1)^{n-1} \frac{a^n}{n} \right| = \sum_{n=1}^{\infty} \frac{|a|^n}{n}$,用比值判别法,由于

$$\lim_{n\to\infty} \frac{|u_{n+1}|}{|u_n|} = \lim_{n\to\infty} \frac{\frac{|a|^{n+1}}{n+1}}{\frac{|a|^n}{n}} = \lim_{n\to\infty} \frac{n}{n+1} |a| = |a|,$$

因此当 $|a| < 1$ 时,级数 $\sum_{n=1}^{\infty} \frac{|a|^n}{n}$ 收敛,从而原级数绝对收敛.

当 $|a| > 1$ 时,级数 $\sum_{n=1}^{\infty} \frac{|a|^n}{n}$ 发散,由于用比值判别法得到原级数加绝对值后所得的正项级数发散,因此原级数 $\sum_{n=1}^{\infty} (-1)^{n-1} \frac{a^n}{n}$ 也发散.

当 $a = 1$ 时,原级数成为 $\sum_{n=1}^{\infty} (-1)^{n-1} \frac{1}{n}$,交错级数条件收敛.

当 $a = -1$ 时,原级数成为 $\sum_{n=1}^{\infty} \frac{-1}{n}$,因为调和级数 $\sum_{n=1}^{\infty} \frac{1}{n}$ 发散,所以 $\sum_{n=1}^{\infty} \frac{-1}{n}$ 也发散.

习题 8.2

1. 判定下列级数的敛散性：

(1) $1 + \dfrac{1}{\sqrt{2}} + \dfrac{1}{\sqrt{3}} + \dfrac{1}{\sqrt{4}} + \cdots + \dfrac{1}{\sqrt{n}} + \cdots$

(2) $(1+1) + \left(-\dfrac{2}{3} + \dfrac{1}{2^{\frac{2}{5}}}\right) + \left(\dfrac{4}{9} + \dfrac{1}{3^{\frac{2}{5}}}\right) + \cdots + \left[\left(-\dfrac{2}{3}\right)^{n-1} + \dfrac{1}{n^{\frac{2}{5}}}\right] + \cdots$

2. 用比较判别法及其极限形式判定下列正项级数的敛散性：

(1) $\displaystyle\sum_{n=1}^{\infty} \dfrac{1}{2n+3}$

(2) $\displaystyle\sum_{n=1}^{\infty} \dfrac{\ln n}{n}$

(3) $\displaystyle\sum_{n=1}^{\infty} \dfrac{1}{n^2+n}$

(4) $\displaystyle\sum_{n=1}^{\infty} \dfrac{\arctan n}{n^2+1}$

(5) $\displaystyle\sum_{n=1}^{\infty} \dfrac{1}{\sqrt{4n^2+n}}$

(6) $\displaystyle\sum_{n=1}^{\infty} \dfrac{1}{\sqrt{n}\,(n+1)}$

(7) $\displaystyle\sum_{n=1}^{\infty} \left(\dfrac{n}{2n+5}\right)^n$

(8) $\displaystyle\sum_{n=1}^{\infty} \dfrac{1}{1+a^n}\ (a>0)$

(9) $\displaystyle\sum_{n=1}^{\infty} \dfrac{1}{2^n+n}$

(10) $\displaystyle\sum_{n=1}^{\infty} \dfrac{1}{3^n-2^n}$

(11) $\displaystyle\sum_{n=1}^{\infty} \dfrac{3^n+(-2)^n}{3^n} \cdot \dfrac{1}{n}$

(12) $\displaystyle\sum_{n=1}^{\infty} \left(1 - \cos\dfrac{1}{n}\right)$

(13) $\displaystyle\sum_{n=2}^{\infty} \dfrac{1}{(\ln n)^n}$

(14) $\displaystyle\sum_{n=1}^{\infty} (\mathrm{e}^{\frac{1}{n}} - 1)$

3. 用比值判别法判定下列正项级数的敛散性：

(1) $\displaystyle\sum_{n=1}^{\infty} \dfrac{(n+1)^3}{n!}$

(2) $\displaystyle\sum_{n=1}^{\infty} \dfrac{1 \cdot 3 \cdot 5 \cdot \cdots \cdot (2n-1)}{2 \cdot 5 \cdot 8 \cdot \cdots \cdot (3n-1)}$

(3) $\displaystyle\sum_{n=1}^{\infty} \dfrac{n^2}{2^n}$

(4) $\displaystyle\sum_{n=1}^{\infty} \left(\dfrac{na}{n+1}\right)^n$

(5) $\displaystyle\sum_{n=1}^{\infty} \dfrac{(n!)^2}{(2n)!}$

(6) $\displaystyle\sum_{n=1}^{\infty} \dfrac{n^n}{n!}$

(7) $\displaystyle\sum_{n=1}^{\infty} \dfrac{\sin\dfrac{\pi}{3^n}}{n}$

(8) $\displaystyle\sum_{n=1}^{\infty} \dfrac{n!}{\mathrm{e}^n}$

(9) $\displaystyle\sum_{n=1}^{\infty} \dfrac{2^n}{n(n+1)}$

4. 讨论下列交错级数的敛散性：

(1) $\sum_{n=1}^{\infty}(-1)^n\dfrac{1}{\sqrt{n}}$ (2) $\sum_{n=1}^{\infty}(-1)^{n+1}\dfrac{n}{3n+1}$

(3) $\sum_{n=1}^{\infty}(-1)^n\dfrac{\ln n}{n}$ (4) $\sum_{n=1}^{\infty}\dfrac{\cos(n-1)\pi}{n+1}$

(5) $\sum_{n=1}^{\infty}(-1)^n\dfrac{n}{2n^2+1}$ (6) $\sum_{n=1}^{\infty}\sin\left(n\pi+\dfrac{\pi}{n}\right)$

5. 判定下列级数的敛散性,若收敛,指出是绝对收敛还是条件收敛:

(1) $\sum_{n=2}^{\infty}(-1)^{n-1}\dfrac{1}{\ln n}$ (2) $\sum_{n=1}^{\infty}\dfrac{n\cos^3 n}{4^n}$

(3) $\sum_{n=1}^{\infty}(-1)^{n-1}\dfrac{n+1}{n^2}$ (4) $\sum_{n=1}^{\infty}(-1)^{n-1}\dfrac{n\cdot 2^n}{3^n}$

(5) $\sum_{n=1}^{\infty}(-1)^{n-1}\dfrac{1}{n+\sqrt{n}}$ (6) $\sum_{n=1}^{\infty}\dfrac{\sin na}{(n+1)^2}$

(7) $\sum_{n=1}^{\infty}(-1)^{\frac{n(n-1)}{2}}\cdot\dfrac{n^{10}}{2^n}$ (8) $\sum_{n=1}^{\infty}(-1)^n\ln\left(1+\dfrac{1}{\sqrt{n}}\right)$

6. 问 p 为何值时,级数 $\sum_{n=1}^{\infty}\dfrac{1}{n^{\ln p}}$ 收敛?

7. 问 p 为何值时,级数 $\sum_{n=1}^{\infty}\dfrac{(-1)^{n-1}}{\sqrt[p]{n}}$ 绝对收敛?

8. 问 q 满足什么条件时,级数 $\sum_{n=1}^{\infty}(n+1)^2(3q)^n$ 收敛?

9. (1) 若正项级数 $\sum_{n=1}^{\infty}u_n$ 收敛,则 $\sum_{n=1}^{\infty}u_n^2$ 也收敛,反之对吗?

(2) 若 $\sum_{n=1}^{\infty}u_n$ 不是正项级数,则上述结论是否仍成立?举例说明之.

10. 已知 $\sum_{n=1}^{\infty}u_n^2$ 收敛,求证:

(1) 级数 $\sum_{n=1}^{\infty}\dfrac{u_n}{n}$ 收敛; (2) 级数 $\sum_{n=1}^{\infty}(u_n u_{n+1})$ 收敛.

11. 设级数 $\sum_{n=1}^{\infty}u_n$ 与 $\sum_{n=1}^{\infty}v_n$ 均收敛,且 $u_n\leqslant a_n\leqslant v_n(n=1,2,\cdots)$,证明级数 $\sum_{n=1}^{\infty}a_n$ 收敛.

8.3 幂级数

8.3.1 幂级数及其收敛域

形如

$$a_0 + a_1(x - x_0) + a_2(x - x_0)^2 + \cdots + a_n(x - x_0)^n + \cdots$$

的级数称为关于 $x - x_0$ 的幂级数,简记为 $\sum\limits_{n=0}^{\infty} a_n(x - x_0)^n$,其中常数 $a_0, a_1, a_2, \cdots, a_n, \cdots$ 称为该幂级数的系数,当 $x_0 = 0$ 时,上述级数变为

$$a_0 + a_1 x + a_2 x^2 + \cdots + a_n x^n + \cdots$$

此级数称为关于 x 的幂级数,记为 $\sum\limits_{n=0}^{\infty} a_n x^n$,用变量代换 $x - x_0 = t$ 可把关于 $(x - x_0)$ 的幂级数转化为关于 t 的幂级数,因此以下主要讨论形如 $\sum\limits_{n=0}^{\infty} a_n x^n$ 的幂级数.

对于级数 $\sum\limits_{n=0}^{\infty} a_n x^n$,当 x 取定常数 x_0 时,级数为数项级数 $\sum\limits_{n=0}^{\infty} a_n x_0^n$,因此可用数项级数的敛散性来定义幂级数 $\sum\limits_{n=0}^{\infty} a_n x^n$ 的敛散性.

定义 8.6 当 $x = x_0$ 时,如果数项级数 $\sum\limits_{n=0}^{\infty} a_n x_0^n$ 收敛,则称幂级数 $\sum\limits_{n=0}^{\infty} a_n x^n$ 在点 x_0 处收敛,称点 x_0 是幂级数 $\sum\limits_{n=0}^{\infty} a_n x^n$ 的收敛点,幂级数 $\sum\limits_{n=0}^{\infty} a_n x^n$ 的全体收敛点构成的集合称为它的收敛域. 如果数项级数 $\sum\limits_{n=0}^{\infty} a_n x_0^n$ 发散,则称点 x_0 是幂级数 $\sum\limits_{n=0}^{\infty} a_n x^n$ 的发散点,若 D 是幂级数 $\sum\limits_{n=0}^{\infty} a_n x^n$ 的收敛域,则取定 D 中的任意一个实数 x,级数 $\sum\limits_{n=0}^{\infty} a_n x^n$ 都有一个确定的和,记作 $S(x)$,即 $S(x) = \sum\limits_{n=0}^{\infty} a_n x^n$ $(x \in D)$,因此,$S(x)$ 是以 D 为定义域的函数,称为幂级数 $\sum\limits_{n=0}^{\infty} a_n x^n$ 的和函数.

对于幂级数 $\sum\limits_{n=0}^{\infty} a_n x^n$,首先要讨论它的收敛域,即 x 取哪些点时幂级数 $\sum\limits_{n=0}^{\infty} a_n x^n$ 收敛,显然,幂级数 $\sum\limits_{n=0}^{\infty} a_n x^n$ 在点 $x = 0$ 处总是收敛的. 除此之外,当幂级数 $\sum\limits_{n=0}^{\infty} a_n x^n$ 还有非零的

收敛点时,它的收敛域具有什么样的特点呢?

例 1 求幂级数 $\sum\limits_{n=0}^{\infty} x^n = 1 + x + x^2 + \cdots + x^n + \cdots$ 的收敛域及和函数.

解 幂级数 $\sum\limits_{n=0}^{\infty} x^n$ 是首项 $a = 1$,公比 $q = x$ 的几何级数,由几何级数的敛散性可知,当 $|x| < 1$ 时,幂级数 $\sum\limits_{n=0}^{\infty} x^n$ 收敛,且其和为 $\sum\limits_{n=0}^{\infty} x^n = \dfrac{1}{1-x}$ $(|x| < 1)$.

此外,当 $|x| \geqslant 1$ 时,幂级数发散,故幂级数 $\sum\limits_{n=0}^{\infty} x^n$ 的收敛域是 $(-1,1)$,和函数 $S(x) = \dfrac{1}{1-x}$ $(|x| < 1)$.

从这个例子我们看到,幂级数 $\sum\limits_{n=0}^{\infty} x^n$ 的收敛域是一个区间,对于一般的幂级数,我们有如下定理.

定理 8.7(阿贝尔(Abel)定理)

(1) 若幂级数 $\sum\limits_{n=0}^{\infty} a_n x^n$ 在点 $x = x_0$ $(x_0 \neq 0)$ 处收敛,则当 $|x| < |x_0|$ 时,幂级数 $\sum\limits_{n=0}^{\infty} a_n x^n$ 绝对收敛.

(2) 若幂级数 $\sum\limits_{n=0}^{\infty} a_n x^n$ 在点 $x = x_0$ $(x_0 \neq 0)$ 处发散,则当 $|x| > |x_0|$ 时,幂级数 $\sum\limits_{n=0}^{\infty} a_n x^n$ 发散.

证 (1) 因为级数 $\sum\limits_{n=0}^{\infty} a_n x_0^n$ 收敛,由级数收敛的必要条件知 $\lim\limits_{n \to \infty} a_n x_0^n = 0$,所以数列 $\{a_n x_0^n\}$ 有界,于是存在常数 $M > 0$,使得 $|a_n x_0^n| \leqslant M$ $(n = 0,1,2,\cdots)$,从而

$$|a_n x^n| = |a_n x_0^n| \cdot \left| \frac{x}{x_0} \right|^n \leqslant M \left| \frac{x}{x_0} \right|^n.$$

因为当 $|x| < |x_0|$ 时,等比级数 $\sum\limits_{n=0}^{\infty} \left| \dfrac{x}{x_0} \right|^n$ 收敛(公比 $\left| \dfrac{x}{x_0} \right| < 1$),由正项级数的比较判别法可知,级数 $\sum\limits_{n=0}^{\infty} |a_n x^n|$ 收敛,从而级数 $\sum\limits_{n=0}^{\infty} a_n x^n$ 绝对收敛.

(2) 定理第二部分的证明用反证法,如果幂级数 $\sum\limits_{n=0}^{\infty} a_n x^n$ 在点 $x = x_0$ 处发散,且存在一点 x_1,$|x_1| > |x_0|$,使得级数 $\sum\limits_{n=0}^{\infty} a_n x_1^n$ 收敛,则由(1)可知,级数在点 $x = x_0$ 处应该

收敛,与假设矛盾,从而结论(2)成立.

根据阿贝尔定理,可以得出幂级数 $\sum\limits_{n=0}^{\infty} a_n x^n$ 的收敛域只有如下三种情形:

(1) 若对任何 x,幂级数 $\sum\limits_{n=0}^{\infty} a_n x^n$ 都绝对收敛,则幂级数 $\sum\limits_{n=0}^{\infty} a_n x^n$ 的收敛域 $D = (-\infty, +\infty)$;

(2) 若对任何 $x \neq 0$,幂级数 $\sum\limits_{n=0}^{\infty} a_n x^n$ 都发散,则幂级数 $\sum\limits_{n=0}^{\infty} a_n x^n$ 的收敛域 $D = \{x \mid x = 0\}$;

(3) 若存在常数 $R > 0$,使得当 $|x| < R$ 时幂级数 $\sum\limits_{n=0}^{\infty} a_n x^n$ 绝对收敛,而当 $|x| > R$ 时幂级数 $\sum\limits_{n=0}^{\infty} a_n x^n$ 发散,则称幂级数 $\sum\limits_{n=0}^{\infty} a_n x^n$ 的收敛半径为 R,并称 $(-R, R)$ 为幂级数 $\sum\limits_{n=0}^{\infty} a_n x^n$ 的收敛区间,幂级数 $\sum\limits_{n=0}^{\infty} a_n x^n$ 的收敛域 D 就是它的收敛区间 $(-R, R)$ 加上使幂级数收敛的端点 $x = R$ 或 $x = -R$ 所组成的集合.

为了统一起见,当幂级数 $\sum\limits_{n=0}^{\infty} a_n x^n$ 对任何 x 都绝对收敛时,规定它的收敛半径 $R = +\infty$,这时收敛区间为 $(-\infty, +\infty)$,若幂级数 $\sum\limits_{n=0}^{\infty} a_n x^n$ 只在 $x = 0$ 处收敛,则规定收敛半径 $R = 0$. 怎样求出幂级数的收敛半径呢?我们有如下定理.

定理 8.8　若幂级数 $\sum\limits_{n=0}^{\infty} a_n x^n$ 的系数 $a_n \neq 0$ $(n = 1, 2, \cdots)$,且 $\lim\limits_{n \to \infty} \left| \dfrac{a_{n+1}}{a_n} \right| = l$,则当 $l = 0$ 时,幂级数 $\sum\limits_{n=0}^{\infty} a_n x^n$ 的收敛半径 $R = +\infty$,当 $0 < l < +\infty$ 时,幂级数 $\sum\limits_{n=0}^{\infty} a_n x^n$ 的收敛半径 $R = \dfrac{1}{l}$,当 $l = +\infty$ 时,幂级数 $\sum\limits_{n=0}^{\infty} a_n x^n$ 的收敛半径 $R = 0$.

证　利用比值判别法来判定幂级数 $\sum\limits_{n=0}^{\infty} a_n x^n$ 当 $x \neq 0$ 时的绝对收敛性. 由于

$$\lim_{n \to \infty} \left| \frac{a_{n+1} x^{n+1}}{a_n x^n} \right| = |x| \lim_{n \to \infty} \left| \frac{a_{n+1}}{a_n} \right| = l \cdot |x| = \begin{cases} 0, & l = 0, \\ l|x|, & 0 < l < +\infty, \\ +\infty, & l = +\infty, \end{cases}$$

可知当 $l = 0$ 时,幂级数 $\sum\limits_{n=0}^{\infty} a_n x^n$ 对任何 x 都绝对收敛,即它的收敛半径 $R = +\infty$;当 $l = +\infty$ 时,幂级数 $\sum\limits_{n=0}^{\infty} a_n x^n$ 对任何 $x \neq 0$ 都发散,即它的收敛半径 $R = 0$;当 $0 < l < +\infty$ 时,幂级

数 $\sum\limits_{n=0}^{\infty}a_n x^n$ 对满足 $l\,|\,x\,|<1$ 即 $|\,x\,|<\dfrac{1}{l}$ 的 x 绝对收敛,而对满足 $l\,|\,x\,|>1$,即 $|\,x\,|>\dfrac{1}{l}$ 的 x 发散,因此它的收敛半径 $R=\dfrac{1}{l}$.

注意:求幂级数 $\sum\limits_{n=0}^{\infty}a_n x^n$ 的收敛域的步骤是,首先求出收敛半径 R,如果 $0<R<+\infty$,则再判断当 $x=\pm R$ 时,幂级数 $\sum\limits_{n=0}^{\infty}a_n x^n$ 对应的数项级数 $\sum\limits_{n=0}^{\infty}a_n R^n$ 和 $\sum\limits_{n=0}^{\infty}a_n(-R)^n$ 的敛散性,最后写出收敛域.

例 2 求幂级数 $\sum\limits_{n=0}^{\infty}\dfrac{x^n}{n!}$ 的收敛半径和收敛域.

解 由

$$l=\lim_{n\to\infty}\left|\dfrac{a_{n+1}}{a_n}\right|=\lim_{n\to\infty}\dfrac{\dfrac{1}{(n+1)!}}{\dfrac{1}{n!}}=\lim_{n\to\infty}\dfrac{1}{n+1}=0$$

得到收敛半径为 $R=+\infty$,收敛域为 $(-\infty,+\infty)$.

例 3 求幂级数 $\sum\limits_{n=1}^{\infty}\dfrac{x^n}{n}$ 的收敛半径和收敛域.

解 因为

$$l=\lim_{n\to\infty}\left|\dfrac{a_{n+1}}{a_n}\right|=\lim_{n\to\infty}\dfrac{\dfrac{1}{(n+1)}}{\dfrac{1}{n}}=\lim_{n\to\infty}\dfrac{n}{n+1}=1.$$

因此收敛半径 $R=\dfrac{1}{l}=1$,即幂级数在区间 $(-1,1)$ 内收敛,当 $x=1$ 时,幂级数变为 $\sum\limits_{n=1}^{\infty}\dfrac{1}{n}$,这是调和级数,它是发散的;当 $x=-1$ 时,幂级数变为 $\sum\limits_{n=1}^{\infty}(-1)^n\dfrac{1}{n}$,这是交错级数,由莱布尼茨判别法知,$\sum\limits_{n=1}^{\infty}(-1)^n\dfrac{1}{n}$ 是收敛的,因此收敛域为 $[-1,1)$.

例 4 求幂级数 $\sum\limits_{n=1}^{\infty}(-1)^{n-1}\dfrac{3^n x^{2n}}{n}$ 的收敛半径和收敛域.

解 原级数中缺少 $x,x^3,x^5,\cdots$ 等项,因此不能直接利用**定理 8.8**,由正项级数的比值判别法

$$\lim_{n\to\infty}\left|\dfrac{u_{n+1}}{u_n}\right|=\lim_{n\to\infty}\left|\dfrac{(-1)^n3^{n+1}x^{2(n+1)}}{n+1}\cdot\dfrac{n}{(-1)^{n-1}3^n x^{2n}}\right|=\lim_{n\to\infty}\dfrac{3n}{n+1}\cdot x^2=3x^2,$$

所以当 $3x^2 < 1$ 即 $|x| < \dfrac{1}{\sqrt{3}}$ 时,原级数绝对收敛,当 $3x^2 > 1$ 即 $|x| > \dfrac{1}{\sqrt{3}}$ 时,级数 $\displaystyle\sum_{n=1}^{\infty} \left| (-1)^{n-1} \dfrac{3^n x^{2n}}{n} \right|$ 发散,由于是利用比值判别法得到该级数发散的结论,因此原级数也发散,因此原级数的收敛半径 $R = \dfrac{1}{\sqrt{3}}$,收敛区间为 $\left(-\dfrac{1}{\sqrt{3}}, \dfrac{1}{\sqrt{3}} \right)$.

当 $x = \pm \dfrac{1}{\sqrt{3}}$ 时,原级数成为 $\displaystyle\sum_{n=1}^{\infty} (-1)^{n-1} \dfrac{1}{n}$,这是交错级数,满足莱布尼茨判别法的两个条件,因此收敛,所以原级数的收敛域为 $\left[-\dfrac{1}{\sqrt{3}}, \dfrac{1}{\sqrt{3}} \right]$.

例 5　求幂级数 $\displaystyle\sum_{n=1}^{\infty} \dfrac{1}{\sqrt{n}} (2x-1)^n$ 的收敛域.

解　作变换 $2x-1 = t$,所给级数变为 t 的幂级数 $\displaystyle\sum_{n=1}^{\infty} \dfrac{t^n}{\sqrt{n}}$,

因为 $$l = \lim_{n \to \infty} \left| \dfrac{a_{n+1}}{a_n} \right| = \lim_{n \to \infty} \dfrac{\frac{1}{\sqrt{n+1}}}{\frac{1}{\sqrt{n}}} = \lim_{n \to \infty} \dfrac{\sqrt{n}}{\sqrt{n+1}} = 1,$$

所以关于 t 的幂级数 $\displaystyle\sum_{n=1}^{\infty} \dfrac{t^n}{\sqrt{n}}$ 的收敛半径 $R = \dfrac{1}{l} = 1$.

当 $t = 1$ 时,级数变为 $\displaystyle\sum_{n=1}^{\infty} \dfrac{1}{\sqrt{n}}$,这是 $p = \dfrac{1}{2} < 1$ 的 p 级数,它是发散的.

当 $t = -1$ 时,级数变为 $\displaystyle\sum_{n=1}^{\infty} \dfrac{(-1)^n}{\sqrt{n}}$,这是一个交错级数,由莱布尼茨判别法知,$\displaystyle\sum_{n=1}^{\infty} \dfrac{(-1)^n}{\sqrt{n}}$ 收敛.

从而关于 t 的幂级数的收敛域为 $-1 \leqslant t < 1$,把 $t = 2x-1$ 代回,得 $-1 \leqslant 2x-1 < 1$,即 $0 \leqslant x < 1$. 从而原级数的收敛域为 $[0,1)$.

8.3.2　幂级数求和函数

下面给出幂级数运算的几个性质,但不予证明,设幂级数 $\displaystyle\sum_{n=0}^{\infty} a_n x^n$ 的收敛半径 $R > 0$,和函数为 $S(x)$,则有

性质 1　幂级数的和函数 $S(x)$ 在收敛区间 $(-R,R)$ 内是连续函数.

性质 2   在幂级数 $\sum\limits_{n=0}^{\infty} a_n x^n$ 的收敛区间 $(-R,R)$ 内任一点 x,有

$$S'(x) = \Big(\sum_{n=0}^{\infty} a_n x^n\Big)' = \sum_{n=0}^{\infty} (a_n x^n)' = \sum_{n=1}^{\infty} n a_n x^{n-1},$$

即幂级数在它的收敛区间内可以逐项求导,并且逐项求导后级数的收敛半径也是 R.

性质 3   在幂级数 $\sum\limits_{n=0}^{\infty} a_n x^n$ 的收敛区间 $(-R,R)$ 内任意一点 x,有

$$\int_0^x S(x)\mathrm{d}x = \int_0^x \Big(\sum_{n=0}^{\infty} a_n x^n\Big)\mathrm{d}x = \sum_{n=0}^{\infty} \int_0^x a_n x^n \mathrm{d}x = \sum_{n=0}^{\infty} \frac{a_n}{n+1} x^{n+1},$$

即幂级数在其收敛区间内可以逐项积分,并且逐项积分后级数的收敛半径也是 R.

应当指出,将幂级数 $\sum\limits_{n=0}^{\infty} a_n x^n$ 逐项求导或逐项积分后,所得到的新的幂级数的收敛半径虽然不变,但是收敛区间的两个端点 $x = R$ 或 $x = -R$ 的敛散性可能发生变化,如果逐项积分或逐项求导后的幂级数当 $x = R$ 或 $x = -R$ 时仍收敛,则在 $x = R$ 或 $x = -R$ 处上述性质 2 以及性质 3 中的等式仍然成立.

例 6   求幂级数 $\sum\limits_{n=1}^{\infty} \dfrac{x^n}{n}$ 的和函数.

解   在例 3 中已求得该幂级数的收敛域为 $[-1,1)$,记幂级数的和函数为 $S(x)$,即

$$S(x) = x + \frac{1}{2}x^2 + \frac{1}{3}x^3 + \cdots + \frac{1}{n}x^n + \cdots,$$

对上式两端求导,得

$$S'(x) = 1 + x + x^2 + \cdots + x^{n-1} + \cdots = \frac{1}{1-x} \quad (-1 < x < 1),$$

对上式两端在区间 $[0,x]$ 上求定积分,得

$$\int_0^x S'(x)\mathrm{d}x = S(x) - S(0) = \int_0^x \frac{1}{1-x}\mathrm{d}x = -\ln(1-x).$$

由于 $S(0) = 0$,因此所求和函数 $S(x) = -\ln(1-x)\ (-1 \leqslant x < 1)$.

特别地,若令 $x = -1$,则有

$$\sum_{n=1}^{\infty} \frac{(-1)^n}{n} = -1 + \frac{1}{2} - \frac{1}{3} + \cdots + \frac{(-1)^n}{n} + \cdots = S(-1) = -\ln 2,$$

也即交错级数 $1 - \dfrac{1}{2} + \dfrac{1}{3} - \dfrac{1}{4} + \cdots$ 收敛,其和为 $\ln 2$.

例 7   求幂级数 $\sum\limits_{n=1}^{\infty} (-1)^{n-1} \dfrac{x^{2n-1}}{2n-1} = x - \dfrac{x^3}{3} + \dfrac{x^5}{5} - \dfrac{x^7}{7} + \cdots$ 的收敛域及和函数.

解   此为缺 $x^2, x^4, x^6, \cdots$ 等项的幂级数,我们用比值判别法,

$$\lim_{n \to \infty} \left| \frac{u_{n+1}}{u_n} \right| = \lim_{n \to \infty} \left| \frac{(-1)^n \frac{x^{2n+1}}{2n+1}}{\frac{(-1)^{n-1} x^{2n-1}}{2n-1}} \right| = \lim_{n \to \infty} \frac{2n-1}{2n+1} \mid x \mid^2 = x^2,$$

因此,当 $x^2 < 1$ 即 $\mid x \mid < 1$ 时,幂级数绝对收敛.

当 $x^2 > 1$ 即 $\mid x \mid > 1$ 时,幂级数发散,从而原幂级数的收敛半径 $R = 1$.

当 $x = 1$ 时,幂级数变为 $1 - \frac{1}{3} + \frac{1}{5} - \frac{1}{7} + \cdots$,由交错级数的莱布尼茨判别法知其收敛.

当 $x = -1$ 时,幂级数变为 $-1 + \frac{1}{3} - \frac{1}{5} + \frac{1}{7} + \cdots$ 由交错级数的莱布尼茨判别法知

其收敛,因此幂级数的收敛域为 $[-1, 1]$.

设幂级数的和函数为 $S(x)$,由幂级数的**性质 2**,有

$$S'(x) = 1 - x^2 + x^4 - \cdots = \frac{1}{1+x^2} \quad (-1 < x < 1),$$

再对两边从 0 到 x 积分,$x \in (-1, 1)$,得

$$\int_0^x S'(x) \mathrm{d}x = S(x) - S(0) = \int_0^x \frac{1}{1+x^2} \mathrm{d}x = \arctan x \mid_0^x = \arctan x.$$

由于 $S(0) = 0$,从而,$S(x) = \arctan x$,因此

$$x - \frac{x^3}{3} + \frac{x^5}{5} - \cdots = \arctan x \quad (-1 \leqslant x \leqslant 1).$$

特别地,若令 $x = 1$,则有

$$1 - \frac{1}{3} + \frac{1}{5} - \frac{1}{7} + \cdots = \frac{\pi}{4}.$$

例 8　求幂级数 $\sum_{n=1}^{\infty} n x^n = x + 2x^2 + 3x^3 + \cdots$ 的和函数,并求级数 $\sum_{n=1}^{\infty} \frac{n}{2^n}$ 的和.

解　容易求得幂级数 $\sum_{n=1}^{\infty} n x^n$ 的收敛域为 $(-1, 1)$,设该幂级数的和函数为 $S(x)$,则

$$S(x) = \sum_{n=1}^{\infty} n x^n = x \sum_{n=1}^{\infty} n x^{n-1} = x \sum_{n=1}^{\infty} (x^n)' = x \left(\sum_{n=1}^{\infty} x^n \right)'$$
$$= x \left(\frac{x}{1-x} \right)' = \frac{x}{(1-x)^2} \quad (-1 < x < 1),$$

即

$$\sum_{n=1}^{\infty} n x^n = \frac{x}{(1-x)^2} \quad (-1 < x < 1).$$

在上式中令 $x = \frac{1}{2}$,得到 $\sum_{n=1}^{\infty} \frac{n}{2^n} = \frac{\frac{1}{2}}{\left(1 - \frac{1}{2}\right)^2} = 2.$ 也即数项级数 $\sum_{n=1}^{\infty} \frac{n}{2^n}$ 收敛,其和为 2.

8.3.3 函数展成幂级数

上面我们讨论了幂级数的收敛域与其和函数的性质,以及在收敛域内如何求出其和函数,现在考虑一个相反的问题,给定函数 $f(x)$,能否在某区间内表示成幂级数,即能否找到这样一个幂级数,它在某区间内收敛,且其和恰好就是给定的函数 $f(x)$. 若能找到这样的幂级数,就可以说,函数 $f(x)$ 在该区间内能展开成幂级数. 本节主要讨论如下几个问题:

(1) 满足什么条件的函数一定可在某区间内展开成幂级数?

(2) 如果函数 $f(x)$ 能展开成幂级数,幂级数的系数与 $f(x)$ 有怎样的关系?

(3) 如何将一些初等函数展开成幂级数?

设已知函数 $f(x)$ 是一个如下形式的 n 次多项式

$$f(x) = a_0 + a_1(x-x_0) + a_2(x-x_0)^2 + \cdots + a_n(x-x_0)^n, \qquad (8-1)$$

显然 $f(x)$ 具有任意阶导数,该多项式的系数 $a_0, a_1, \cdots, a_n$ 和 $f(x)$ 在点 x_0 的导数,可经如下方法计算得到:

在 $(8-1)$ 式中令 $x=x_0$ 代入,得 $a_0 = f(x_0)$,对 $(8-1)$ 式两边求导,再把 $x=x_0$ 代入,得 $a_1 = f'(x_0)$,对 $(8-1)$ 式两边求二阶导数,再把 $x=x_0$ 代入,得 $f''(x_0) = 2! \cdot a_2$,即 $a_2 = \dfrac{f''(x_0)}{2!}$,依次可得 $a_3 = \dfrac{f'''(x_0)}{3!}, \cdots, a_n = \dfrac{f^{(n)}(x_0)}{n!}$,即

$$f(x) = f(x_0) + f'(x_0)(x-x_0) + \frac{f''(x_0)}{2!}(x-x_0)^2 + \cdots + \frac{f^{(n)}(x_0)}{n!}(x-x_0)^n.$$

一般地,任给一个函数 $f(x)$,设它在点 x_0 的某个邻域内具有 n 阶导数,作多项式

$$P(x) = f(x_0) + f'(x_0)(x-x_0) + \frac{f''(x_0)}{2!}(x-x_0)^2 + \cdots + \frac{f^{(n)}(x_0)}{n!}(x-x_0)^n,$$

若 $f(x)$ 是一个多项式,则总能使 $f(x) = P_n(x)$,若函数 $f(x)$ 不是多项式,则 $f(x) \neq P_n(x)$,但 $P_n(x)$ 可以近似表示 $f(x)$,并且表示的近似程度由下面的定理给出.

定理 8.9(泰勒(Taylor)中值定理) 若函数 $f(x)$ 在包含点 x_0 的某个区间 (a,b) 内具有 $n+1$ 阶导数,则对区间 (a,b) 内任一点 x,函数 $f(x)$ 可以表示成

$$f(x) = f(x_0) + f'(x_0)(x-x_0) + \frac{f''(x_0)}{2!}(x-x_0)^2 + \cdots$$

$$+ \frac{f^{(n)}(x_0)}{n!}(x-x_0)^n + R_n(x),$$

其中 $R_n(x) = \dfrac{f^{(n+1)}(\xi)}{(n+1)!}(x-x_0)^{n+1}$ 称为拉格朗日(Lagrange)余项,这里 ξ 是 x 与 x_0 之间的某个值.

我们略去了定理的证明.

当 $n = 0$ 时,泰勒中值定理变成拉格朗日中值定理:
$$f(x) = f(x_0) + f'(\xi)(x - x_0) \quad (\xi \text{介于} x_0 \text{与} x \text{之间}).$$
因此泰勒中值定理是拉格朗日中值定理的推广.

在泰勒中值定理中,若取 $x_0 = 0$,则得
$$f(x) = f(0) + f'(0)x + \frac{f''(0)}{2!}x^2 + \cdots + \frac{f^{(n)}(0)}{n!}x^n + R_n(x) \qquad (8-2)$$

其中,余项 $R_n(x) = \dfrac{f^{(n+1)}(\xi)}{(n+1)!}x^{n+1}$($\xi$ 在 0 与 x 之间).

公式(8-2)称为函数 $f(x)$ 的麦克劳林(Maclaurin)公式.

泰勒中值定理在近似计算中非常有用,也就是说,对于满足泰勒中值定理条件的函数 $f(x)$,可以用一个关于($x - x_0$)或 x 的 n 次多项式来近似地表示,其误差为 $|R_n(x)|$,为了提高近似的精确度,我们希望 $\lim\limits_{n \to \infty} R_n(x) = 0 (a < x < b)$,为此引进函数 $f(x)$ 的泰勒级数的概念.

定义 8.7　若函数 $f(x)$ 在点 x_0 处有任意阶导数,则称级数
$$f(x_0) + f'(x_0)(x - x_0) + \frac{f''(x_0)}{2!}(x - x_0)^2 + \cdots + \frac{f^{(n)}(x_0)}{n!}(x - x_0)^n + \cdots \qquad (8-3)$$
为函数 $f(x)$ 在 $x = x_0$ 处的泰勒级数,特别地,当 $x_0 = 0$ 时,幂级数
$$f(0) + f'(0)x + \frac{f''(0)}{2!}x^2 + \cdots + \frac{f^{(n)}(0)}{n!}x^n + \cdots$$
称为函数 $f(x)$ 的麦克劳林级数.

函数 $f(x)$ 的泰勒级数或麦克劳林级数的收敛区间可以用前面介绍过的求幂级数的收敛区间的方法得到,现在的问题是,函数 $f(x)$ 的泰勒级数在收敛区间内是否收敛于 $f(x)$,也即是否以 $f(x)$ 为其和函数?下面的定理回答了这个问题.

定理 8.10　设函数 $f(x)$ 在包含 x_0 的某邻域内具有任意阶导数,则 $f(x)$ 在点 x_0 处的泰勒级数在该邻域内收敛于 $f(x)$,即展开式
$$f(x) = f(x_0) + f'(x_0)(x - x_0) + \frac{f''(x_0)}{2!}(x - x_0)^2 + \cdots$$
$$+ \frac{f^{(n)}(x_0)}{n!}(x - x_0)^n + \cdots \qquad (8-4)$$
成立的充分必要条件是:对于该邻域内任意的 x,都有 $\lim\limits_{n \to \infty} R_n(x) = 0$.

证　我们注意到级数 $\sum\limits_{n=0}^{\infty} \dfrac{f^{(n)}(x_0)}{n!}(x - x_0)^n$ 的前 $n + 1$ 项和为
$$S_{n+1}(x) = f(x_0) + f'(x_0)(x - x_0) + \frac{f''(x_0)}{2!}(x - x_0)^2 + \cdots + \frac{f^{(n)}(x_0)}{n!}(x - x_0)^n,$$
根据泰勒中值定理,有

$$f(x) = S_{n+1}(x) + R_n(x)$$

或

$$R_n(x) = f(x) - S_{n+1}(x).$$

因此,若级数(8-3)收敛于 $f(x)$,则必有

$$\lim_{n \to \infty} R_n(x) = \lim_{n \to \infty} [f(x) - S_{n+1}(x)] = f(x) - f(x) = 0;$$

反过来,如果在 x_0 的某邻域内恒有 $\lim_{n \to \infty} R_n(x) = 0$,即 $\lim_{n \to \infty}(f(x) - S_{n+1}(x)) = 0$,则 $\lim_{n \to \infty} S_{n+1}(x) = f(x)$ 成立,因此级数(8-3)在该邻域内收敛于函数 $f(x)$,即展开式(8-4)成立.

如果定理 8.10 中的(8-4)式成立,则我们也称在该邻域内将函数 $f(x)$ 展开成泰勒级数,或称将函数 $f(x)$ 展成 $(x - x_0)$ 的幂级数,当 $x_0 = 0$ 时,(8-4)式可写成

$$f(x) = f(0) + f'(0)x + \frac{f''(0)}{2!}x^2 + \cdots + \frac{f^{(n)}(0)}{n!}x^n + \cdots. \qquad (8-5)$$

如果(8-5)式成立,我们也称将 $f(x)$ 展开成麦克劳林级数,或称将函数 $f(x)$ 展开成 x 的幂级数.

注意:将函数展开成泰勒级数就是用幂级数表示函数,若一个函数能展开成幂级数,则此幂级数就是它的泰勒级数,也就是说,函数的泰勒展开式是唯一的,其系数必为

$$a_k = \frac{f^{(k)}(x_0)}{k!} \ (k = 0, 1, 2, \cdots).$$

下面我们介绍把函数展开成幂级数的方法.

把一个给定的函数 $f(x)$ 展开成 x 的幂级数有直接展开法和间接展开法.

直接展开法

根据定理 8.10 把已知函数展开成泰勒级数或麦克劳林级数,通常称为直接展开法,现以函数 $f(x)$ 展开成麦克劳林级数为例,给出直接展开法的步骤.

(1)求出函数 $f(x)$ 的各阶导数 $f'(x), f''(x), \cdots, f^{(n)}(x), \cdots$,若在点 $x = 0$ 处某阶导数不存在,则 $f(x)$ 不能展开成 x 的幂级数.

(2)求出函数及其各阶导数在 $x = 0$ 处的值.

$$f(0), f'(0), f''(0), \cdots, f^{(n)}(0), \cdots$$

(3)求出幂级数

$$f(x) = f(0) + f'(0)x + \frac{f''(0)}{2!}x^2 + \cdots + \frac{f^{(n)}(0)}{n!}x^n + \cdots$$

的收敛半径 R 及收敛域 D.

(4)考察当 $x \in D$ 时,余项 $R_n(x)$ 的极限

$$\lim_{n \to \infty} R_n(x) = \lim_{n \to \infty} \frac{f^{(n+1)}(\xi)}{(n+1)!}x^{n+1} \quad (\xi \text{ 在 } 0 \text{ 与 } x \text{ 之间})$$

是否为零,若 $\lim_{n \to \infty} R_n(x) = 0$,则第(3)步求出的幂级数就是函数 $f(x)$ 的幂级数展开式.

下面给出几个重要的展开式.

例 9 求函数 $f(x) = \mathrm{e}^x$ 的幂级数展开式.

解 因为 $f^{(n)}(x) = \mathrm{e}^x (n = 1, 2, 3, \cdots)$，所以 $f(0) = 1, f^{(n)}(0) = 1 (n = 1, 2, 3, \cdots)$，于是得级数

$$1 + x + \frac{x^2}{2!} + \cdots + \frac{x^n}{n!} + \cdots$$

它的收敛半径为 $R = +\infty$.

对于任意 $x \in (-\infty, +\infty)$，由于 $R_n(x)$ 中的 ξ 介于 0 与 x 之间，所以

$$0 \leqslant |R_n(x)| = \left| \frac{\mathrm{e}^\xi}{(n+1)!} x^{n+1} \right| \leqslant \mathrm{e}^{|x|} \cdot \frac{|x|^{n+1}}{(n+1)!}.$$

利用正项级数的比值判别法容易证明级数 $\displaystyle\sum_{n=0}^{\infty} \frac{\mathrm{e}^{|x|} \cdot |x|^{n+1}}{(n+1)!}$ 对任意的 x 都收敛，由级数收敛的必要条件可知其一般项的极限必为零，即有

$$\lim_{n \to \infty} \frac{\mathrm{e}^{|x|} \cdot |x|^{n+1}}{(n+1)!} = 0.$$

因此，对任意的 x，都有 $\lim\limits_{n \to \infty} |R_n(x)| = 0$，从而 $\lim\limits_{n \to \infty} R_n(x) = 0$. 于是我们得到展开式

$$\mathrm{e}^x = 1 + x + \frac{x^2}{2!} + \cdots + \frac{x^n}{n!} + \cdots \quad (-\infty < x < +\infty).$$

例 10 将函数 $f(x) = \sin x$ 展开成 x 的幂级数.

解 因为 $f^{(k)}(x) = \sin\left(x + k \cdot \frac{\pi}{2}\right) (k = 1, 2, \cdots)$，

所以

$$f^{(k)}(0) = \sin \frac{k\pi}{2} = \begin{cases} (-1)^{n-1}, & k = 2n-1, \\ 0, & k = 2n, \end{cases}$$

于是得级数

$$x - \frac{x^3}{3!} + \frac{x^5}{5!} - \cdots + (-1)^{n-1} \frac{x^{2n-1}}{(2n-1)!} + \cdots$$

它的收敛半径为 $R = +\infty$.

对于任意实数 x［余项 $R_n(x)$ 中的 ξ 在 0 与 x 之间］，有

$$0 \leqslant |R_n(x)| = \left| \frac{\sin\left[\xi + (n+1)\frac{\pi}{2}\right]}{(n+1)!} x^{n+1} \right| \leqslant \frac{|x|^{n+1}}{(n+1)!}.$$

因为 $\lim\limits_{n \to \infty} \frac{|x|^{n+1}}{(n+1)!} = 0$，所以对任意的 x 都有 $\lim\limits_{n \to \infty} |R_n(x)| = 0$，从而 $\lim\limits_{n \to \infty} R_n(x) = 0$. 因此得展开式

$$\sin x = x - \frac{x^3}{3!} + \frac{x^5}{5!} - \cdots + (-1)^{n-1} \frac{x^{2n-1}}{(2n-1)!} + \cdots \quad (-\infty < x < +\infty)$$

例 11 将函数 $f(x) = (1+x)^m$ 展开成 x 的幂级数,其中 m 为任意常数.

解 因为

$$f'(x) = m(1+x)^{m-1}$$

$$f''(x) = m(m-1)(1+x)^{m-2}$$

$$\cdots\cdots$$

$$f^{(n)}(x) = m(m-1)(m-2)\cdots(m-n+1)(1+x)^{m-n}$$

所以

$$f(0) = 1, f'(0) = m, f''(0) = m(m-1), \cdots, f^{(n)}(0) = m(m-1)\cdots(m-n+1).$$

于是得到级数

$$1 + mx + \frac{m(m-1)}{2!}x^2 + \cdots + \frac{m(m-1)\cdots(m-n+1)}{n!}x^n + \cdots.$$

由 $\lim\limits_{n\to\infty}\left|\dfrac{a_{n+1}}{a_n}\right| = \lim\limits_{n\to\infty}\left|\dfrac{m(m-1)\cdots(m-n+1)(m-n)n!}{m(m-1)\cdots(m-n+1)(n+1)!}\right| = \lim\limits_{n\to\infty}\left|\dfrac{m-n}{n+1}\right| = 1$,得此幂级数的收敛半径为 $R = 1$.

可以证明(证略),对于 $(-1,1)$ 内的任意 x,有 $\lim\limits_{n\to\infty}R_n(x) = 0$,故得展开式

$$(1+x)^m = 1 + mx + \frac{m(m-1)}{2!}x^2 + \cdots$$

$$+ \frac{m(m-1)\cdots(m-n+1)}{n!}x^n + \cdots \quad (-1 < x < 1),$$

这个展开式称为二项式展开式,级数亦称二项式级数,当 m 为正整数时,就是代数学中的二项式定理,在区间的端点 $x = \pm 1$ 处,上述展开式是否成立,要由 m 的取值来定.

间接展开法

间接展开法就是利用一些已知的函数展开式以及幂级数的性质,如四则运算、变量代换、逐项求导、逐项求积等将所给函数展开成幂级数的方法.下面通过一些例子说明这种方法.

例 12 将下列函数展成 x 的幂级数:

(1) $\cos x$ (2) $\ln(1+x)$ (3) $\cos^2 x$

解 (1) 由 $\sin x = \sum\limits_{n=0}^{\infty}(-1)^n\dfrac{x^{2n+1}}{(2n+1)!}$ $(-\infty < x < +\infty)$,逐项求导得

$$(\sin x)' = \left[\sum_{n=0}^{\infty}(-1)^n\frac{x^{2n+1}}{(2n+1)!}\right]' = \sum_{n=0}^{\infty}\left[(-1)^n\frac{x^{2n+1}}{(2n+1)!}\right]',$$

即

$$\cos x = \sum_{n=0}^{\infty}(-1)^n\frac{x^{2n}}{(2n)!} = 1 - \frac{x^2}{2!} + \frac{x^4}{4!} - \cdots + (-1)^n\frac{x^{2n}}{(2n)!} + \cdots$$

$$(-\infty < x < +\infty).$$

（2）因为 $\left[\ln(1+x)\right]' = \dfrac{1}{1+x}$，所以有 $\ln(1+x) = \displaystyle\int_0^x \dfrac{1}{1+t}\mathrm{d}t.$ 在 $(1+x)^m$ 的展开式中取 $m = -1$，有

$$\frac{1}{1+t} = 1 - t + t^2 - t^3 + \cdots + (-1)^{n-1}t^{n-1} + \cdots \quad (-1 < t < 1),$$

再从 0 到 x 逐项积分，得

$$\ln(1+x) = x - \frac{x^2}{2} + \frac{x^3}{3} - \cdots + (-1)^{n-1}\frac{x^n}{n} + \cdots \quad (-1 < x \leqslant 1),$$

由于上式右端的级数在 $x = 1$ 也收敛，因此上式在 $x = 1$ 也成立.

（3）由本例的（1）可知

$$\cos x = 1 - \frac{x^2}{2!} + \frac{x^4}{4!} - \cdots + (-1)^n\frac{x^{2n}}{(2n)!} + \cdots \quad (-\infty < x < +\infty),$$

在上式中把 x 换成 $2x$，得

$$\cos 2x = 1 - \frac{(2x)^2}{2!} + \frac{(2x)^4}{4!} - \cdots + (-1)^n\frac{(2x)^{2n}}{(2n)!} + \cdots \quad (-\infty < x < +\infty),$$

所以

$$
\begin{aligned}
\cos^2 x &= \frac{1+\cos 2x}{2} \\
&= \frac{1}{2} + \frac{1}{2}\left[1 - \frac{(2x)^2}{2!} + \frac{(2x)^4}{4!} - \cdots + (-1)^n\frac{(2x)^{2n}}{(2n)!} + \cdots\right] \\
&= 1 - \frac{(2x)^2}{2\cdot 2!} + \frac{(2x)^4}{2\cdot 4!} - \cdots + (-1)^n\frac{(2x)^{2n}}{2\cdot(2n)!} + \cdots \quad (-\infty < x < +\infty).
\end{aligned}
$$

本例 $f(x) = \cos^2 x$ 的展开式也可以用如下方法得到.

注意到 $f'(x) = 2\cos x\cdot(-\sin x) = -\sin 2x$，因为

$$\sin x = x - \frac{x^3}{3!} + \frac{x^5}{5!} - \cdots + (-1)^{n-1}\frac{x^{2n-1}}{(2n-1)!} + \cdots \quad (-\infty < x < +\infty),$$

在上式中把 x 换成 $2x$，可得

$$f'(x) = -\sin 2x = -2x + \frac{(2x)^3}{3!} - \frac{(2x)^5}{5!} - \cdots + (-1)^n\frac{(2x)^{2n-1}}{(2n-1)!} + \cdots,$$

上式两端从 0 到 x 逐项积分，得

$$
\begin{aligned}
\int_0^x f'(x)\mathrm{d}x &= f(x) - f(0) \\
&= -x^2 + \frac{1}{2}\cdot\frac{(2x)^4}{4!} - \cdots + \frac{1}{2}\cdot\frac{(-1)^n(2x)^{2n}}{(2n)!} + \cdots,
\end{aligned}
$$

由于 $f(0) = \cos 0 = 1$，因此

$$f(x) = 1 - x^2 + \frac{1}{2}\cdot\frac{(2x)^4}{4!} - \cdots + \frac{1}{2}\cdot\frac{(-1)^n(2x)^{2n}}{(2n)!} + \cdots \quad (-\infty < x < +\infty).$$

例 13　将 $\ln(1+x-2x^2)$ 展开成 x 的幂级数.

解　因为 $\ln(1+x-2x^2)=\ln(1-x)+\ln(1+2x)$,在上例 $\ln(1+x)$ 的展开式中分别把 x 换成 $-x$ 以及把 x 换成 $2x$,可得

$$\ln(1-x)=-\sum_{n=1}^{\infty}\frac{x^n}{n}\quad(-1\leqslant x<1).$$

$$\ln(1+2x)=\sum_{n=1}^{\infty}(-1)^{n-1}\frac{(2x)^n}{n}=\sum_{n=1}^{\infty}(-1)^{n-1}\frac{2^n}{n}x^n\quad\left(-\frac{1}{2}<x\leqslant\frac{1}{2}\right).$$

所以

$$\ln(1+x-2x^2)=-\sum_{n=1}^{\infty}\frac{x^n}{n}+\sum_{n=1}^{\infty}(-1)^{n-1}\frac{2^n}{n}x^n$$

$$=\sum_{n=1}^{\infty}\frac{(-1)^{n-1}2^n-1}{n}x^n\quad\left(-\frac{1}{2}<x\leqslant\frac{1}{2}\right).$$

综上各例,可以看出下列六个基本展开式是很重要的,读者应当熟记.

(1) $e^x=\sum_{n=0}^{\infty}\frac{x^n}{n!}\quad(-\infty<x<+\infty)$

(2) $\sin x=\sum_{n=0}^{\infty}(-1)^n\frac{x^{2n+1}}{(2n+1)!}\quad(-\infty<x<+\infty)$

(3) $\cos x=\sum_{n=0}^{\infty}(-1)^n\frac{x^{2n}}{(2n)!}\quad(-\infty<x<+\infty)$

(4) $\ln(1+x)=\sum_{n=0}^{\infty}(-1)^n\frac{x^{n+1}}{n+1}\quad(-1<x\leqslant1)$

(5) $(1+x)^m=\sum_{n=0}^{\infty}\frac{m(m-1)\cdots(m-n+1)}{n!}x^n\quad(-1<x<1)$

(6) $\dfrac{1}{1-x}=\sum_{n=0}^{\infty}x^n\quad(-1<x<1)$

习题　8.3

1. 求下列幂级数的收敛半径与收敛域:

(1) $\sum_{n=1}^{\infty}(-1)^{n-1}\frac{x^n}{n}$

(2) $\sum_{n=1}^{\infty}nx^n$

(3) $\sum_{n=1}^{\infty}\frac{n!}{n^n}x^n$

(4) $\sum_{n=1}^{\infty}\frac{x^n}{(2n-1)2n}$

(5) $\sum_{n=1}^{\infty}\frac{x^{n-1}}{n\cdot2^{n-1}}$

(6) $\sum_{n=1}^{\infty}\frac{5^n+(-3)^n}{n}x^n$

(7) $\displaystyle\sum_{n=1}^{\infty} 2^n (x+3)^{2n}$　　　　　　(8) $\displaystyle\sum_{n=1}^{\infty} \frac{\ln(n+1)}{n+1}(x-1)^n$

2. 求下列幂级数的收敛域,并求和函数 $S(x)$:

(1) $\displaystyle\sum_{n=1}^{\infty} nx^{n-1}$　　　　　　　　(2) $\displaystyle\sum_{n=0}^{\infty} \frac{x^n}{n+1}$

(3) $\displaystyle\sum_{n=2}^{\infty} \frac{x^n}{n(n-1)}$　　　　　　　(4) $\displaystyle\sum_{n=1}^{\infty} \frac{x^n}{n \cdot 3^n}$

(5) $\displaystyle\sum_{n=1}^{\infty} \frac{x^{2n+1}}{2n}$　　　　　　　(6) $\displaystyle\sum_{n=1}^{\infty} n(n+1)x^n$

(7) $\displaystyle\sum_{n=1}^{\infty} \frac{2n+1}{n!}x^{2n}$

3. 求幂级数 $\displaystyle\sum_{n=0}^{\infty} \frac{x^{2n+1}}{2n+1}$ 的和函数,并求级数 $\displaystyle\sum_{n=0}^{\infty} \frac{1}{2n+1}\left(\frac{1}{2}\right)^{2n+1}$ 的和.

4. 求级数 $\displaystyle\sum_{n=2}^{\infty} \frac{1}{(n^2-1)\cdot 2^n}$ 的和.

5. 将下列函数展开成 x 的幂级数:

(1) $\dfrac{1}{3-x}$　　　　　　　　　(2) $\dfrac{1}{4+x^2}$

(3) $\ln(a+x), a>0$　　　　　　(4) $\sin\dfrac{x}{2}$

(5) $\sin^2 x$　　　　　　　　　(6) $\dfrac{1}{(1-x)^2}$

(7) $\ln\dfrac{1+x}{1-x}$　　　　　　　(8) $x^3 \mathrm{e}^{-x}$

(9) $\dfrac{x^2}{x^2-3x-4}$　　　　　　(10) $\dfrac{\mathrm{d}}{\mathrm{d}x}\left(\dfrac{\mathrm{e}^x-1}{x}\right)$

(11) $(1+x)\ln(1+x)$　　　　　(12) $\arcsin x$

6. 已知 $f(x)=x^5 \mathrm{e}^{x^2}$,求 $f^{(99)}(0), f^{(100)}(0)$.

7. 求函数 $f(x)=x^2\ln(1+x)$ 在 $x=0$ 处的 n 阶导数 $f^{(n)}(0)(n\geqslant 3)$.

复 习 题 八

一、单项选择题

1. $\displaystyle\lim_{n\to\infty} u_n = 0$ 是级数 $\displaystyle\sum_{n=1}^{\infty} u_n$ 收敛的(　　　).

A. 充分条件但非必要条件   B. 必要条件但非充分条件

C. 充分必要条件   D. 无关条件

2. 级数 $\displaystyle\sum_{n=1}^{\infty}\left(\dfrac{3}{5}\right)^{n}$ 的和为( ).

A. $\dfrac{1}{2}$ B. $\dfrac{3}{5}$ C. $\dfrac{3}{2}$ D. $\dfrac{5}{3}$

3. 若 $\displaystyle\sum_{n=1}^{\infty}\dfrac{1}{n^{p+1}}$ 发散,则( ).

A. $p\leqslant 0$ B. $p>0$ C. $p\leqslant 1$ D. $p<1$

4. 若级数 $\displaystyle\sum_{n=1}^{\infty}\left(\dfrac{1}{q}\right)^{n}$ 满足条件( ),则收敛.

A. $|q|<1$ B. $0<|q|<1$ C. $0<q<1$ D. $|q|>1$

5. 设 $0<a_{n}<\dfrac{1}{n}$ $(n=1,2,\cdots)$,则下列级数中必收敛的是( ).

A. $\displaystyle\sum_{n=1}^{\infty}\sqrt{a_{n}}$ B. $\displaystyle\sum_{n=1}^{\infty}a_{n}$ C. $\displaystyle\sum_{n=1}^{\infty}a_{n}^{2}$ D. $\displaystyle\sum_{n=1}^{\infty}\dfrac{1}{a_{n}}$

6. 若正项级数 $\displaystyle\sum_{n=1}^{\infty}a_{n}$ 和 $\displaystyle\sum_{n=1}^{\infty}b_{n}$ 满足 $a_{n}\leqslant b_{n}$,则( ).

A. 当 $\displaystyle\sum_{n=1}^{\infty}a_{n}$ 收敛时,$\displaystyle\sum_{n=1}^{\infty}b_{n}$ 也收敛 B. 当 $\displaystyle\sum_{n=1}^{\infty}b_{n}$ 收敛时,$\displaystyle\sum_{n=1}^{\infty}a_{n}$ 也收敛

C. 当 $\displaystyle\sum_{n=1}^{\infty}b_{n}$ 发散时,$\displaystyle\sum_{n=1}^{\infty}a_{n}$ 也发散 D. 当 $\displaystyle\sum_{n=1}^{\infty}b_{n}$ 发散时,$\displaystyle\sum_{n=1}^{\infty}a_{n}$ 也收敛

7. 由于级数 $\displaystyle\sum_{n=1}^{\infty}\dfrac{1}{n}$ 及 $\displaystyle\sum_{n=1}^{\infty}\dfrac{1}{n+1}$ 发散,且( ),所以由比较判别法知,级数

$\displaystyle\sum_{n=1}^{\infty}\dfrac{1}{\sqrt{n^{2}+n}}$ 发散.

A. $\dfrac{1}{\sqrt{n^{2}+n}}<\dfrac{1}{n}$ B. $\dfrac{1}{\sqrt{n^{2}+n}}>\dfrac{1}{n}$

C. $\dfrac{1}{\sqrt{n^{2}+n}}<\dfrac{1}{n+1}$ D. $\dfrac{1}{\sqrt{n^{2}+n}}>\dfrac{1}{n+1}$

8. 设交错级数 $\displaystyle\sum_{n=1}^{\infty}(-1)^{n-1}a_{n}(a_{n}>0)$,则条件 $\displaystyle\lim_{n\to\infty}a_{n}=0$,且 $a_{n}>a_{n+1}$ $(n=1,2,\cdots)$

是该级数收敛的( ).

  A. 充分条件但非必要条件   B. 必要条件但非充分条件

  C. 充分必要条件   D. 无关条件

9. 设常数 $a > 0$,则级数 $\sum\limits_{n=1}^{\infty} (-1)^n \dfrac{a+n}{n^2}$ 的敛散性为(　　).

A. 发散　　　　　　　　　　　　　　B. 绝对收敛

C. 条件收敛　　　　　　　　　　　　D. 敛散性与 a 的取值有关

10. 下列级数中,收敛的有(　　).

A. $\sum\limits_{n=1}^{\infty} \dfrac{1}{\sqrt[n]{2}}$　　　　B. $\sum\limits_{n=1}^{\infty} \dfrac{5}{2^n}$　　　　C. $\sum\limits_{n=1}^{\infty} \dfrac{1}{n \cdot \sqrt[n]{n}}$　　　　D. $\sum\limits_{n=1}^{\infty} \dfrac{1}{\sqrt[n]{3}}$

11. 设 $\lambda > 0$,而且 $\sum\limits_{n=1}^{\infty} a_n^2$ 收敛,则 $\sum\limits_{n=1}^{\infty} \dfrac{|a_n|}{\sqrt{n^2+\lambda}}$ 为(　　).

A. 发散　　　　　　　　　　　　　　B. 条件收敛

C. 绝对收敛　　　　　　　　　　　　D. 敛散性与 λ 的取值有关

12. 设 a 为常数,则 $\sum\limits_{n=1}^{\infty} \left[\dfrac{\sin(na)}{n^2} - \dfrac{1}{\sqrt{n}} \right]$ 为(　　).

A. 发散　　　　　　　　　　　　　　B. 条件收敛

C. 绝对收敛　　　　　　　　　　　　D. 敛散性与 a 的取值有关

13. 设 $a > 0$ 为常数,则 $\sum\limits_{n=1}^{\infty} (-1)^n \left(1 - \cos\dfrac{a}{n}\right)$ 为(　　).

A. 发散　　　　　　　　　　　　　　B. 条件收敛

C. 绝对收敛　　　　　　　　　　　　D. 敛散性与 a 的取值有关

14. 若 $\sum\limits_{n=1}^{\infty} a_n, \sum\limits_{n=1}^{\infty} b_n$ 均发散,则(　　).

A. $\sum\limits_{n=1}^{\infty} (a_n + b_n)$ 发散　　　　　　B. $\sum\limits_{n=1}^{\infty} a_n \cdot b_n$ 发散

C. $\sum\limits_{n=1}^{\infty} (|a_n| + |b_n|)$ 发散　　　　D. $\sum\limits_{n=1}^{\infty} (a_n^2 + b_n^2)$ 发散

15. 如果幂级数 $\sum\limits_{n=0}^{\infty} a_n x^n$ 在 $x = x_0 (x_0 \neq 0)$ 处发散,则该级数的收敛半径(　　).

A. $R = |x_0|$　　　　B. $R < |x_0|$　　　　C. $R > |x_0|$　　　　D. $R \leqslant |x_0|$

16. 若级数 $\sum\limits_{n=0}^{\infty} a_n(x-1)^n$ 在 $x = -1$ 时收敛,则在 $x = 2$ 时(　　).

A. 条件收敛　　　　B. 绝对收敛　　　　C. 发散　　　　D. 不能确定

17. 若级数 $\sum\limits_{n=1}^{\infty} (-1)^{n-1} \dfrac{(x-a)^n}{n}$ 在 $x > 0$ 时发散,在 $x = 0$ 处收敛,则常数 $a = ($　　$)$.

A. 1　　　　　　　　B. -1　　　　　　　C. 2　　　　　　　D. -2

18. 级数 $\sum_{n=1}^{\infty} (-1)^{n-1} \dfrac{(x-1)^n}{n}$ 的和函数是(   ).

A. e^{x-1} B. $\ln(x-1)$ C. $\ln(x+1)$ D. $\ln x$

19. 若级数 $\sum_{n=0}^{\infty} \dfrac{1}{n!} = e$, 则 $\sum_{n=1}^{\infty} \dfrac{3n+1}{n!} = ($).

A. e B. $3e$ C. $4e-1$ D. $4e$

二、填空题

1. 如果级数 $\sum_{n=1}^{\infty} u_n$ 收敛, 则 $\lim_{n \to \infty} (u_n^2 - 3u_n + 1) = $ _____.

2. 若级数 $\sum_{n=1}^{\infty} u_n = S$, 则级数 $\sum (u_n + u_{n+1}) = $ _____.

3. 若级数 $\sum_{n=1}^{\infty} \dfrac{(-1)^n + a}{n}$ 收敛, 则 a 的取值范围为 _____.

4. 已知级数 $\sum_{n=1}^{\infty} \dfrac{2^n n!}{n^n}$ 收敛, 则 $\lim_{n \to \infty} \dfrac{2^n n!}{n^n} = $ _____.

5. 级数 $\sum_{n=2}^{\infty} \dfrac{(-1)^n (n^2 - 1)}{2^n + 3^n}$ 的敛散性是 _____.

6. 级数 $\sum_{n=2}^{\infty} \dfrac{(-1)^n \ln^2 n}{n}$ 的敛散性是 _____.

7. 设 $u_n > 0 \ (n = 1, 2, \cdots)$, $S_n = \sum_{k=1}^{n} u_k$, $v_n = \dfrac{1}{S_n}$, 则

(1) 若 $\sum_{n=1}^{\infty} v_n$ 收敛时, 则 $\sum_{n=1}^{\infty} u_n$ 的收敛性是 _____;

(2) 若 $\sum_{n=1}^{\infty} u_n$ 收敛时, 则 $\sum_{n=1}^{\infty} v_n$ 的收敛性是 _____.

8. 已知 $\sum_{n=1}^{\infty} (-1)^{n-1} a_n = 2$, $\sum_{n=1}^{\infty} a_{2n-1} = 5$, 则 $\sum_{n=1}^{\infty} a_n = $ _____.

9. 设幂级数 $\sum_{n=1}^{\infty} a_n x^n$ 的收敛域为 $[-2, 2]$, 则

(1) 幂级数 $\sum_{n=1}^{\infty} \dfrac{a_n}{n} x^n$ 的收敛半径 $R_1 = $ _____;

(2) 幂级数 $\sum_{n=1}^{\infty} a_n x^{2n}$ 的收敛域是 _____.

10. 设幂级数 $\sum_{n=1}^{\infty} \dfrac{a_n}{2^n} (x+1)^n (a_n \neq 0)$, 已知 $\lim_{n \to \infty} \left| \dfrac{a_n}{a_{n+1}} \right| = \dfrac{1}{3}$, 则此幂级数的收敛半径 R

= _____.

11. 如果幂级数 $\sum\limits_{n=1}^{\infty} a_n(x-1)^n$ 在 $x_1 = 0$ 处收敛,则其收敛半径 R 必不小于 _____,如果该幂级数在 $x_2 = 3$ 处发散,则其收敛半径 R 必不大于 _____.

12. 若幂级数 $\sum\limits_{n=0}^{\infty} a^{n^2} x^n (a > 0)$ 在实轴上收敛,则 a 满足条件 _____.

13. $\sum\limits_{n=1}^{\infty} \dfrac{(0.1)^n}{n} = $ _____.

14. 函数 $f(x) = e^{-x^2}$ 展开成 x 的幂级数为 _____.

三、综合练习题

1. 判别下列级数的敛散性:

(1) $\sum\limits_{n=1}^{\infty} \left(\dfrac{n}{n+1}\right)^n$

(2) $\sum\limits_{n=1}^{\infty} \ln\dfrac{n}{n+1}$

(3) $\sum\limits_{n=1}^{\infty} \dfrac{1}{n \sqrt[n]{n+1}}$

(4) $\sum\limits_{n=1}^{\infty} \dfrac{n!}{3^n + n}$

(5) $\sum\limits_{n=1}^{\infty} \dfrac{6^n}{7^n - 2^n}$

(6) $\sum\limits_{n=1}^{\infty} n \sin\dfrac{1}{n^p} \quad (p > 0)$

(7) $\sum\limits_{n=1}^{\infty} \left(\dfrac{1+n^2}{1+n^3}\right)^2$

(8) $\sum\limits_{n=2}^{\infty} \dfrac{(-1)^n}{\sqrt{n} + (-1)^n}$

(9) $\sum\limits_{n=2}^{\infty} \dfrac{1}{(\ln n)^n}$

2. 讨论级数 $\sum\limits_{n=1}^{\infty} (\sqrt{n+1} - \sqrt{n-1}) n^k$ 的敛散性.

3. 判定下列级数的敛散性,若收敛,指出是绝对收敛还是条件收敛:

(1) $\sum\limits_{n=1}^{\infty} \dfrac{(-1)^n}{\sqrt{n}} \dfrac{n+2}{n+1}$

(2) $\sum\limits_{n=1}^{\infty} (-1)^n (\sqrt{n+1} - \sqrt{n})$

(3) $\sum\limits_{n=1}^{\infty} \dfrac{(-1)^n}{n - \ln n}$

(4) $\sum\limits_{n=1}^{\infty} (-1)^{n-1} \cdot \dfrac{n^2 - n + 1}{2^n}$

(5) $\sum\limits_{n=1}^{\infty} \sin(\pi \sqrt{n^2 + 1})$

4. 若级数 $\sum\limits_{n=1}^{\infty} a_n (a_n \geqslant 0)$ 收敛,证明:

(1) $\sum\limits_{n=1}^{\infty} \dfrac{a_n}{\sqrt{n}}$ 收敛

(2) $\sum\limits_{n=1}^{\infty} \dfrac{a_n}{1 + a_n}$ 收敛

5. 若 $\lim\limits_{n\to\infty} na_n = 0$，且级数 $\sum\limits_{n=1}^{\infty} [(n+1)a_n - na_{n+1}]$ 收敛于 A，证明级数 $\sum\limits_{n=1}^{\infty} a_n$ 收敛.

6. 证明当 $|x| \neq 1$ 时，级数 $\sum\limits_{n=1}^{\infty} \dfrac{x^n}{1+x^{2n}}$ 绝对收敛.

7. 设 $0 < p \leqslant 1$，求 $\sum\limits_{n=1}^{\infty} \dfrac{(-1)^{n-1}(x+2)^n}{(n+1)^p}$ 的收敛域.

8. 求 $\sum\limits_{n=1}^{\infty} (2n+1)x^n$ 的和函数.

9. 将 $\arctan \dfrac{1+x}{1-x}$ 展开成 x 的幂级数.

第九章　常微分方程

我们在生产实践与科学技术研究中,常常要求寻找某些变量之间的函数关系,这种函数关系往往不能直接找到,却易于建立未知函数及其变化率之间的关系式.这种关系式就是微分方程.

本章我们将介绍微分方程的有关概念及几种常用的微分方程的解法.

9.1　微分方程的基本概念

为了说明什么是微分方程,先复习一下关于方程的基本概念.

所谓方程是指含有未知量的等式.例如,等式 $\dfrac{3x}{x+1}-\dfrac{1}{x+2}=1$ 和等式 $2=x^2+2x-1$ 是两个含有未知量 x 的方程,而施加于未知量 x 的运算是代数运算,在初等数学中统称为代数方程.

而微分方程与上述方程不同,它的未知量是未知函数,而施加于未知函数的运算是导数或微分运算.

下面列举几个从实践中归结出来的微分方程的例子.

例 1　某商品的需求量 Q 对价格 p 的弹性为 -1,试建立需求量 Q 与价格 p 的关系式.

解　由弹性的定义,知

$$\eta = \frac{p}{Q} \cdot \frac{\mathrm{d}Q}{\mathrm{d}p} = -1,$$

即

$$\frac{\mathrm{d}Q}{\mathrm{d}p} = -\frac{Q}{p}. \tag{9-1}$$

例 2　设某商品的供给量 Q_s 与需求量 Q_d 是只依赖于价格 p 的线性函数,它们分别为

$$Q_d = c - bp, \quad Q_s = -g + hp.$$

其中 c,b,h,g 都是已知的正常数.假定在 t 时刻价格 p 的变化率 $\dfrac{\mathrm{d}p}{\mathrm{d}t}$ 与这时的过剩需求量 $Q_d - Q_s$ 成正比,试建立价格 p 与时间 t 的关系式.

解　由题意得

$$\frac{\mathrm{d}p}{\mathrm{d}t} = m(Q_d - Q_s),\qquad (9-2)$$

其中 $m > 0$.

把给定的 Q_d 与 Q_s 代入(9-2)式,得

$$\frac{\mathrm{d}p}{\mathrm{d}t} = m[(c-bp)-(-g+hp)] = -m(b+h)p + m(c+g).\qquad (9-3)$$

通过上面的例题,可以看到许多问题能用未知函数及其导数(或微分)之间的关系来描述. 由此概括为微分方程的概念.

定义 9.1　含有一元未知函数及其导数(或微分)的方程称为**常微分方程**,简称微分方程.

例如(9-1)、(9-3)式都是微分方程.

我们还把含有多元未知函数及其偏导数的微分方程称为**偏微分方程**. 本章仅限于讨论常微分方程.

定义 9.2　在一个微分方程中所出现的未知函数的导数(或微分)的最高阶数,称为微分方程的**阶**.

例如,$(y')^3 - 2y = \mathrm{e}^x$ 是一阶微分方程,$y''' + x^4 y = x$ 是三阶微分方程.

同样微分方程在几何上也有着广泛的应用.

例 3　已知曲线上各点的切线斜率等于该点横坐标的两倍,且过点 $(0,1)$,求此曲线方程.

解　设所求曲线方程为 $y = f(x)$,$M(x,y)$ 为曲线上任意一点,则依题意有

$$\frac{\mathrm{d}y}{\mathrm{d}x} = 2x.\qquad (9-4)$$

(9-4)式是一阶微分方程,下面我们解该微分方程.

方程两边对 x 积分,得

$$y = \int 2x\,\mathrm{d}x + C,$$

在微分方程这一章中,为了书写方便,我们规定 $\int f(x)\,\mathrm{d}x$ 只表示 $f(x)$ 的一个原函数,即 (9-4)式的解为

$$y = x^2 + C \quad (C \text{ 为任意常数}).\qquad (9-5)$$

本题由于曲线过点 $(0,1)$,故把 $x=0$,$y=1$ 代入(9-5)式,可得 $C=1$.

于是所求曲线方程为

$$y = x^2 + 1.\qquad (9-6)$$

从例 3 我们又可定义微分方程解的概念:

定义 9.3　若某个函数及其导数（或微分）能满足微分方程使之成为恒等式,则称该函数为微分方程的解.

微分方程的解可以显函数形式表示,也可以隐函数形式表示.

例 3 中函数 $y = x^2 + 1$ 是一阶微分方程 $\dfrac{dy}{dx} = 2x$ 的解,而且函数 $y = x^2 + C$(C 为任意常数)也是一阶微分方程 $\dfrac{dy}{dx} = 2x$ 的解. 从中看到有些解中含有任意常数,有些解表示是某一种特定的解,因此我们把解又分为通解与特解.

定义 9.4　如果微分方程的解中含有个数与阶数相同的相互独立的常数,则称该解为微分方程的通解.

例如 $y = x^2 + C$ 是一阶微分方程 $\dfrac{dy}{dx} = 2x$ 的通解. 而函数 $y = c_1 + c_2 e^x$(c_1, c_2 为任意常数)是二阶微分方程 $y'' - y' = 0$ 的通解. 因有 $(c_1 + c_2 e^x)'' - (c_1 + c_2 e^x)' = c_2 e^x - c_2 e^x = 0$.

在通解中的任意常数给以确定的值而得到的解称为**特解**.

例如 $y = x^2 + 1$ 是一阶微分方程 $\dfrac{dy}{dx} = 2x$ 的一个特解;$y = 1$ 和 $y = e^x$ 是二阶微分方程 $y'' - y' = 0$ 的两个特解.

为了确定微分方程一个特定的解,通常需要给出这一特解所必须满足的条件. 常见的定解条件是**初始条件**.

例如 $y = x^2 + 1$ 是一阶微分方程 $\dfrac{dy}{dx} = 2x$ 的一个特解,它是通解 $y = x^2 + C$ 满足初始条件 $y(0) = 1$ 确定出 $C = 1$ 而得到的解.

一般地,一阶微分方程的初始条件为 $y(x_0) = y_0$;二阶微分方程的初始条件为 $y(x_0) = y_0, y'(x_0) = y_1$.

例 4　试判断下列各微分方程的阶:

(1) $dy = (2x + 1)dx$ 　　　　　　　　(2) $y^{(4)} + y = x$

(3) $\left(\dfrac{d^2 y}{dx^2}\right)^5 + \dfrac{d^3 y}{dx^3} = 6y$ 　　　　(4) $y'' + y' = -x^3$

解　(1) 是一阶微分方程. 　　　　(2) 是四阶微分方程.

　　　(3) 是三阶微分方程. 　　　　(4) 是二阶微分方程.

例 5　(1) 验证 $y = c_1 e^x + c_2 e^{-x}$ 是微分方程 $y'' - y = 0$ 的通解;

(2) 求满足初始条件 $y(0) = 0, y'(0) = 1$ 的特解.

解　(1) 已知 $y = c_1 e^x + c_2 e^{-x}$,求导,得
$$y' = c_1 e^x - c_2 e^{-x}, \quad y'' = c_1 e^x + c_2 e^{-x}.$$

代入原方程得

$$左端 = (c_1 e^x + c_2 e^{-x})'' - (c_1 e^x + c_2 e^{-x}) = 0 = 右端,$$

因此 $y = c_1 e^x + c_2 e^{-x}$ 是方程 $y'' - y = 0$ 的解,又因解 $y = c_1 e^x + c_2 e^{-x}$ 中含有两个独立的任意常数,故 $y = c_1 e^x + c_2 e^{-x}$ 是方程 $y'' - y = 0$ 的通解.

(2) 将已知条件代入 $y = c_1 e^x + c_2 e^{-x}$ 和 $y' = c_1 e^x - c_2 e^{-x}$ 中,得
$$\begin{cases} c_1 + c_2 = 0, \\ c_1 - c_2 = 1, \end{cases}$$
解得
$$c_1 = \frac{1}{2}, \quad c_2 = -\frac{1}{2},$$

故满足初始条件 $y(0) = 0, y'(0) = 1$ 的特解为
$$y = \frac{1}{2} e^x - \frac{1}{2} e^{-x}.$$

例 6 任意构造一个以 $y = c_1 x + c_2 x^2$ 为通解的微分方程.

解 因 $y = c_1 x + c_2 x^2$ 含有两个独立的任意常数,由通解的定义知,其对应的微分方程应为二阶微分方程.将 $y = c_1 x + c_2 x^2$ 求导,得
$$y' = c_1 + 2c_2 x, \quad y'' = 2c_2.$$
将上述三式中消去 c_1, c_2 得
$$y = (y' - xy'')x + \frac{1}{2} x^2 y'',$$
整理得
$$x^2 y'' - 2xy' + 2y = 0,$$
即为所求方程.

习题 9.1

1. 指出下列微分方程的阶:

(1) $\dfrac{d^2 y}{dx^2} + \left(\dfrac{dy}{dx}\right)^3 = y$ (2) $dy + (2x - x^3 y)dx = 0$

(3) $y'' - 2y(y')^4 - xy = 0$ (4) $y^{(4)} + y^5 = 3x$

(5) $\left(\dfrac{dy}{dx}\right)^2 = 4$

2. 判断所给函数是否为所给微分方程的解,如果是,说明是通解还是特解(其中 c, c_1, c_2 是任意常数).

(1) $xy' = 2y, \quad y = 2x^3$

(2) $y'' - 2y' + y = 0, \quad y = (c_1 + c_2 x)e^x$

(3) $4y' = 2y - x$, $\quad y = ce^{\frac{x}{2}} + \dfrac{x}{2} + 1$

3. 验证 $y = C\cos x$ 是方程 $y' + y\tan x = 0$ 的通解,并求满足初始条件 $y(\pi) = 4$ 的特解.

4. 验证 $y = (c_1 + c_2 x)e^{-\frac{x}{2}}$ 是方程 $4y'' + 4y' + y = 0$ 的通解,并求满足初始条件 $y(0) = 2, y'(0) = 0$ 的特解.

5. 验证 $y = x\displaystyle\int_0^x \dfrac{\sin t}{t}\mathrm{d}t$ 是方程 $xy' = y + x\sin x$ 的解.

6. 任意构造一个以 $y = ce^x + x^2$ 为通解的微分方程(其中 c 为任意常数).

9.2　可分离变量的一阶微分方程

一阶微分方程一般形式为 $F(x, y, y') = 0$,通常可以从中解出 y',即 $y' = h(x, y)$,其中函数 $h(x, y)$ 是关于 x, y 的二元显函数.下面根据 $h(x, y)$ 的几种不同形式,介绍几种特殊类型的一阶微分方程及其求解方法.

9.2.1　可分离变量的一阶微分方程

形如
$$\frac{\mathrm{d}y}{\mathrm{d}x} = f(x)g(y) \tag{9-7}$$
即 $h(x, y) = f(x)g(x)$ 的一阶微分方程称为**可分离变量**的方程.

下面说明如何求出它的通解.首先分离变量:当 $g(y) \neq 0$ 时,(9-7)式可改写为
$$\frac{\mathrm{d}y}{g(y)} = f(x)\mathrm{d}x, \tag{9-8}$$
然后两边积分,得
$$\int \frac{\mathrm{d}y}{g(y)} = \int f(x)\mathrm{d}x,$$
或
$$G(y) = F(x) + C, \tag{9-9}$$
其中 $G(y) = \displaystyle\int \dfrac{\mathrm{d}y}{g(y)}, F(x) = \int f(x)\mathrm{d}x, C$ 为任意常数.

则(9-9)式为方程(9-7)的通解.

对于具体的微分方程,如求出的是隐函数形式的解,求解的任务也就完成了,不需要(有时候也会不可能)再从隐函数方程 $G(y) = F(x) + C$ 中解出未知函数 y 关于 x 的显函数的解析表示式.

上述讨论,假设了 $g(y) \neq 0$,若存在 y_0 使 $g(y_0) = 0$,则需验证 $y = y_0$ 是否是方程(9-7)的一个解.

例 1　求微分方程 $\dfrac{\mathrm{d}y}{\mathrm{d}x} = \dfrac{1+y^2}{1+x^2}$ 的通解.

解　分离变量,得

$$\frac{\mathrm{d}y}{1+y^2} = \frac{\mathrm{d}x}{1+x^2},$$

两边积分,有

$$\int \frac{\mathrm{d}y}{1+y^2} = \int \frac{\mathrm{d}x}{1+x^2},$$

则
$$\arctan y = \arctan x + C.$$

上式即为微分方程的通解.

例 2　求微分方程 $\sin y \cos x \mathrm{d}y = \cos y \sin x \mathrm{d}x$ 满足初始条件 $y(0) = \dfrac{\pi}{4}$ 的特解.

解　分离变量,得

$$\frac{\sin y}{\cos y}\mathrm{d}y = \frac{\sin x}{\cos x}\mathrm{d}x,$$

两边积分,有

$$\int \frac{\sin y}{\cos y}\mathrm{d}y = \int \frac{\sin x}{\cos x}\mathrm{d}x,$$

得
$$\ln\left|\frac{\cos x}{\cos y}\right| = C_1,$$

即
$$\frac{\cos x}{\cos y} = C \quad (C = \pm\, \mathrm{e}^{C_1}).$$

由条件 $y(0) = \dfrac{\pi}{4}$ 代入上述通解,得 $C = \sqrt{2}$,故满足初始条件 $y(0) = \dfrac{\pi}{4}$ 的特解为

$$\sqrt{2}\cos y = \cos x.$$

例 3　设 $f(x)$ 为连续函数,且满足

$$f(x) = \int_0^{2x} f\left(\frac{t}{2}\right)\mathrm{d}t + \ln 2,$$

求 $f(x)$.

解　所给等式含有未知函数的变上限积分,这类问题通常可利用求导转化为一个带有初始条件的微分方程.

将所给方程两端关于 x 求导,得

$$f'(x) = f(x) \cdot (2x)' = 2f(x), \tag{9-10}$$

所得方程(9-10)为可分离变量的方程.

记 $f(x) = y$,则(9-10)式可写为

$$y' = 2y,$$

当 $y \neq 0$ 时,分离变量,得

$$\frac{\mathrm{d}y}{y} = 2\mathrm{d}x,$$

两边积分,有

$$\ln |y| = 2x + C_1,$$

即

$$y = C\mathrm{e}^{2x} \quad (C = \pm\, \mathrm{e}^{C_1} \neq 0).$$

又因 $y = 0$ 经验证是方程(9 - 10)的解,则方程(9 - 10)的通解为

$$y = C\mathrm{e}^{2x} \quad (C \text{ 为任意常数}). \tag{9 - 11}$$

注意到等式 $f(x) = \int_0^{2x} f\left(\dfrac{t}{2}\right)\mathrm{d}t + \ln 2$,当 $x = 0$ 时,可得 $f(0) = \ln 2$,此为方程的条件,将其代入(9 - 11)式得 $C = \ln 2$.

从而求得满足条件的 $f(x) = \mathrm{e}^{2x}\ln 2$.

微分方程在几何、经济等方面有广泛的应用,利用微分方程解决实际问题的关键在于建立微分方程,这就必须对客观规律有所了解,下面通过例题说明如何应用微分方程解决比较简单的实际问题.

例 4　某商品需求量 Q 对价格 P 的弹性为 $-P\ln 2$,已知该商品最大需求量为 80,求需求量 Q 对价格 P 的函数关系.

解　设需求函数为 $Q = Q(P)$,根据需求量对价格的弹性有

$$E(P) = \frac{Q'}{Q} P = -P\ln 2,$$

上述方程为一阶可分离变量的微分方程.

分离变量

$$\frac{\mathrm{d}Q}{Q} = -\ln 2\mathrm{d}P,$$

两边积分

$$\ln |Q| = -P\ln 2 + C_1,$$

则

$$Q = C\mathrm{e}^{-P\ln 2} = C2^{-P},$$

又由于最大需求量是指当价格 $P \to 0^+$ 时,需求量 Q 的极限值,即 $\lim\limits_{P \to 0^+} C2^{-P} = 80$,确定 $C = 80$. 则 Q 与 P 的函数关系为

$$Q = 80 \cdot 2^{-P}.$$

例 5　求一条平面曲线,在其上任意一点处的切线与坐标原点到这点的连线互相垂直,而且此平面曲线经过 $M_1(1,3)$.

解 设曲线为 $y = y(x)$，$M(x, y)$ 是其上任意一点，根据导数几何意义，M 点的切线斜率为 y'，OM 连线的斜率为 $\dfrac{y}{x}$，(如图 $9-2-1$) 两条直线互相垂直，则它们的斜率互为负倒数：

$$y' = -\frac{1}{\dfrac{y}{x}} = -\frac{x}{y},$$

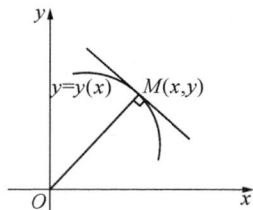

图 9 - 2 - 1

这是一个可分离变量的微分方程.

分离变量

$$y\mathrm{d}y = -x\mathrm{d}x,$$

两边积分，得

$$x^2 + y^2 = C,$$

由条件 $y\mid_{x=1} = 3$ 代入上式得 $C = 10$，则曲线为

$$x^2 + y^2 = 10.$$

9.2.2 一阶齐次微分方程

形如

$$\frac{\mathrm{d}y}{\mathrm{d}x} = \varphi\left(\frac{y}{x}\right) \tag{9-12}$$

即 $h(x, y) = \varphi\left(\dfrac{y}{x}\right)$ 的一阶微分方程称为齐次微分方程.

有些并非是可分离变量型的微分方程，可通过适当的变量替换，即新未知函数的引进，将之化为关于新未知函数的可分离变量的微分方程. 齐次微分方程就是其中常见的一类.

对于微分方程(9-12)，引进新未知函数 $u = \dfrac{y}{x}$，即 $y = xu$，

求导，得

$$\frac{\mathrm{d}y}{\mathrm{d}x} = u + \frac{x\mathrm{d}u}{\mathrm{d}x},$$

代入(9-12)式得到未知函数 $u(x)$ 所满足的方程

$$u + x\frac{\mathrm{d}u}{\mathrm{d}x} = \varphi(u), \tag{9-13}$$

方程(9-13)即是一个可分离变量的微分方程，经分离变量，得

$$\frac{\mathrm{d}u}{\varphi(u) - u} = \frac{\mathrm{d}x}{x},$$

两边积分即得通解

$$x = Ce^{\int \frac{\mathrm{d}u}{\varphi(u)-u}}.\tag{9-14}$$

最后以 $\dfrac{y}{x}$ 代替 u 所得的就是方程$(9-12)$的通解.

例 6　求微分方程$(x+y)y' + (x-y) = 0$的通解$(x > 0)$.

解　原方程化为

$$y' = \frac{y-x}{y+x} = \frac{\dfrac{y}{x}-1}{\dfrac{y}{x}+1},$$

是齐次方程.

令 $u = \dfrac{y}{x}$,即 $y = xu.$

求导,得

$$y' = u + xu',$$

代入原方程,得

$$u + xu' = \frac{u-1}{u+1},$$

即

$$-\frac{1+u}{1+u^2}\mathrm{d}u = \frac{\mathrm{d}x}{x},$$

积分,得

$$-\arctan u - \frac{1}{2}\ln(1+u^2) = \ln|x| + C_1,$$

或写成

$$x\sqrt{1+u^2} = Ce^{-\arctan u},$$

再将 $u = \dfrac{y}{x}$ 代入,得通解为

$$\sqrt{x^2+y^2} = Ce^{-\arctan\frac{y}{x}} \quad (x > 0).$$

例 7　求微分方程 $y^2 + x^2\dfrac{\mathrm{d}y}{\mathrm{d}x} = xy\dfrac{\mathrm{d}y}{\mathrm{d}x}$ 满足初始条件 $y(1) = 1$ 的特解.

解　原方程化为

$$\frac{\mathrm{d}y}{\mathrm{d}x} = \frac{y^2}{xy - x^2} = \frac{\left(\dfrac{y}{x}\right)^2}{\dfrac{y}{x}-1},$$

令 $u = \dfrac{y}{x}$,即 $y = xu.$

求导,得

$$y' = u + xu',$$

代入原方程,得

$$u + x\frac{\mathrm{d}u}{\mathrm{d}x} = \frac{u^2}{u-1},$$

分离变量,得

$$\left(1 - \frac{1}{u}\right)\mathrm{d}u = \frac{\mathrm{d}x}{x},$$

积分,得

$$u = \ln|xu| + C_1,$$

或写成

$$xu = C\mathrm{e}^u,$$

再将 $u = \dfrac{y}{x}$ 代入,则通解为

$$y = C\mathrm{e}^{\frac{y}{x}}.$$

再由初始条件 $y(1) = 1$,得 $C = \dfrac{1}{\mathrm{e}}$,于是得满足初始条件 $y(1) = 1$ 的特解为

$$y = \mathrm{e}^{\frac{y}{x}-1}.$$

通过对一阶齐次微分方程的求解,我们得到了一个微分方程求解的非常重要的方法:**引进新未知函数法**.下面再介绍一类微分方程,它们也可经引进合适的新未知函数后转化为齐次微分方程.

形如

$$\frac{\mathrm{d}y}{\mathrm{d}x} = f\left(\frac{ax + by + c}{a_1 x + b_1 y + c_1}\right) \tag{9-15}$$

的一阶微分方程通常称为可化为齐次方程的微分方程.其中 a,b,c,a_1,b_1,c_1 都是常数.

当 $c = c_1 = 0$ 时,方程(9-15)就是齐次微分方程.

当 c,c_1 至少有一个不为零时,则有下列两种情况:

(1) 当 $ab_1 - a_1 b = 0$ 时,即有 $\dfrac{a}{a_1} = \dfrac{b}{b_1} = k$,即方程(9-15)为

$$\frac{\mathrm{d}y}{\mathrm{d}x} = f\left(\frac{k(a_1 x + b_1 y) + c}{a_1 x + b_1 y + c_1}\right), \tag{9-16}$$

令 $z = a_1 x + b_1 y$,方程(9-16)可改写为

$$\frac{\mathrm{d}z}{\mathrm{d}x} - a_1 = b_1 f\left(\frac{kz + c}{z + c_1}\right),$$

这是一个可分离变量的微分方程.

（2）当 $ab_1 - a_1b \neq 0$ 时,令 $x = \xi + \alpha, y = \eta + \beta$,其中 α, β 是待定系数.
代入方程(9-15),得

$$\frac{\mathrm{d}\eta}{\mathrm{d}\xi} = f\left(\frac{a\xi + b\eta + a\alpha + b\beta + c}{a_1\xi + b_1\eta + a_1\alpha + b_1\beta + c_1}\right).$$

为使此方程为齐次微分方程,α, β 应满足

$$\begin{cases} a\alpha + b\beta + c = 0, \\ a_1\alpha + b_1\beta + c_1 = 0, \end{cases} \tag{9-17}$$

因 $ab_1 - a_1b \neq 0$,(9-17)式一定有唯一解,故方程最后可化为

$$\frac{\mathrm{d}\eta}{\mathrm{d}\xi} = f\left(\frac{a\xi + b\eta}{a_1\xi + b_1\eta}\right),$$

这是一个齐次微分方程.

例 8 求微分方程 $\dfrac{\mathrm{d}y}{\mathrm{d}x} = 2\left(\dfrac{y+2}{x+y-1}\right)^2$ 的通解.

解 由方程

$$\begin{cases} \beta + 2 = 0, \\ \alpha + \beta - 1 = 0, \end{cases}$$

解得

$$\alpha = 3, \quad \beta = -2.$$

令 $x = \xi + 3, y = \eta - 2$,原方程化为

$$\frac{\mathrm{d}\eta}{\mathrm{d}\xi} = 2\left(\frac{\eta}{\xi + \eta}\right)^2,$$

这是一个齐次微分方程,再令 $\eta = z\xi$,有

$$\frac{\mathrm{d}z}{\mathrm{d}\xi} = -\frac{z(1+z^2)}{\xi(1+z)^2},$$

即

$$-\frac{(1+z)^2}{z(1+z^2)}\mathrm{d}z = \frac{1}{\xi}\mathrm{d}\xi,$$

两边积分,得

$$\xi z = C\mathrm{e}^{-2\arctan z},$$

从而原方程的通解为

$$y + 2 = C\mathrm{e}^{-2\arctan\frac{y+2}{x-3}}.$$

例 9 求微分方程 $y' = \dfrac{y-x+1}{y-x+5}$ 的通解.

解 令 $u = y - x$,则 $u' = y' - 1$,原方程化为

$$1 + \frac{\mathrm{d}u}{\mathrm{d}x} = \frac{u+1}{u+5},$$

分离变量,得

$$(u+5)\mathrm{d}u = -4\mathrm{d}x,$$

两边积分,得

$$\frac{u^2}{2} + 5u = -4x + C,$$

故原方程的通解为

$$\frac{(y-x)^2}{2} + 5y = x + C.$$

习题 9.2

1. 求下列微分方程的通解:

(1) $\dfrac{\mathrm{d}y}{\mathrm{d}x} = \dfrac{1+y^2}{xy+x^2y}$

(2) $y\mathrm{d}y + \mathrm{e}^{y^2+3x}\mathrm{d}x = 0$

(3) $\sec^2 y \cdot \tan x \mathrm{d}y + \sec^2 x \cdot \tan y \mathrm{d}x = 0$

(4) $(1+x)y' + 1 = 2\mathrm{e}^{-y}$

(5) $\dfrac{\mathrm{d}y}{\mathrm{d}x} = \dfrac{y^2}{xy+x^2}$

(6) $\left(x + y\cos\dfrac{y}{x}\right)\mathrm{d}x - x\cos\dfrac{y}{x}\mathrm{d}y = 0$

(7) $y' = 1 - x + y^2 - xy^2$

(8) $x(\ln x - \ln y)\mathrm{d}y - y\mathrm{d}x = 0$

2. 求下列微分方程满足所给初始条件的特解:

(1) $\dfrac{\mathrm{d}y}{x} + \dfrac{\mathrm{d}x}{y} = 0, \quad y(3) = 4$

(2) $\dfrac{y}{1+x}y' = \dfrac{x}{1+y}, \quad y(0) = 1$

(3) $\dfrac{y-xy'}{x+yy'} = 2, \quad y(1) = 1$

(4) $y' = \mathrm{e}^{-\frac{y}{x}} + \dfrac{y}{x}, \quad y(1) = 0$

(5) $y' = \dfrac{y}{x} + \tan\dfrac{y}{x}, \quad y(1) = \dfrac{\pi}{2}$

3. 已知 $y(x)$ 为可导函数,并满足 $\displaystyle\int_0^x y(t)\mathrm{d}t = 1 - y(x)$,求 $y(x)$.

4. 利用适当的变量代换,求下列方程的通解:

(1) $y' = \sin(x - y)$

(2) $y' = \dfrac{1}{x^2 + y^2 + 2xy}$

(3) $y' = \dfrac{x + y - 2}{y - x + 4}$

9.3   一阶线性微分方程

定义 9.5   若一阶微分方程可表示为如下形式

$$\frac{\mathrm{d}y}{\mathrm{d}x} + P(x)y = Q(x) \tag{9-18}$$

即 $h(x,y) = -P(x)y + Q(x)$,其中 $P(x),Q(x)$ 是定义在某区间上的已知函数,则称 (9-18) 为一阶线性微分方程.

如果 $Q(x) = 0$ 时,即

$$\frac{\mathrm{d}y}{\mathrm{d}x} + P(x)y = 0, \tag{9-19}$$

称 (9-19) 为**一阶线性齐次微分方程**. 如果 $Q(x) \neq 0$ 时,称方程 (9-18) 为**一阶线性非齐次微分方程**. 并把方程 (9-19) 称为方程 (9-18) 对应的齐次方程.

9.3.1   一阶线性齐次微分方程

一阶线性齐次微分方程 (9-19) 是可分离变量的微分方程. 经分离变量后得

$$\frac{\mathrm{d}y}{y} = -P(x)\mathrm{d}x, \ (y \neq 0)$$

两边积分,得

$$\ln |y| = -\int P(x)\mathrm{d}x + C_0,$$

即

$$y = \pm \, \mathrm{e}^{C_0} \, \mathrm{e}^{-\int P(x)\mathrm{d}x},$$

又 $y = 0$ 也是方程 (9-19) 的解,故方程 (9-19) 的通解为

$$y = C\mathrm{e}^{-\int P(x)\mathrm{d}x} \quad (C \text{ 为任意常数}).$$

例 1   求方程 $xy' - y = 0$ 的通解.

解   该方程是一阶线性齐次微分方程,即

$$y' - \frac{1}{x}y = 0,$$

直接代公式,故通解为

$$y = C_1 e^{-\int -\frac{1}{x} dx} = C_1 e^{\ln|x|} = Cx.$$

9.3.2　一阶线性非齐次微分方程

方程(9-18),即

$$\frac{dy}{dx} + P(x)y = Q(x), \quad Q(x) \neq 0 \tag{9-18}$$

现把方程(9-18)化为

$$\frac{dy}{y} = \left[-P(x) + \frac{Q(x)}{y} \right] dx,$$

再两边积分,得

$$\ln y = \int \left[-P(x) + \frac{Q(x)}{y} \right] dx,$$

有

$$y = C(x) e^{-\int P(x) dx}, \tag{9-20}$$

其中 $C(x) = e^{\int \frac{Q(x)}{y} dx}$.

即微分方程(9-18)有形如 $y = C(x) e^{-\int P(x) dx}$ 的解,如何确定新未知函数 $C(x)$?我们只要把(9-20)式代入方程(9-18)让它满足方程,最后解出函数 $C(x)$ 即可.现对(9-20)式求导得

$$y' = C'(x) e^{-\int P(x) dx} - C(x) P(x) e^{-\int P(x) dx},$$

代入方程(9-18),得

$$\left[C'(x) e^{-\int P(x) dx} - C(x) P(x) e^{-\int P(x) dx} \right] + P(x) C(x) e^{-\int P(x) dx} = Q(x),$$

化简得

$$C'(x) = Q(x) e^{\int P(x) dx},$$

两边积分,得

$$C(x) = \int Q(x) e^{\int P(x) dx} dx + C,$$

再把上式代回(9-20)式,便得一阶线性非齐次微分方程(9-18)的通解:

$$y = e^{-\int P(x) dx} \left[\int Q(x) e^{\int P(x) dx} dx + C \right]. \tag{9-21}$$

以后我们在求线性非齐次微分方程通解时,(9-21)式直接可作为公式使用.上述方法称为"常数变易法".

下面把上述方法的步骤归纳如下:

(1) 令 $y = C(x)\mathrm{e}^{-\int P(x)\mathrm{d}x}$；

(2) 将 (1) 式求导并代入方程 (9 - 18)，解出 $C(x) = \int Q(x)\mathrm{e}^{\int P(x)\mathrm{d}x}\mathrm{d}x + C$；

(3) 再将 (2) 中求出的 $C(x)$ 代入 (1) 中 y 的表达式，最后得通解为

$$y = \mathrm{e}^{-\int P(x)\mathrm{d}x}\left[\int Q(x)\mathrm{e}^{\int P(x)\mathrm{d}x}\mathrm{d}x + C\right].$$

例 2　求微分方程 $xy' - y = -x$ 的通解.

解　**方法一**　直接代公式求解

$$P(x) = -\frac{1}{x}, \quad Q(x) = -1,$$

则通解为

$$
\begin{aligned}
y &= \mathrm{e}^{-\int -\frac{1}{x}\mathrm{d}x}\left(C + \int -\mathrm{e}^{\int -\frac{1}{x}\mathrm{d}x}\mathrm{d}x\right) \\
&= \mathrm{e}^{\ln x}\left(C + \int -\mathrm{e}^{-\ln x}\mathrm{d}x\right) \\
&= x\left(C + \int -\frac{1}{x}\mathrm{d}x\right) = x(C - \ln|x|).
\end{aligned}
$$

注意，严格来说，上式仅当 $x > 0$ 时成立. 但当 $x < 0$ 时，上式为

$$
\begin{aligned}
y &= \mathrm{e}^{\ln(-x)}\left[C + \int -\mathrm{e}^{-\ln(-x)}\mathrm{d}x\right] \\
&= -x(C + \ln|x|) = x(C_1 - \ln|x|),
\end{aligned}
$$

与 $x > 0$ 时结果完全相同. 在这章我们主要是研究微分方程的求解问题，对解中函数的自变量的变化范围不作具体的讨论，因此以后遇到求不定积分时，对数的真数部分可不再加绝对值. 这样例 2 中微分方程的解可直接写为 $y = x(C - \ln x)$.

方法二　变量代换法

(1) 令 $y = C(x)\mathrm{e}^{-\int -\frac{1}{x}\mathrm{d}x} = xC(x)$，求导，

$$y' = C(x) + xC'(x).$$

(2) 把 y, y' 代入原微分方程，得

$$xC'(x) = -1,$$

解得

$$C(x) = -\ln x + C,$$

所以原微分方程的通解为

$$y = Cx - x\ln x.$$

例 3　求微分方程 $y\mathrm{d}x + (x - y^3)\mathrm{d}y = 0$ 满足 $y(1) = 1$ 的特解.

解　原微分方程化为

$$\frac{\mathrm{d}y}{\mathrm{d}x} + \frac{y}{x - y^3} = 0,$$

所给微分方程不是可分离变量的微分方程,也不是齐次微分方程,也不是一阶线性微分方程.但我们可以考虑交换 x,y 的地位,将 x 视为 y 的函数,则原微分方程可化为

$$\frac{\mathrm{d}x}{\mathrm{d}y} + \frac{x}{y} = y^2,$$

这个以 y 为自变量的微分方程,关于未知函数 $x(y)$ 是一阶线性微分方程.

由公式可解得

$$\begin{aligned}
x &= \mathrm{e}^{-\int \frac{1}{y}\mathrm{d}y}\left(C + \int y^2 \mathrm{e}^{\int \frac{1}{y}\mathrm{d}y}\mathrm{d}y\right) \\
&= \mathrm{e}^{-\ln y}\left(C + \int y^2 \mathrm{e}^{\ln y}\mathrm{d}y\right) \\
&= \frac{1}{y}\left(C + \int y^3 \mathrm{d}y\right) = \frac{C}{y} + \frac{y^3}{4}.
\end{aligned}$$

将 $y(1) = 1$ 代入通解,有 $C = \dfrac{3}{4}$,则满足条件的特解为

$$x = \frac{3}{4y} + \frac{y^3}{4}.$$

微分方程在几何方面有广泛的应用.

例 4 已知函数 $y = f(x)(0 \leqslant x < +\infty)$ 满足 $f(0) = 0$ 和 $0 \leqslant f(x) < \mathrm{e}^x - 1$.设平行于 y 轴的动直线 MN 与曲线 $y = f(x)$ 和 $y = \mathrm{e}^x - 1$ 分别交于点 P_1, P_2,且设点 P_1, P_2 的横坐标为 x.若曲线 $y = f(x)$,直线 MN 与 x 轴所围封闭图形的面积 S 恒等于线段 P_1P_2 的长度,求函数 $y = f(x)$ 的表达式.

解 由图 $9-3-1$ 知

$$\int_0^x f(t)\mathrm{d}t = \mathrm{e}^x - 1 - f(x),$$

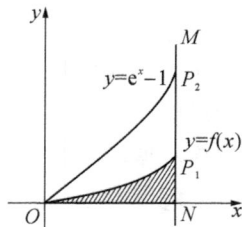

图 $9-3-1$

两端关于 x 求导,得

$$f(x) = \mathrm{e}^x - f'(x),$$

令 $f(x) = y$,即有

$$y' + y = \mathrm{e}^x,$$

上述方程为一阶线性微分方程.其中,$P(x) = 1, Q(x) = \mathrm{e}^x$,因此方程的通解有

$$\begin{aligned}
y &= \mathrm{e}^{-\int P(x)\mathrm{d}x}\left[\int Q(x)\mathrm{e}^{\int P(x)\mathrm{d}x}\mathrm{d}x + C\right] \\
&= \mathrm{e}^{-x}\left(\int \mathrm{e}^{2x}\mathrm{d}x + C\right) = \mathrm{e}^{-x}\left(\frac{1}{2}\mathrm{e}^{2x} + C\right),
\end{aligned}$$

由 $f(0) = 0$，得 $C = -\dfrac{1}{2}$.

因此
$$f(x) = \frac{1}{2}(\mathrm{e}^x - \mathrm{e}^{-x}).$$

我们把一阶线性非齐次微分方程的通解改写为
$$y = C\mathrm{e}^{-\int P(x)\mathrm{d}x} + \mathrm{e}^{-\int P(x)\mathrm{d}x}\int Q(x)\mathrm{e}^{\int P(x)\mathrm{d}x}\mathrm{d}x,$$

则右端的第一项为线性齐次微分方程的通解，第二项为线性非齐次微分方程的特解（$C = 0$），因此有以下一个非常重要的结论：

一阶线性非齐次微分方程的通解等于它自己的一个特解加上对应齐次微分方程的通解.

关于一阶线性微分方程解的另一些性质，我们将在习题 9.3 中得到证明.

9.3.3　伯努利方程

若一阶微分方程可表示为
$$\frac{\mathrm{d}y}{\mathrm{d}x} + P(x)y = Q(x)y^\beta \quad （其中 \beta \neq 0，\beta \neq 1），\tag{9-22}$$

即 $h(x, y) = -P(x)y + Q(x)y^\beta$，其中 $P(x)$，$Q(x)$ 是定义在某区间上的已知函数，则称 (9-22) 为伯努利方程.

对伯努利方程也可引进新未知函数后将它化为线性微分方程，具体做法为：将方程 (9-22) 两端除以 y^β，得
$$y^{-\beta}\frac{\mathrm{d}y}{\mathrm{d}x} + P(x)y^{1-\beta} = Q(x),$$

并写成
$$\frac{1}{1-\beta}\frac{\mathrm{d}y^{1-\beta}}{\mathrm{d}x} + P(x)y^{1-\beta} = Q(x),$$

令新未知函数 $z = y^{1-\beta}$ 得
$$\frac{\mathrm{d}z}{\mathrm{d}x} + (1-\beta)P(x)z = (1-\beta)Q(x),$$

这是关于新未知函数 z 的线性微分方程，由此先求出 z，再由 $z = y^{1-\beta}$ 回代到 y，便得到方程 (9-22) 的通解.

例 5　求 $y' = \dfrac{4}{x}y + x\sqrt{y}\ (y > 0)$ 的通解.

解　该方程为伯努利方程，令 $z = \sqrt{y}$，得
$$\frac{\mathrm{d}z}{\mathrm{d}x} - \frac{2}{x}z = \frac{x}{2},$$

由线性非齐次方程通解公式,得

$$z = e^{-\int -\frac{2}{x}dx}\left(C + \int \frac{x}{2}e^{\int -\frac{2}{x}dx}dx\right)$$

$$= x^2(C + \ln\sqrt{x}),$$

将 $z = \sqrt{y}$ 代入上式,得原方程的通解为

$$y = x^4(C + \ln\sqrt{x})^2.$$

习题 9.3

1. 求下列微分方程的通解:

(1) $\cos^2 x \dfrac{\mathrm{d}y}{\mathrm{d}x} + y = \tan x$

(2) $\dfrac{\mathrm{d}y}{\mathrm{d}x} = -2xy + 2xe^{-x^2}$

(3) $(x^2 + 1)y' + 2xy - 4x^2 = 0$

(4) $y' + f'(x)y = f(x)f'(x)$,其中 $f(x)$,$f'(x)$ 为已知的连续函数

(5) $(2x - y^2)\mathrm{d}y - \mathrm{d}x = 0$

(6) $y' = \dfrac{1}{x\cos y + \sin 2y}$

(7) $\dfrac{\mathrm{d}y}{\mathrm{d}x} + \dfrac{2}{x}y = 3x^2 y^{\frac{4}{3}}$

(8) $x^2 y\mathrm{d}x - (x^3 + y^4)\mathrm{d}y = 0$

2. 求下列微分方程满足初始条件的特解:

(1) $\dfrac{\mathrm{d}y}{\mathrm{d}x} + 2y = 4x$, $\quad y(0) = 0$

(2) $xy' + y - e^x = 0$, $\quad y(1) = e$

(3) $x(1 + x^2)\mathrm{d}y = (y + x^2 y + x^2)\mathrm{d}x$, $\quad y(1) = -\dfrac{\pi}{4}$

(4) $2y\mathrm{d}x = (x + y^4)\mathrm{d}y$, $\quad y(0) = 1$

(5) $xy' - y = y^2$, $\quad y(1) = 1$

3. 设 $f(x)$ 为可导函数,并满足 $f(x) + 2\displaystyle\int_0^x f(t)\mathrm{d}t = x^2$,求 $f(x)$.

4. 已知 $\displaystyle\int_0^1 f(tx)\mathrm{d}t = \dfrac{1}{2}f(x) + 1$,其中 $f(x)$ 为可导函数,求 $f(x)$.

5. 设 $y = e^x$ 是微分方程 $xy' + p(x)y = x$ 的一个特解,求此微分方程满足初始条件 $y(\ln 2) = 0$ 的特解.

6. 已知微分方程　　　$y' + P(x)y = 0$,　　　　　　　　　　①

$$y' + P(x)y = Q(x), \quad Q(x) \neq 0,$$　　　　　　②

证明：

(1) 方程 ① 的任意两个解的和或差仍是方程 ① 的解；

(2) 方程 ① 的任意一个解的常数倍仍是方程 ① 的解；

(3) 方程 ① 的一个解与方程 ② 的一个解的和是方程 ② 的解；

(4) 方程 ② 的任意两个解的差是方程 ① 的解.

9.4　二阶常系数线性微分方程

定义 9.6　若微分方程可表示为

$$y'' + p_1(x)y' + p_2(x)y = f(x),$$　　　　　　$(9-23)$

则称之为**二阶线性微分方程**. 其中 $p_1(x), p_2(x), f(x)$ 为已知函数.

本节只介绍一类简单而常见的二阶线性微分方程, 即 y'', y', y 的系数都是常数, 即

$$y'' + py' + qy = f(x),$$　　　　　　$(9-24)$

其中 p, q 为常数, $f(x)$ 为已知函数. 称 $(9-24)$ 为**二阶常系数线性微分方程**.

当 $f(x) \neq 0$ 时, 称为**二阶常系数线性非齐次微分方程**.

当 $f(x) \equiv 0$ 时, 即

$$y'' + py' + qy = 0,$$　　　　　　$(9-25)$

称 $(9-25)$ 为与 $(9-24)$ 相对应的**二阶常系数线性齐次微分方程**.

9.4.1　二阶常系数线性齐次微分方程解的性质及求解法

定义 9.7　如果函数 $y_1(x), y_2(x)$ 之比不为常函数, 即

$$\frac{y_1(x)}{y_2(x)} \neq K \quad (K \text{ 为常数}),$$

则称 $y_1(x)$ 与 $y_2(x)$ 线性无关, 否则称 $y_1(x)$ 与 $y_2(x)$ 线性相关.

例如, 函数 x^2 与 x 线性无关, 而函数 $2x$ 与 x 线性相关.

定理 9.1　若 $y_1(x), y_2(x)$ 是方程 $(9-25)$ 的两个解, 则 $[C_1 y_1(x) + C_2 y_2(x)]$ 也是方程 $(9-25)$ 的解, 其中 C_1, C_2 为任意常数.

证　将 $C_1 y_1(x) + C_2 y_2(x)$ 求导代入方程 $(9-25)$, 直接验证即可.

定理 9.2　若 $y_1(x), y_2(x)$ 是方程 $(9-25)$ 两个线性无关的特解, 则方程 $(9-25)$ 的通解为

$$y = C_1 y_1(x) + C_2 y_2(x).$$

其中 C_1, C_2 为任意常数.

证明从略.

从定理 9.2 可知:方程(9-25)只要求出两个线性无关的特解就可写出其通解.

为了求方程(9-25)的两个线性无关的特解,首先对方程进行分析.方程左端是 y'', py', qy 三项之和,右端为零,满足方程(9-25)的函数必须具备:它与它的一阶、二阶导数线性组合为零,因此很自然想到指数函数,即先设方程(9-25)有形如 $y = e^{rx}$ 的解,是否存在,主要看待定实常数 r 能否有解.

对 $y = e^{rx}$ 求导得:$y' = re^{rx}, y'' = r^2 e^{rx}$,代入方程(9-25)得

$$e^{rx}(r^2 + pr + q) = 0,$$

因 $e^{rx} \neq 0$,即得

$$r^2 + pr + q = 0, \tag{9-26}$$

称(9-26)为方程(9-25)的**特征方程**,它的根称为**特征根**.

从上述推理可得:$y = e^{rx}$ 是方程(9-25)解的充分必要条件是 r 应是特征方程(9-26)的根,现就依据特征方程(9-26)根的情况来求得微分方程(9-25)的通解.

(1) $\Delta = p^2 - 4q > 0$,即特征方程(9-26)有相异的两实根

$$r_1 = \frac{-p + \sqrt{p^2 - 4q}}{2}, \quad r_2 = \frac{-p - \sqrt{p^2 - 4q}}{2}, \quad (r_1 \neq r_2)$$

则可得 $y_1 = e^{r_1 x}, y_2 = e^{r_2 x}$ 是方程(9-25)的两个特解,且 $\dfrac{y_1}{y_2} = e^{(r_1 - r_2)x}$ 不是常数,即 y_1, y_2 线性无关,所以方程(9-25)的通解为

$$y = C_1 e^{r_1 x} + C_2 e^{r_2 x}.$$

(2) $\Delta = p^2 - 4q = 0$,即特征方程(9-26)有两个相等的实根

$$r_1 = r_2 = -\frac{p}{2},$$

则 $y_1 = e^{r_1 x}$ 是方程(9-25)的一个特解,但还需找一个与 y_1 线性无关的特解.假设 y_2 是另一解,引进非常数的新未知函数 $u(x)$,使得 $y_2 = u(x) \cdot y_1(x)$,即 $y_2 = u(x)e^{r_1 x}$,将它代入方程(9-25),得

$$(e^{r_1 x} u)'' + p(e^{r_1 x} u)' + q(e^{r_1 x} u) = 0,$$

$$e^{r_1 x}(u'' + 2r_1 u' + r_1^2 u) + e^{r_1 x} p(u' + r_1 u) + e^{r_1 x} qu = 0.$$

因 $e^{r_1 x} \neq 0$,约去 $e^{r_1 x}$,并整理得

$$u'' + (2r_1 + p)u' + (r_1^2 + pr_1 + q)u = 0. \tag{9-27}$$

因为 r_1 是特征方程(9-26)的二重根,所以有

$$r_1^2 + pr_1 + q = 0, \quad 2r_1 + p = 0.$$

即方程(9-27)得

$$u'' = 0,$$

为了使求得的 y_2 与 y_1 线性无关,现取 $u(x) = x$,则 $y_2 = xe^{r_1 x}$.

从而方程(9-25)的通解为

$$y = (C_1 + C_2 x)e^{r_1 x}.$$

(3) $\Delta = p^2 - 4q < 0$,即特征方程(9-26)没有实根,只有一对共轭复根

$$r_1 = \alpha + i\beta, \quad r_2 = \alpha - i\beta,$$

其中 $\alpha = -\dfrac{p}{2}$,$\beta = \dfrac{\sqrt{4q - p^2}}{2}$.

故得到了方程(9-25)形式上两个复函数的解:$y_1^* = e^{(\alpha+i\beta)x} = e^{\alpha x}e^{i\beta x}$,$y_2^* = e^{(\alpha-i\beta)x}$ $= e^{\alpha x}e^{-i\beta x}$,无法直接引用,但从中给了一个启示,方程(9-25)可能有形如 $y = u(x)e^{\alpha x}$ 的解[其中新未知函数 $u(x)$ 是实函数]. 现把 $y = u(x)e^{\alpha x}$ 代入方程(9-25),看能否求解新未知函数 $u(x)$.

将 y, y', y'' 代入方程(9-25),整理得

$$u'' + (2\alpha + p)u' + (\alpha^2 + \alpha p + q)u = 0, \tag{9-28}$$

因为 $\alpha = -\dfrac{p}{2}$,故(9-28)式中 u' 的系数 $2\alpha + p = 0$,而 u 的系数

$$\alpha^2 + \alpha p + q = q - \frac{p^2}{4} = \beta^2,$$

则(9-28)式可化为

$$u'' + \beta^2 u = 0.$$

要使 $u(x)$ 满足上式,不难找到

$$u_1(x) = \cos\beta x, \quad u_2(x) = \sin\beta x,$$

即可得到方程(9-25)两个线性无关解

$$y_1 = e^{\alpha x}\cos\beta x, \quad y_2 = e^{\alpha x}\sin\beta x.$$

则方程(9-25)的通解为

$$y = e^{\alpha x}(C_1 \cos\beta x + C_2 \sin\beta x).$$

现将上面的讨论总结如下:

对于二阶常系数齐次线性微分方程 $y'' + py' + qy = 0$,

其特征方程为 $\qquad\qquad r^2 + pr + q = 0,$

(1) 若特征根为两个相异的实数根 r_1, r_2,则方程(9-25)的通解为 $y = c_1 e^{r_1 x} + c_2 e^{r_2 x}$;

(2) 若特征根为一个实数重根 r_0,则方程(9-25)通解为 $y = e^{r_0 x}(c_1 + c_2 x)$;

(3) 若特征根为两个共轭复数根 $\alpha \pm i\beta$,则通解为 $y = e^{\alpha x}(c_1 \cos\beta x + c_2 \sin\beta x)$.

例1 求微分方程 $y'' + y' - 2y = 0$ 的通解.

解 特征方程为

$$r^2 + r - 2 = 0,$$

求得特征根

$$r_1 = -2, \quad r_2 = 1,$$

则微分方程的通解为
$$y = c_1 e^{-2x} + c_2 e^x.$$

例 2 求二阶微分方程 $\dfrac{d^2 y}{dt^2} + 2\dfrac{dy}{dt} + y = 0$, 满足初始条件 $y(0) = 4, y'(0) = -2$ 的特解.

解 特征方程为
$$r^2 + 2r + 1 = 0,$$

求得特征根
$$r_1 = r_2 = -1,$$

则微分方程的通解为
$$y = e^{-t}(c_1 + c_2 t),$$

将 $y(0) = 4$ 代入通解得
$$c_1 = 4,$$

将 $y = e^{-t}(4 + c_2 t)$ 求导得
$$y' = e^{-t}(c_2 - 4 - c_2 t),$$

将 $y'(0) = -2$ 代入得
$$c_2 = 2.$$

故所求方程的特解为
$$y = e^{-t}(4 + 2t).$$

例 3 求微分方程 $y'' + y' + y = 0$ 的通解.

解 特征方程为
$$r^2 + r + 1 = 0,$$

求得特征根
$$r_1 = -\frac{1}{2} + \frac{\sqrt{3}}{2}i, \quad r_2 = -\frac{1}{2} - \frac{\sqrt{3}}{2}i,$$

则微分方程的通解为
$$y = e^{-\frac{1}{2}x}\left(C_1 \cos\frac{\sqrt{3}}{2}x + C_2 \sin\frac{\sqrt{3}}{2}x\right).$$

9.4.2 二阶常系数线性非齐次微分方程

二阶常系数线性非齐次微分方程一般形式是
$$y'' + py' + qy = f(x), \tag{9-24}$$

它对应的齐次方程是

$$y'' + py' + qy = 0. \tag{9-25}$$

首先给出方程(9-24)解的结构定理.

定理 9.3 如果 $\overline{y}(x)$ 是方程(9-25)的通解, $y^*(x)$ 是方程(9-24)的一个特解,则 $y = \overline{y}(x) + y^*(x)$ 是方程(9-24)的通解.

证 由已知得: $\overline{y}''(x) + p\,\overline{y}'(x) + q\,\overline{y}(x) \equiv 0$,而且 $\overline{y}(x)$ 表达式中含有两个独立的常数.还有: $[y^*(x)]'' + p[y^*(x)]' + qy^*(x) = f(x)$.则

$$[\overline{y}(x) + y^*(x)]'' + p[\overline{y}(x) + y^*(x)]' + q[\overline{y}(x) + y^*(x)]$$
$$= [\overline{y}''(x) + p\,\overline{y}'(x) + q\,\overline{y}(x)] + [y^*(x)]'' + p[y^*(x)]' + qy^*(x)$$
$$= 0 + f(x) = f(x),$$

故 $y = \overline{y}(x) + y^*(x)$ 是方程式(9-24)的解,而且是通解.证毕.

由上述定理可知,求方程(9-24)的通解最后归结为求它的一个特解.

下面我们仅对方程(9-24)中 $f(x)$ 取两种常见的形式讨论.求解的方法采用待定系数法.

$f(x) = \mathrm{e}^{\lambda x} P_n(x)$

其中 λ 是已知常数, $P_n(x)$ 是 x 的一个 n 次已知多项式,即

$$P_n(x) = a_0 x^n + a_1 x^{n-1} + \cdots + a_n.$$

当 $f(x) = \mathrm{e}^{\lambda x} P_n(x)$ 时,即方程

$$y'' + py' + qy = \mathrm{e}^{\lambda x} P_n(x). \tag{9-29}$$

由方程(9-29)的特点,我们可猜想到方程(9-29)可能有形如 $y^* = Q(x)\mathrm{e}^{\lambda x}$[其中 $Q(x)$ 是 x 的某次多项式]的一个特解.试把 y^* 代入方程(9-29)中求适当的 $Q(x)$,从而可找到(9-29)的一个特解.

设 $y^* = Q(x)\mathrm{e}^{\lambda x}$,代入方程(9-29)则

$$[Q(x)\mathrm{e}^{\lambda x}]'' + p[Q(x)\mathrm{e}^{\lambda x}]' + q[Q(x)\mathrm{e}^{\lambda x}] = \mathrm{e}^{\lambda x} P_n(x),$$

消去 $\mathrm{e}^{\lambda x}$,整理后得

$$Q''(x) + (2\lambda + p)Q'(x) + (\lambda^2 + p\lambda + q)Q(x) = P_n(x). \tag{9-30}$$

(1) 若 λ 不是特征根,即 $\lambda^2 + p\lambda + q \neq 0$,可设 $Q(x)$ 与 $P_n(x)$ 为同次多项式,即设

$$Q(x) = b_0 x^n + b_1 x^{n-1} + \cdots + b_n,$$

将其代入(9-30)式,比较等式两边 x 同次幂的系数得到含 $b_0, b_1, \cdots, b_n$ 的 $n+1$ 个方程,从中可解出 $b_0, b_1, \cdots, b_n$,最后可得到方程(9-29)的一个特解 $y^* = Q(x)\mathrm{e}^{\lambda x}$.

(2) 若 λ 是特征方程的单根,即 $\lambda^2 + p\lambda + q = 0$,而 $2\lambda + p \neq 0$,由此可得 $Q'(x)$ 是 n 次多项式,可设 $Q(x) = xQ_n(x)$[$Q_n(x)$ 与 $P_n(x)$ 同次多项式],即

$$Q_n(x) = b_0 x^n + b_1 x^{n-1} + \cdots + b_n,$$

并可用(1)中同样方法确定 $b_0, b_1, \cdots, b_n$ 从而得到方程(9-29)的一个特解 y^*

$$= xQ_n(x)e^{\lambda x}.$$

（3）若 λ 是特征方程的重根，即 $\lambda^2 + p\lambda + q = 0$，且 $2\lambda + p = 0$，得到 $Q''(x)$ 必须是 n 次多项式，此时可设 $Q(x) = x^2 Q_n(x)$，同样先求得 $Q_n(x)$ 的系数，从而得到方程（9-29）的一个特解 $y^* = x^2 Q_n(x)e^{\lambda x}$。

综上所述：方程（9-29）有形如 $y^* = x^k Q_n(x)e^{\lambda x}$ 的一个特解，其中 $Q_n(x)$ 与 $P_n(x)$ 为同次多项式，而

$$k = \begin{cases} 0, & \lambda \text{ 不是特征方程的根；} \\ 1, & \lambda \text{ 是特征方程的单根；} \\ 2, & \lambda \text{ 是特征方程的重根。} \end{cases}$$

例 4 求方程 $y'' + y' + y = 3x^2$ 的通解。

解 对应齐次方程的特征方程为

$$r^2 + r + 1 = 0,$$

其特征根为

$$r_1 = \frac{-1 + i\sqrt{3}}{2}, \quad r_2 = \frac{-1 - i\sqrt{3}}{2},$$

故对应的齐次微分方程 $y'' + y' + y = 0$ 的通解为

$$\overline{y} = e^{-\frac{1}{2}x}\left(C_1 \cos\frac{\sqrt{3}}{2}x + C_2 \sin\frac{\sqrt{3}}{2}x\right).$$

因 $f(x) = 3x^2 e^{0 \cdot x}$，而 $\lambda = 0$ 不是特征方程的根，则令

$$y^* = (ax^2 + bx + c)e^{0 \cdot x},$$

求导得

$$(y^*)' = 2ax + b, \quad (y^*)'' = 2a,$$

代入原方程得

$$2a + (2ax + b) + (ax^2 + bx + c) \equiv 3x^2,$$

整理得

$$ax^2 + (2a + b)x + (2a + b + c) \equiv 3x^2.$$

比较两边 x 同次幂的系数，则有

$$\begin{cases} a = 3, \\ 2a + b = 0, \\ 2a + b + c = 0, \end{cases}$$

解得

$$a = 3, \quad b = -6, \quad c = 0,$$

所以原方程一个特解为

$$y^* = 3x^2 - 6x.$$

原方程的通解为

$$y = \mathrm{e}^{-\frac{1}{2}x}\left(C_1\cos\frac{\sqrt{3}}{2}x + C_2\sin\frac{\sqrt{3}}{2}x\right) + 3x^2 - 6x.$$

例 5 求 $y'' - 6y' + 9y = \mathrm{e}^{3x}(x+1)$ 的通解.

解 对应齐次方程的特征方程为

$$r^2 - 6r + 9 = 0,$$

它有一个二重根,即

$$r_1 = r_2 = 3,$$

故对应的齐次微分方程的通解为

$$\overline{y} = \mathrm{e}^{3x}(C_1 + C_2 x).$$

因 $f(x) = \mathrm{e}^{3x}(x+1)$,而 $\lambda = 3$ 是特征方程的二重实根,故可设原方程的特解为

$$y^* = x^2 \mathrm{e}^{3x}(ax + b),$$

求导得

$$(y^*)' = \mathrm{e}^{3x}\left[3ax^3 + 3(a+b)x^2 + 2bx\right],$$

$$(y^*)'' = \mathrm{e}^{3x}\left[9ax^3 + 9(2a+b)x^2 + 6(a+2b)x + 2b\right],$$

代入原方程得

$$\mathrm{e}^{3x}\left[9ax^3 + 9(2a+b)x^2 + 6(a+2b)x + 2b\right] -$$

$$6\mathrm{e}^{3x}\left[3ax^3 + 3(a+b)x^2 + 2bx\right] + 9\mathrm{e}^{3x}\left[ax^3 + bx^2\right] = \mathrm{e}^{3x}(x+1),$$

约去 e^{3x},整理得

$$6ax + 2b = x + 1,$$

则有

$$a = \frac{1}{6}, \quad b = \frac{1}{2},$$

原方程的一个特解为

$$y^* = \mathrm{e}^{3x}\left(\frac{1}{6}x^3 + \frac{1}{2}x^2\right),$$

故原方程的通解为

$$y = \mathrm{e}^{3x}\left(C_1 + C_2 x + \frac{1}{2}x^2 + \frac{1}{6}x^3\right).$$

$f(x) = \mathrm{e}^{\lambda x}[A\cos\omega x + B\sin\omega x]$

其中 λ, ω, p, q 分别是常数. 即有

$$y'' + py' + qy = \mathrm{e}^{\lambda x}[A\cos\omega x + B\sin\omega x]. \tag{9-31}$$

可以证明方程 $(9-31)$ 具有形如:$y^* = x^k \mathrm{e}^{\lambda x}[a\cos\omega x + b\sin\omega x]$ 的特解,其中 a,b 是待定的系数,而

$$k = \begin{cases} 0, & \lambda \pm \mathrm{i}\omega \ \text{不是特征方程的根}; \\ 1, & \lambda \pm \mathrm{i}\omega \ \text{是特征方程的根}. \end{cases}$$

例 6 求方程 $5y'' - 6y' + 5y = \mathrm{e}^{\frac{3}{5}x}\cos x$ 的通解.

解 对应齐次方程的特征方程为

$$5r^2 - 6r + 5 = 0,$$

解得特征根为

$$r_1 = \frac{3}{5} + \frac{4}{5}\mathrm{i}, \quad r_2 = \frac{3}{5} - \frac{4}{5}\mathrm{i},$$

故对应齐次方程的通解为

$$\overline{y} = \mathrm{e}^{\frac{3}{5}x}\left(C_1\cos\frac{4}{5}x + C_2\sin\frac{4}{5}x\right).$$

因 $f(x) = \mathrm{e}^{\frac{3}{5}x}\cos x$，$\lambda \pm \mathrm{i}\omega = \frac{3}{5} \pm \mathrm{i}$ 不是特征方程的根，则令特解为

$$y^* = \mathrm{e}^{\frac{3}{5}x}(a\sin x + b\cos x),$$

求导得

$$(y^*)' = \mathrm{e}^{\frac{3}{5}x}\left[\left(\frac{3}{5}a + b\right)\cos x + \left(\frac{3}{5}b - a\right)\sin x\right],$$

$$(y^*)'' = \mathrm{e}^{\frac{3}{5}x}\left[\left(\frac{6}{5}b - \frac{16}{25}a\right)\cos x - \left(\frac{16}{25}b + \frac{6}{5}a\right)\sin x\right],$$

代入原方程整理得

$$-\frac{9}{5}a\cos x - \frac{9}{5}b\sin x = \cos x,$$

$$\begin{cases} -\dfrac{9}{5}a\cos x = 1, \\ -\dfrac{9}{5}b = 0, \end{cases}$$

即

$$a = -\frac{9}{5}, \quad b = 0.$$

原方程的特解为

$$y^* = -\frac{5}{9}\mathrm{e}^{\frac{3}{5}x}\cos x,$$

则原方程的通解为

$$y = \mathrm{e}^{\frac{3}{5}x}\left(C_1\cos\frac{4}{5}x + C_2\sin\frac{4}{5}x - \frac{5}{9}\cos x\right).$$

定理 9.4 设 y_1 是微分方程 $y'' + py' + qy = f_1(x)$ 的一个解，y_2 是微分方程 $y'' + py' + qy = f_2(x)$ 的一个解，则 $y_1 + y_2$ 是微分方程 $y'' + py' + qy = f_1(x) + f_2(x)$ 的一个解.

证 由已知条件有

$$y''_1 + py'_1 + qy_1 = f_1(x),$$
$$y''_2 + py'_2 + qy_2 = f_2(x),$$

则

$$(y_1 + y_2)'' + p(y_1 + y_2)' + q(y_1 + y_2) = (y''_1 + py'_1 + qy_1) + (y''_2 + py'_2 + qy_2)$$
$$= f_1(x) + f_2(x),$$

则 $y_1 + y_2$ 是微分方程 $y'' + py' + qy = f_1(x) + f_2(x)$ 的一个解. 证毕.

例 7　求微分方程 $y'' + y = \sin x + e^x$ 的通解.

解　对应齐次方程的特征方程为

$$r^2 + 1 = 0,$$

解得特征根为

$$r_1 = i, \quad r_2 = -i,$$

故对应齐次微分方程的通解为

$$\overline{y} = C_1 \cos x + C_2 \sin x.$$

因 $f(x) = \sin x + e^x$,由定理 9.4 知,只需分别求出微分方程 $y'' + y = \sin x$ 与 $y'' + y = e^x$ 的一个特解,由此可得微分方程 $y'' + y = \sin x + e^x$ 的一个特解.

对于微分方程 $y'' + y = \sin x$ 的特解,$y_1^* = x(a\sin x + b\cos x)$,而微分方程 $y'' + y = e^x$ 有特解,$y_2^* = ce^x$,则微分方程 $y'' + y = \sin x + e^x$ 有特解为

$$y^* = x(a\sin x + b\cos x) + ce^x,$$

求

$$(y^*)' = b\cos x + a\sin x + (a\cos x - b\sin x) + ce^x,$$
$$(y^*)'' = 2a\cos x - 2b\sin x - x(a\sin x + b\cos x) + ce^x,$$

代入原微分方程整理得

$$2a\cos x - 2b\sin x + 2ce^x = \sin x + e^x,$$

解得

$$a = 0, \quad b = -\frac{1}{2}, \quad c = \frac{1}{2},$$

故原微分方程有特解为

$$y^* = -\frac{x}{2}\cos x + \frac{1}{2}e^x,$$

则原微分方程的通解为

$$y = C_1 \cos x + C_2 \sin x - \frac{x}{2}\cos x + \frac{1}{2}e^x.$$

习题　9.4

1. 求下列微分方程的通解:

(1) $y'' - 8y' + 12y = 0$ (2) $y'' + 2y' + 5y = 0$

(3) $4y'' + 4y' + y = 0$ (4) $y'' - 4y' = 0$

(5) $y'' + 4y = 0$ (6) $y'' - 3y' + 2y = -2e^x$

(7) $y'' + y = x$ (8) $y'' - 4y' + 4y = 3e^{2x}$

(9) $y'' - 2y' + 2y = e^x \sin x$ (10) $y'' - y = 4xe^x$

(11) $y'' - 4y' + 4y = \sin 2x$ (12) $y'' + 2y' - 3y = e^x + x$

(13) $y'' + 4y = \cos 4x + \cos 2x$

2. 求下列微分方程满足初始条件的特解：

(1) $y'' - y = 0$, $y(0) = 3, y'(0) = -1$

(2) $y'' - 5y' + 6y = (2x - 7)e^{-x}$, $y(0) = 0, y'(0) = 0$

(3) $x'' - 3x' + 2x = 2e^t$, $x(0) = 2, x'(0) = -1$

(4) $y'' - 2y' - e^{2x} = 0$, $y(0) = 1, y'(0) = 1$

(5) $y'' + y = x^2 + \cos x$, $y(0) = 0, y'(0) = 1$

(6) $y'' + y = -\sin 2x$, $y(\pi) = 1, y'(\pi) = 1$

3. 设二阶线性非齐次微分方程 $y'' + p(x)y' + q(x)y = f(x)$,   ①

它对应的齐次方程 $y'' + p(x)y' + q(x)y = 0$,   ②

(1) 证明：方程 ① 的任意两个解的差是方程 ② 的解；

(2) 设 $y_1 = x$, $y_2 = x + e^{2x}$, $y_3 = x(1 + e^{2x})$ 均是二阶常系数线性非齐次方程的特解，求该方程的通解及该微分方程.

4. 设 $y = y(x)$ 是二阶常系数线性方程 $y'' + py' + qy = e^{3x}$ 满足 $y(0) = y'(0) = 0$ 的一个特解，求 $\lim\limits_{x \to 0} \dfrac{\ln(1 + x^2)}{y(x)}$.

复 习 题 九

一、单项选择题

1. 微分方程 $F(x, y^4, y', (y'')^2) = 0$ 的通解中含有(   )个独立的任意常数.

A. 1   B. 2   C. 3   D. 4

2. 设 $y = y(x)$ 是满足微分方程 $(x^2 - 1)dy + (2xy - \cos x)dx = 0$ 和初始条件 $y(0) = 1$ 的解，则 $\int_{-\frac{1}{2}}^{\frac{1}{2}} y(x)dx = ($ $)$.

A. $\ln 3$ B. $-\ln 3$ C. $\dfrac{1}{2}\ln 3$ D. $-\dfrac{1}{2}\ln 3$

3. 微分方程 $2y'' + y' - y = 0$ 的通解为(   ).

A. $y = C_1 e^x - C_2 e^{-2x}$　　　　　　　B. $y = C_1 e^{-x} - C_2 e^{\frac{x}{2}}$

C. $y = C_1 e^x - C_2 e^{-\frac{x}{2}}$　　　　　　D. $y = C_1 e^{-x} + C e^{2x}$

4. 下列方程中变量可分离的是(　　　).

A. $\dfrac{\mathrm{d}x}{\mathrm{d}t} = xt + t^2$　　　　　　　B. $x\dfrac{\mathrm{d}x}{\mathrm{d}t} = e^{t+x}\sin t$

C. $\dfrac{\mathrm{d}x}{\mathrm{d}t} = x^2 + t^2$　　　　　　　D. $\dfrac{\mathrm{d}x}{\mathrm{d}t} = \ln(xt)$

5. 微分方程 $(y - x^3)\mathrm{d}x + x\mathrm{d}y = 2xy\mathrm{d}x + x^2\mathrm{d}y$ 是(　　　).

A. 变量可分离方程　　　　　　　B. 齐次方程

C. 一阶线性方程　　　　　　　　D. 均不属于以上三类方程

6. 设方程 $y'' + 2y' + y = 4e^x$,则(　　　).

A. e^x,$(x-1)e^{-x}$ 是对应齐次方程的两个解

B. $(e^x + e^{-x})$ 是方程的一个特解

C. $[C_1(e^x + e^{-x}) + C_2(x-1)e^{-x}]$ 是方程的通解

D. $[C(x-1)e^{-x} + e^x + e^{-x}]$ 是方程的通解

7. (　　　) 是微分方程 $y\ln x\mathrm{d}x + x\ln y\mathrm{d}y = 0$ 满足条件 $y\,|_{x=e^{\frac{1}{2}}} = e^{-\frac{1}{2}}$ 的特解.

A. $\ln x^2 + \ln y^2 = 0$　　　　　　B. $\ln x^2 + \ln y^2 = 2$

C. $\ln^2 x + \ln^2 y = 0$　　　　　　D. $\ln^2 x + \ln^2 y = \dfrac{1}{2}$

8. 以下函数(　　　) 可以看作某个二阶方程的通解(C_1,C_2,C 是任意常数).

A. $y = C_1 x^2 + C_2 x + C_3$　　　　B. $x^2 + y^2 = C$

C. $y = \ln(C_1 x) + \ln(C_2\sin x)$　　　D. $y = C_1\sin^2 x + C_2\cos^2 x$

9. 设 $y = f(x)$ 在点 x_0 的某个邻域内是 $y'' + y' - e^{\sin x} = 0$ 的解,且 $f'(x_0) = 0$,则 (　　　).

A. 在该邻域内 $f(x)$ 单调递增　　　B. 在该邻域内 $f(x)$ 单调递减

C. 点 x_0 是 $f(x)$ 的极小值点　　　D. 点 x_0 是 $f(x)$ 的极大值点

10. 设 $y = y(x)$ 满足条件 $y'' + 4y' + 4y = 0$,且 $y(0) = 2$,$y'(0) = 0$,则 $\displaystyle\int_0^{+\infty} y(x)\mathrm{d}x$ = (　　　).

A. 2　　　　　　B. -2　　　　　　C. 1　　　　　　D. -1

二、填空题

1. 方程 $y'' + 2y' + 2y = 1 + x$ 的通解是_____.

2. 方程 $y'' - 4y' + 4y = f(x)$,当 $f(x) = 6x^2$ 时有形如_____的特解;当 $f(x) =$

$x\mathrm{e}^{2x}$ 时,有形如_____ 特解.

3. 已知二阶线性非齐次微分方程有 3 个特解 $y_1 = 3$, $y_2 = 3 + x^2$, $y_3 = 3 + x^2 + \mathrm{e}^x$,则它所对应的二阶线性齐次微分方程的通解是_____,它自己的通解为_____.

4. 已知 x^3, $x^3 + \ln x$ 是方程 $y'' + p(x)y' = f(x)$ 的两个特解,则 $p(x) = $ _____,$f(x) = $ _____,方程的通解为_____.

5. 设 $y = f(x)$ 是微分方程 $y'' - 2y' + y = g(x)$ 的一个特解,则它的通解为_____.

6. 微分方程 $x\dfrac{\mathrm{d}y}{\mathrm{d}x} = y\ln\dfrac{y}{x}$ 的通解是_____.

7. 已知 $y = \mathrm{e}^x(C_1\sin x + C_2\cos x)$ 为某二阶常系数线性齐次方程的通解,则此微分方程为_____.

8. 已知 $y = \dfrac{x}{\ln x}$ 是微分方程 $y' = \dfrac{y}{x} + \varphi\left(\dfrac{y}{x}\right)$ 的解,则 $\varphi\left(\dfrac{y}{x}\right) = $ _____.

三、计算题

1. 求下列方程的通解或特解:

(1) $xy' + \dfrac{y^2}{x} = 0$

(2) $(x^2 + y^2)\mathrm{d}x - 2xy\mathrm{d}y = 0$

(3) $x\ln x\mathrm{d}y + (y - \ln x)\mathrm{d}x = 0$, $\quad y\big|_{x=\mathrm{e}} = 1$

(4) $(x^2 - 1)\mathrm{d}y + (2xy - \cos x)\mathrm{d}x = 0$

(5) $y' + \sin\dfrac{x+y}{2} = \sin\dfrac{x-y}{2}$

(6) $(x\mathrm{e}^{\frac{y}{x}} + y)\mathrm{d}x = x\mathrm{d}y$, $\quad y\big|_{x=2} = 0$

(7) $x\mathrm{d}y - y\mathrm{d}x = y^2\mathrm{e}^y\mathrm{d}y$, $\quad y(\mathrm{e}) = 1$

(8) $y' = \dfrac{1}{x + \mathrm{e}^y}$

2. 求下列微分方程的通解或特解:

(1) $y'' + 4y = 8x$, $\quad y'\big|_{x=0} = 4, y\big|_{x=0} = 0$

(2) $\dfrac{\mathrm{d}^2 y}{\mathrm{d}x^2} + 2\dfrac{\mathrm{d}y}{\mathrm{d}x} + y = 0$

(3) $(y + x^2)'' + (y + 3x)' = 5$

(4) $y'' + 3y' + 3 = 0$

(5) $2y'' + 5y' = 5x^2 - 2x - 1$

(6) $y'' + 4y' + 4y = \mathrm{e}^{\beta x}$ （其中,β 为常数）

（7）$y'' - 2y' + y = x + e^x$, $\quad y(0) = 3, y'(0) = 1$

（8）$y'' - 8y' + 12y = 2\cos x$

3. 设 $f(x)$ 可导且满足 $\int_0^x tf(t)\mathrm{d}t = x^2 + f(x)$，求 $f(x)$.

4. 设 $f(x) = e^x - \int_0^x (x - u)f(u)\mathrm{d}u$，其中 $f(x)$ 为可导函数，试求 $f(x)$.

5. 设 $y(x)$ 满足微分方程 $y'' - 3y' + 2y = 2e^x$，且其图形在点 $(0,1)$ 处的切线与曲线 $y = x^2 - x + 1$ 在该点的切线重合，求函数 $y(x)$.

四、应用题

1. 在 xOy 平面的第一象限求一曲线，使由其上任一点 P 处的切线、x 轴与线段 OP 所围的三角形面积为常数 k，且曲线通过点 $(1,1)$.

2. 某商品生产单位时的边际成本为 $C'(x) = \dfrac{C(x) - 40}{x}$，边际收入为 $R'(x) = 50 - 0.1x$，又知生产 10 单位商品时总成本为 50，问生产多少单位商品时才能获得最大利润？

3. 设某牧场现有羊 1000 只，如果每瞬时羊只数的变化率与当时羊只数成正比，若 10 年内该牧场羊群达到 2000 只，试确定羊群只数 y 与时间 t 的函数关系式.

4. 设函数 $f(x)$ 在 $[1, +\infty)$ 上连续，且 $f(2) = \dfrac{2}{9}$. 若曲线 $y = f(x)$，直线 $x = 1$，$x = t\ (t > 1)$ 与 x 轴所围成的平面图形，绕 x 轴旋转一周所成的旋转体体积为

$$V(t) = \frac{\pi}{3}\big[t^2 f(t) - f(1)\big],$$

求 $y = f(x)$ 所满足的微分方程，并求 $f(x)$.

5. 设 $y = f(x)$ 是第一象限内连结 $A(0,1)$，$B(1,0)$ 的一段连续光滑的曲线，$M(x,y)$ 为该曲线上任意一点，点 C 为 M 在 x 轴上的投影，O 为原点，若梯形 $OCMA$ 的面积与曲边三角形 CBM 的面积之和为 $\dfrac{x^3}{6} + \dfrac{1}{3}$，求 $f(x)$.

五、综合题

1. 设函数 $f(t)$ 在 $[0, +\infty)$ 上连续，且满足方程

$$f(t) = e^{4\pi t^2} + \iint\limits_{x^2 + y^2 \leqslant 4t^2} f\left(\frac{\sqrt{x^2 + y^2}}{2}\right)\mathrm{d}x\mathrm{d}y,$$

求 $f(t)$.

2. 已知 $y = y(x)$ 在任意点 x 处的增量 $\Delta y = \dfrac{y\Delta x}{1 + x^2} + \alpha$，且当 $\Delta x \to 0$ 时，α 是 Δx 的高阶无穷小，并有 $y(0) = \pi$，求 $y(x)$.

第十章 差分方程

微分方程刻画了自变量 x 是连续变化的过程中变量 y 的变化率,在现代科学技术和经济领域中,有些自变量往往不是连续变化的,而是取一系列离散的值,例如按年、月、日等,此时要描述这种自变量是离散的变化关系就是本章要介绍的差分方程.

显然微分方程和差分方程是两类不同的方程,但它们有许多共同点,因此与微分方程对照,采用类比的方法是学习差分方程有效的方法.

10.1 差分与差分方程的基本概念

10.1.1 差分概念

在连续变化的时间范围内,变量 y 的即时变化率是用 $\dfrac{\mathrm{d}y}{\mathrm{d}t}$ 刻画,但在某些场合,变量只能取一系列离散的值,此时要刻画变量 y 的变化率用差商 $\dfrac{\Delta y}{\Delta t}$ 来代替 $\dfrac{\mathrm{d}y}{\mathrm{d}t}$(即自变量的某一时间内的平均变化率代替即时变化率). 通常取 $\Delta t = 1$,那么差商 $\Delta y = y(t+1) - y(t)$ 可以近似表示变量 y 的即时变化率.

定义 10.1 设函数 $y = f(x)$ 为定义在非负整数集上的函数,简记 y_x,并把差 $y_{x+1} - y_x$ 称为函数 y_x 的差分,也称一阶差分,记为 Δy_x,即

$$\Delta y_x = y_{x+1} - y_x.$$

与此类似,可以定义二阶差分,即 y_x 的一阶差分的一阶差分称为 y_x 的二阶差分,记为 $\Delta^2 y_x$,即有

$$\Delta^2 y_x = \Delta(\Delta y_x) = \Delta y_{x+1} - \Delta y_x = y_{x+2} - 2y_{x+1} + y_x.$$

更一般地可以定义三阶、四阶甚至 n 阶差分,即

$$\Delta^3 y_x = \Delta(\Delta^2 y_x)（三阶差分）, \cdots, \Delta^n y_x = \Delta(\Delta^{n-1} y_x)（n \text{阶差分}）.$$

并用逐次代入法可以证明:

$$\Delta^3 y_x = y_{x+3} - 3y_{x+2} + 3y_{x+1} - y_x,$$

$$\cdots\cdots$$

$$\Delta^n y_x = \sum_{k=0}^{n} (-1)^k C_n^k y_{n-k+x}.$$

二阶及二阶以上的差分统称为**高阶差分**. 由差分的定义可知具有下列性质：

(1) $\Delta C = 0$ （C 为常数）；

(2) $\Delta(Cy_x) = C \Delta y_x$ （C 为常数）；

(3) $\Delta(y_x \pm z_x) = \Delta y_x \pm \Delta z_x$.

例 1　求 $\Delta(x^2), \Delta^2(x^2), \Delta^3(x^2)$.

解　设 $y_x = x^2$, 则

$$\Delta y_x = y_{x+1} - y_x = (x+1)^2 - x^2 = 2x + 1,$$

$$\Delta^2 y_x = \Delta(\Delta y_x) = \Delta(2x+1) = [2(x+1)+1] - (2x+1) = 2,$$

$$\Delta^3 y_x = \Delta(\Delta^2 y_x) = \Delta(2) = 0.$$

从此例可得出，若 y_x 是一个次数等于 k 的代数多项式，则 Δy_x 为一个次数不大于 $k-1$ 的多项式，并且 $\Delta^{k+1} y_x = 0$.

例 2　设 $y_x = x(x-1)(x-2)\cdots(x-n+1)$, $y_0 = 1$, 求 Δy_x.

解　$\Delta y_x = y_{x+1} - y_x$

$$= (x+1)x(x-1)\cdots(x-n+2) - x(x-1)(x-2)\cdots(x-n+1)$$

$$= x(x-1)(x-2)\cdots(x-n+2)[(x+1) - (x-n+1)]$$

$$= nx(x-1)(x-2)\cdots(x-n+2).$$

例 3　求 $\Delta(2^x), \Delta^2(2^x), \cdots, \Delta^n(2^x)$.

解　设 $y_x = 2^x$, 则

$$\Delta y_x = y_{x+1} - y_x = 2^{x+1} - 2^x = 2^x,$$

$$\Delta^2 y_x = \Delta(\Delta y_x) = \Delta(2^x) = 2^x,$$

$$\cdots\cdots$$

$$\Delta^n y_x = \Delta(\Delta^{n-1} y_x) = \Delta(2^x) = 2^x.$$

由此得 2^x 任何阶差分还是它自身，即 $\Delta^n(2^x) = 2^x$.

例 4　证明等式 $\Delta(y_x \cdot z_x) = y_{x+1} \Delta z_x + \Delta y_x z_x$.

证　$\Delta(y_x \cdot z_x) = y_{x+1} z_{x+1} - y_x z_x$

$$= y_{x+1} z_{x+1} - y_{x+1} z_x + y_{x+1} z_x - y_x z_x$$

$$= y_{x+1}(z_{x+1} - z_x) + z_x(y_{x+1} - y_x)$$

$$= y_{x+1} \Delta z_x + \Delta y_x z_x.$$

证毕.

10.1.2　差分方程的概念

定义 10.2　含有未知函数 y_x 在 x 的两个或两个以上的函数值 $y_x, y_{x+1}, \cdots$ 的函数方

程称为**差分方程**. 即形如
$$G(x, y_x, y_{x+1}, \cdots, y_{x+n}) = 0 \quad (n \geqslant 1),$$
和
$$H(x, y_x, y_{x-1}, \cdots, y_{x-n}) = 0 \quad (n \geqslant 1),$$
都是差分方程.

以上两种差分方程也可利用差分公式
$$\Delta^n y_x = \sum_{k=0}^{n} (-1)^k C_n^k y_{n-k+x},$$
转化为
$$F(x, \Delta y_x, \Delta^2 y_x, \cdots, \Delta^n y_x) = 0,$$
也是差分方程的一种表示形式.

差分方程中所出现的未知函数下标的最大值与最小值的差称为**差分方程的阶**.

例 5 说明下列等式是否为差分方程,如果是差分方程,指出其阶数.

(1) $2\Delta y_x = y_x + x$ (2) $-2\Delta y_x = 2y_x + x$

(3) $2\Delta^2 y_x - 3\Delta y_x + y_x = 2^x$ (4) $\Delta^2 y_x - y_x = 1$

(5) $\Delta^2 y_x = y_{x+2} - 2y_{x+1} + y_x$

解 (1) 将 $\Delta y_x = y_{x+1} - y_x$ 代入等式,得
$$2y_{x+1} - 3y_x - x = 0.$$
由定义知此等式为差分方程. 又因未知函数下标的最大值与最小值的差为 $(x+1) - x = 1$, 故该差分方程为一阶差分方程.

(2) 将 $\Delta y_x = y_{x+1} - y_x$ 代入等式,得
$$2y_{x+1} - x = 0.$$
由此等式只含一个时期的函数值,故不是差分方程.

(3) 将 $\Delta^2 y_x = y_{x+2} - 2y_{x+1} + y_x$ 及 $\Delta y_x = y_{x+1} - y_x$ 代入等式,得
$$2y_{x+2} - 7y_{x+1} + 6y_x = 2^x,$$
由定义知此等式为差分方程. 又因未知函数下标的最大值与最小值的差为 $(x+2) - x = 2$, 故该差分方程为二阶差分方程.

(4) 将 $\Delta^2 y_x = y_{x+2} - 2y_{x+1} + y_x$ 及 $\Delta y_x = y_{x+1} - y_x$ 代入等式,得
$$y_{x+2} - 2y_{x+1} = 1,$$
由定义知此等式为差分方程. 又因未知函数下标的最大值与最小值的差为 $(x+2) - (x+1) = 1$, 故该差分方程为一阶差分方程.

(5) 由二阶差分定义,它是一个恒等式,故不是差分方程.

定义 10.3 若一个函数代入差分方程后,方程两边恒等,则称此函数为该差分方程的解.

例 6 设差分方程 $y_{x+1} - y_x = 2$,验证函数 $y_x = 15 + 2x$ 是方程的解.

证　先求 $y_{x+1} = 15 + 2(x+1) = 17 + 2x$，再把 y_{x+1}，y_x 代入方程，得

$$左端 = (17 + 2x) - (15 + 2x) = 2 = 右端，$$

故 $y_x = 15 + 2x$ 是方程的解．

若差分方程的解中含有相互独立的任意常数，且个数恰好等于差分方程的阶数，则称该解为差分方程的**通解**．

例如，$y_x = A + 2x$（A 为任意常数）是一阶差分方程 $y_{x+1} - y_x = 2$ 的通解．

一个具体问题的确切状态不只依赖于一个差分方程，还必须根据问题在初始时刻所处的状态，对差分方程附加一定的条件后才能最后确定，常见的定解条件是**初始条件**．而差分方程满足初始条件的解称为该问题的**特解**．

例如，$y_x = 15 + 2x$ 也称为差分方程 $y_{x+1} - y_x = 2$ 满足初始条件 $y_0 = 15$ 时的特解．

习题　10.1

1. 求下列函数的一阶差分：

(1) $y_x = 5$

(2) $y_x = x^2 + 2x$

(3) $y_x = a^x$　（其中，$a > 0$ 且 $a \neq 1$）

(4) $y_x = \sin 2x$

2. 证明等式 $\Delta\left(\dfrac{y_x}{z_x}\right) = \dfrac{\Delta y_x z_x - y_x \Delta z_x}{z_x z_{x+1}}$．

3. 说明下列等式是否为差分方程，如果是差分方程，指出其阶数．

(1) $y_{x+3} = y_{x-1} - y_{x-3}$ 　　　　(2) $\Delta y_x = y_{x+1} + 2^x$

(3) $\Delta^2 y_x = y_x + 3^x$ 　　　　(4) $\Delta^3 y_x + 2\Delta^2 y_x + \Delta y_x = x + 1$

4. 验证 $y_x = C_1 + C_2 x + 2x^2$ 是差分方程 $y_{x+2} - 2y_{x+1} + y_x = 4$ 的通解，并求满足初始条件 $y_0 = 1$，$y_1 = 1$ 的特解．

5. 验证 $y_1 = \sin\theta x$，$y_2 = \cos\theta x$ 是差分方程 $\Delta^2 y_x = -2(1 - \cos\theta)y_{x+1}$ 的两个解．

10.2　一阶与二阶常系数线性差分方程

10.2.1　一阶常系数线性差分方程

定义 10.4　形如

$$y_{x+1} - ay_x = f(x) \quad (x = 0, 1, 2, \cdots) \tag{10-1}$$

称为**一阶常系数线性差分方程**．其中 $f(x)$ 为已知函数，a 是非零常数．

与微分方程类似，当 $f(x) \neq 0$ 时，称为**一阶常系数线性非齐次差分方程**．

当 $f(x) = 0$ 时，即

$$y_{x+1} - ay_x = 0 \quad (a \neq 0) \tag{10-2}$$

称为**一阶常系数线性齐次差分方程**，并把差分方程(10-2)称为(10-1)相应的齐次差分方程.

下面介绍一阶常系数线性差分方程的解法.

与一阶线性微分方程解的结构类似，对于一阶线性差分方程有以下解的结构定理.

定理 10.1 一阶常系数线性非齐次差分方程(10-1)的通解 y_x 为：该差分方程的某一个特解 y_x^* 与对应齐次差分方程(10-2)的通解 $\overline{y_x}$ 之和，即

$$y_x = y_x^* + \overline{y_x}.$$

由上述定理可知，我们首先需要解决的问题是，求出一阶常系数线性齐次差分方程(10-2)的通解.

对于一阶常系数线性齐次差分方程

$$y_{x+1} - ay_x = 0 \quad (a \neq 0),$$

设 y_0 为其初始值，利用迭代法可得出

$$y_x = ay_{x-1} = a^2 y_{x-2} = \cdots = a^x y_0,$$

可以验证对于任意常数 A，函数 $y_x = Aa^x$ 均为差分方程(10-2)的解，而且 $y_x = Aa^x$ 是差分方程(10-2)的通解. 即有如下结论：

一阶常系数线性齐次差分方程 $y_{x+1} - ay_x = 0 (a \neq 0)$ 的通解为

$$y_x = Aa^x \quad (A \text{ 为任意常数}).$$

解决了一阶常系数线性齐次差分方程的通解问题，对于一阶常系数线性非齐次差分方程的通解只需求出非齐次差分方程的一个特解，本节只介绍差分方程(10-1)右端 $f(x) = P_m(x)q^x$ 时差分方程特解的求法[其中 $P_m(x)$ 为 m 次多项式，q 为非零常数]. 即差分方程为

$$y_{x+1} - ay_x = P_m(x)q^x \quad (a \neq 0), \tag{10-3}$$

把方程 $\qquad\qquad\qquad \lambda - a = 0 \qquad\qquad\qquad\qquad$ (10-4)

称为一阶线性齐次差分方程(10-2)的特征方程，称方程(10-4)的解 $\lambda = a$ 为差分方程(10-2)的**特征根**.

与微分方程类似，这里也采用待定系数法. 设方程(10-3)具有形式为 $\overline{y_x} = x^k Q_m(x) q^x$ 的特解，其中 $Q_m(x)$ 是与 $P_m(x)$ 同次的多项式，而多项式 $Q_m(x)$ 的系数待定. k 的取值为

$$k = \begin{cases} 0, & q \text{ 不是特征根}, \\ 1, & q \text{ 是特征根}. \end{cases}$$

例 1 求差分方程 $y_{x+1} + 3y_x = 0$ 的通解.

解 因 $a = -3$，故差分方程的通解为

$$y_x = A(-3)^x.$$

例 2　求差分方程 $y_{x+1} - y_x = 2x^2$ 的通解.

解　对应的齐次差分方程为 $y_{x+1} - y_x = 0$,

齐次差分方程的通解为　　　　　　$\overline{y_x} = A \cdot 1^x = A$,

又因 $f(x) = 2x^2 \cdot 1^x, \lambda = 1$,即 $q = 1$ 是特征根,则非齐次差分方程的特解为

$$y^* = x(a + bx + cx^2) \cdot 1^x,$$

代入原差分方程,得

$$(a + b + c) + (2b + 3c)x + 3cx^2 = 2x^2,$$

比较两边同次项系数,有

$$\begin{cases} a + b + c = 0, \\ 2b + 3c = 0, \\ 3c^2 = 2, \end{cases}$$

解得

$$a = \frac{1}{3}, \quad b = -1, \quad c = \frac{2}{3},$$

所以特解为

$$y^* = \frac{1}{3}x - x^2 + \frac{2}{3}x^3,$$

故原差分方程的通解为

$$y_x = y^* + \overline{y_x} = \frac{1}{3}x - x^2 + \frac{2}{3}x^3 + A.$$

例 3　一数列后项的 3 倍与前项 2 倍之差为 3,且 $a_1 = 1$,求数列通项.

解　设通项为 a_n,则由题意有 $3a_{n+1} - 2a_n = 3, a_1 = 1$.此方程为一阶线性常系数非齐次差分方程.

对应的齐次差分方程为

$$3a_{n+1} - 2a_n = 0,$$

齐次差分方程的通解为

$$\overline{y_n} = A \cdot \left(\frac{2}{3}\right)^n,$$

又因 $f(n) = 3 \cdot 1^n, \lambda = \frac{2}{3}$,即 $q = 1$ 不是特征根,则设非齐次差分方程的特解为

$$a_n^* = b \cdot 1^n,$$

代入原差分方程,得

$$3b - 2b = 3,$$

即　　　　　　　　　　　　　　$b = 3,$

故 $$a_n^* = 3,$$
原差分方程的通解为

$$a_n = A \cdot \left(\frac{2}{3}\right)^n + 3,$$

再由条件 $a_1 = 1$,得 $A = -3$.

从而本题数列的通项为

$$a_n = (-3) \cdot \left(\frac{2}{3}\right)^n + 3.$$

定理 10.2 如果 y_1 是差分方程 $y_{x+1} - ay_x = f_1(x)$ 的一个解,y_2 是差分方程 $y_{x+1} - ay_x = f_2(x)$ 的一个解,则 $y_1 + y_2$ 是差分方程 $y_{x+1} - ay_x = f_1(x) + f_2(x)$ 的一个解.

证 因

$$(y_1 + y_2)_{x+1} - a(y_1 + y_2)_x = (y_{1\,x+1} - ay_{1\,x}) + (y_{2\,x+1} - ay_{2\,x})$$
$$= f_1(x) + f_2(x),$$

得证.

例 4 求差分方程 $y_{x+1} - y_x = x \cdot 3^x + \dfrac{1}{3}$ 的通解.

解 齐次差分方程的通解为

$$\overline{y}_x = A,$$

因 $f(x) = x \cdot 3^x + \dfrac{1}{3}$,由定理 10.2 可分别求差分方程 $y_{x+1} - y_x = x \cdot 3^x$ 与 $y_{x+1} - y_x = \dfrac{1}{3}$ 的特解.

对于差分方程 $y_{x+1} - y_x = \dfrac{1}{3}$ 有特解 $y_1 = kx$,对于差分方程 $y_{x+1} - y_x = x \cdot 3^x$ 有特解 $y_2 = (ax + b) \cdot 3^x$,则 $y_1 + y_2 = kx + (ax + b) \cdot 3^x$ 是差分方程 $y_{x+1} - y_x = x \cdot 3^x + \dfrac{1}{3}$ 的一个特解,

代入原差分方程得

$$(2ax + 3a + 2b) \cdot 3^x + k = x \cdot 3^x + \frac{1}{3},$$

比较两端同类项系数,可得

$$k = \frac{1}{3}, \quad a = \frac{1}{2}, \quad b = -\frac{3}{4},$$

即原差分方程的一个特解为

$$y_x^* = \frac{1}{3}x + \left(\frac{1}{2}x - \frac{3}{4}\right) \cdot 3^x,$$

则原差分方程的通解为

$$y_x = A + \frac{1}{3}x + \left(\frac{1}{2}x - \frac{3}{4}\right) \cdot 3^x.$$

10.2.2 二阶常系数线性差分方程

定义 10.5 形如

$$y_{x+2} + ay_{x+1} + by_x = f(x) \quad (x = 0, 1, 2, \cdots) \tag{10-5}$$

[其中 $b \neq 0$, $f(x)$ 为已知函数] 的差分方程,称为二阶常系数线性差分方程.

与一阶方程类似,当 $f(x) \neq 0$ 时,称为**二阶常系数线性非齐次差分方程**.

当 $f(x) = 0$ 时,即

$$y_{x+2} + ay_{x+1} + by_x = 0 \quad (b \neq 0) \tag{10-6}$$

称为**二阶常系数线性齐次差分方程**,并把(10-6)称为(10-5)相应的齐次差分方程.

与一阶差分方程类似,二阶线性非齐次差分方程的通解等于其任一特解与相应齐次差分方程的通解之和.因此,需要先讨论二阶差分方程(10-6)的通解.

二阶线性差分方程与二阶线性微分方程具有类似的性质.

定理 10.3 若函数 $(y_1)_x$, $(y_2)_x$ 是差分方程(10-6)两个线性无关的特解,则差分方程(10-6)的通解为

$$y = A_1(y_1)_x + A_2(y_2)_x,$$

其中 A_1, A_2 为任意常数.所谓函数 $(y_1)_x$ 与 $(y_2)_x$ 线性无关即表示为 $\dfrac{(y_1)_x}{(y_2)_x}$ 不为常函数.

证明从略.

由此求差分方程(10-6)的通解最后归结为求它的两个线性无关的特解.

由差分方程(10-6)的特点,设它有形如 $Y_x = \lambda^x (\lambda \neq 0)$ 的特解,现代入差分方程(10-6)得

$$\lambda^{x+2} + a\lambda^{x+1} + b\lambda^x = 0,$$

化简有

$$\lambda^2 + a\lambda + b = 0, \tag{10-7}$$

称(10-7)为二阶线性齐次差分方程(10-6)的特征方程,(10-7)的解称为差分方程(10-6)的特征根.

(1) $\Delta = a^2 - 4b > 0$,即特征方程(10-7)有相异的两实根 λ_1, λ_2,此时差分方程(10-6)的通解为

$$y_x = A_1\lambda_1^x + A_2\lambda_2^x.$$

(2) $\Delta = a^2 - 4b = 0$,即特征方程(10-7)有相同的两实根 $\lambda_1 = \lambda_2 = \lambda_0 = -\dfrac{a}{2}$,即 $(y_1)_x$ $= \left(-\dfrac{a}{2}\right)^x$ 是方程(10-6)的一个解,现要另找一个解 $(y_2)_x$ 且与 $(y_1)_x$ 线性无关,故设

$$(y_2)_x = (y_1)_x \cdot u_x = \left(-\frac{a}{2}\right)^x \cdot u_x,$$

代入差分方程(10-6)整理得

$$\frac{a^2}{4}u_{x+2} - \frac{a^2}{2}u_{x+1} + bu_x = 0,$$

把上式转化为

$$\Delta^2 u_x = 0.$$

由要求可取 $u_x = x$，则 $(y_2)_x = x \cdot \left(-\frac{a}{2}\right)^x$．此时差分方程(10-6)的通解为

$$y_x = (A_1 + A_2 x)\left(-\frac{a}{2}\right)^x.$$

（3）$\Delta = a^2 - 4b < 0$，即特征方程(10-7)没有实根，有两个共轭的复根，

$$\lambda_1 = \alpha + i\beta, \quad \lambda_2 = \alpha - i\beta.$$

其中 $\alpha = -\dfrac{a}{2}$，$\beta = \dfrac{\sqrt{4b-a^2}}{2}$．

设 $\gamma = \sqrt{\alpha^2 + \beta^2} = \sqrt{b}$，$\theta = \arctan\dfrac{\beta}{\alpha} = \arctan\left(\dfrac{-\sqrt{4b-a^2}}{a}\right)$，

则 $\alpha = \gamma\cos\theta$，$\beta = \gamma\sin\theta$．

由上述可得

$$\lambda_1 = \alpha + i\beta = \gamma(\cos\theta + i\sin\theta), \quad \lambda_2 = \alpha - i\beta = \gamma(\cos\theta - i\sin\theta).$$

则我们得到了两个复函数

$$(y_1)_x^* = \gamma^x(\cos\theta + i\sin\theta)^x, \quad (y_2)_x^* = \gamma^x(\cos\theta - i\sin\theta)^x,$$

它们是否是差分方程(10-6)的两个解这里不做讨论，但从 $(y_2)_x^*$ 与 $(y_1)_x^*$ 的表达式中可猜想，差分方程(10-6)可能有形如 $y_x = \gamma^x \cdot u_x$ 的实函数解．现把它代入差分方程(10-6)有

$$\gamma^{x+2}u_{x+2} + a\gamma^{x+1}u_{x+1} + b\gamma^x u_x = 0,$$

消去 γ^x 得

$$\gamma^2 u_{x+2} + a\gamma \cdot u_{x+1} + bu_x = 0,$$

把 $\gamma = \sqrt{b}$ 代入，并化为

$$\Delta^2 u_x = -2\left(1 + \frac{a}{2\sqrt{b}}\right)u_{x+1}.$$

又因 $\cos\theta = \dfrac{\alpha}{\gamma} = -\dfrac{a}{2\sqrt{b}}$，上式可写为

$$\Delta^2 u_x = -2(1 - \cos\theta)u_{x+1}.$$

由习题 10.1 第 5 题可知

$$(u_1)_x = \cos\theta x, \quad (u_2)_x = \sin\theta x,$$

是上述方程的两个解,则

$$(y_1)_x = \gamma^x \cos\theta x, \quad (y_2)_x = \gamma^x \sin\theta x,$$

是差分方程(10-6)的两个解,因此差分方程(10-6)的通解为

$$y_x = \gamma^x (A_1 \cos\theta x + A_2 \sin\theta x),$$

其中 $\gamma = \sqrt{\alpha^2 + \beta^2} = \sqrt{b}$, $\theta = \arctan\dfrac{\beta}{\alpha} = \arctan\left(\dfrac{-\sqrt{4b-a^2}}{a}\right)$.

现将上述讨论总结如下:

差分方程

$$y_{x+2} + ay_{x+1} + by_x = 0 \quad (b \neq 0), \tag{10-6}$$

其特征方程为

$$\lambda^2 + a\lambda + b = 0, \tag{10-7}$$

(1) $\Delta = a^2 - 4b > 0$,即特征方程(10-7)有相异的两实根 λ_1, λ_2,此时差分方程(10-6)的通解为

$$y_x = A_1 \lambda_1^x + A_2 \lambda_2^x.$$

(2) $\Delta = a^2 - 4b = 0$,即特征方程(10-7)有相同的两实根 $\lambda_1 = \lambda_2 = \lambda_0 = -\dfrac{a}{2}$,此时差分方程(10-6)的通解为

$$y_x = (A_1 + A_2 x)\left(-\dfrac{a}{2}\right)^x.$$

(3) $\Delta = a^2 - 4b < 0$,即特征方程(10-7)没有实根,有两个共轭的复根,$\lambda_1 = \alpha + i\beta$, $\lambda_2 = \alpha - i\beta$. 此时差分方程(10-6)的通解为

$$y_x = \gamma^x (A_1 \cos\theta x + A_2 \sin\theta x),$$

其中 $\gamma = \sqrt{\alpha^2 + \beta^2} = \sqrt{b}$, $\theta = \arctan\dfrac{\beta}{\alpha} = \arctan\left(\dfrac{-\sqrt{4b-a^2}}{a}\right)$.

例5 求差分方程 $2y_{x+2} + y_{x+1} - y_x = 0$ 满足条件 $y_0 = 3, y_1 = 0$ 的特解.

解 特征方程为 $\qquad 2\lambda^2 + \lambda - 1 = 0,$

特征根为

$$\lambda_1 = -1, \quad \lambda_2 = \frac{1}{2},$$

故差分方程的通解为

$$y_x = A_1(-1)^x + A_2\left(\frac{1}{2}\right)^x.$$

由条件 $y_0 = 3, y_1 = 0$ 得

$$A_1 = 1, \quad A_2 = 2,$$

因此所求的特解为

$$y_x^* = (-1)^x + 2^{1-x}.$$

例 6　求差分方程 $y_{x+2} - 2y_{x+1} + 2y_x = 0$ 的通解.

解　特征方程为　　　　　　$\lambda^2 - 2\lambda + 2 = 0,$

特征根为

$$\lambda_1 = 1 + i, \quad \lambda_2 = 1 - i,$$

则

$$\gamma = \sqrt{1^2 + 1^2} = \sqrt{2}, \quad \theta = \arctan\frac{\beta}{\alpha} = \arctan 1 = \frac{\pi}{4}.$$

故差分方程的通解为

$$y_x = (\sqrt{2})^x \left(A_1 \cos\frac{\pi}{4}x + A_2 \sin\frac{\pi}{4}x \right).$$

接下去讨论常系数线性非齐次差分方程的特解的求法,在此只介绍 $f(x) = P_m(x) \cdot q^x$ 时特解的求法. 即差分方程为

$$y_{x+2} + ay_{x+1} + by_x = P_m(x) \cdot q^x, \tag{10-8}$$

其中 $P_m(x)$ 是 m 次多项式,q 为非零常数. 与一阶差分方程一样,差分方程(10-8)具有形式为 $\overline{y_x} = x^k Q_m(x) q^x$ 的特解,其中 $Q_m(x)$ 是与 $P_m(x)$ 同次的多项式,而多项式 $Q_m(x)$ 的系数待定. k 的取值为

$$k = \begin{cases} 0, & q \text{ 不是特征根,} \\ 1, & q \text{ 是特征单根,} \\ 2, & q \text{ 是特征重根.} \end{cases}$$

例 7　求差分方程 $y_{x+2} + y_{x+1} - 2y_x = 12$ 满足条件 $y_0 = 0, y_1 = 0$ 的特解.

解　对应齐次差分方程的特征方程为

$$\lambda^2 + \lambda - 2 = 0,$$

特征根为

$$\lambda_1 = -2, \quad \lambda_2 = 1,$$

故对应齐次差分方程的通解为

$$\overline{y_x} = A_1 + A_2(-2)^x.$$

因为 $f(x) = 12 \cdot 1^x$,$q = 1$ 是特征单根,则设形式特解为

$$y_x^* = ax \cdot 1^x = ax,$$

代入原差分方程得

$$a(x+2) + a(x+1) - 2ax = 12,$$

解得

$$a = 4,$$

则
$$y_x^* = 4x,$$
故原差分方程的通解为
$$y_x = A_1 + A_2(-2)^x + 4x.$$

由条件 $y_0 = 0, y_1 = 0$ 确定出
$$A_1 = -\frac{4}{3}, \quad A_2 = \frac{4}{3},$$

因此所求的特解为
$$y_x^* = -\frac{4}{3} + \frac{4}{3}(-2)^x + 4x.$$

例 8 求差分方程 $4y_{x+2} - 4y_{x+1} + y_x = 5 \cdot \left(\frac{1}{2}\right)^x$ 的通解.

解 对应齐次差分方程的特征方程为
$$4\lambda^2 - 4\lambda + 1 = 0,$$
特征根为
$$\lambda_1 = \lambda_2 = \frac{1}{2},$$

故对应齐次差分方程的通解为
$$\overline{y_x} = (A_1 + A_2 x)\left(\frac{1}{2}\right)^x.$$

因为 $f(x) = 5 \cdot \left(\frac{1}{2}\right)^x$，$q = \frac{1}{2}$ 是特征重根,则设形式特解为
$$y_x^* = ax^2 \cdot \left(\frac{1}{2}\right)^x,$$

代入原差分方程得
$$4a(x+2)^2 \left(\frac{1}{2}\right)^{x+2} - 4a(x+1)^2 \left(\frac{1}{2}\right)^{x+1} + ax^2 \left(\frac{1}{2}\right)^x = 5\left(\frac{1}{2}\right)^x,$$

解得
$$a = \frac{5}{2}.$$

则
$$y_x^* = 5x^2 \cdot \left(\frac{1}{2}\right)^{x+1},$$

故原差分方程的通解为
$$\overline{y_x} = (A_1 + A_2 x)\left(\frac{1}{2}\right)^x + 5x^2 \cdot \left(\frac{1}{2}\right)^{x+1}.$$

例 9 求差分方程 $y_x - 6y_{x-1} + 8y_{x-2} = x$ 的通解.

解 将方程化为标准式($x+2$ 替代 x)得

$$y_{x+2} - 6y_{x+1} + 8y_x = x + 2,$$

对应齐次差分方程的特征方程为

$$\lambda^2 - 6\lambda + 8 = 0,$$

特征根为

$$\lambda_1 = 4, \quad \lambda_2 = 2,$$

故对应齐次差分方程的通解为

$$\overline{y}_x = A_1 \cdot 4^x + A_2 2^x.$$

因为 $f(x) = (x+2) \cdot (1)^x$，$q = 1$ 不是特征根，则设形式特解为

$$y_x^* = a + bx,$$

代入原差分方程整理得

$$3bx - 4b + 3a = x + 2,$$

比较等式两端 x 同次幂的系数得

$$a = \frac{10}{9}, \quad b = \frac{1}{3},$$

则

$$y_x^* = \frac{10}{9} + \frac{1}{3}x,$$

故原差分方程的通解为

$$y_x = A_1 \cdot 4^x + A_2 2^x + \frac{10}{9} + \frac{1}{3}x.$$

10.2.3 差分方程在经济中的应用

差分方程在实际经济问题中有较多的应用，现举例说明差分方程在经济问题中的一些简单应用.

例1 设 Y_t 为 t 期国民收入，C_t 为 t 期消费，I 为投资（各期相同），设三者关系有

$$Y_t = C_t + I, \quad C_t = \alpha Y_{t-1} + \beta.$$

其中 $0 < \alpha < 1, \beta > 0$，试求 Y_t 和 C_t.

解 消去 C_t 可得方程

$$Y_t - \alpha Y_{t-1} = I + \beta,$$

解得该一阶差分方程的通解为

$$Y_t = A\alpha^t + \frac{I+\beta}{1-\alpha}.$$

若设 $Y(0) = Y_0$，则

$$Y_t = \left(Y_0 - \frac{I+\beta}{1-\alpha}\right)\alpha^t + \frac{I+\beta}{1-\alpha}.$$

又由 $C_t = Y_t - I$ 得

$$C_t = \left(Y_0 - \frac{I+\beta}{1-\alpha}\right)\alpha^t + \frac{\alpha I + \beta}{1-\alpha}.$$

例 2　设某产品在时间 t 时的价格为 P_t，总供给 R_t 与总需求 Q_t 三者的关系有

$$R_t = 2P_t + 1, \quad Q_t = -4P_{t-1} + 5, \quad R_t = Q_t.$$

试推出 P_t 满足的差分方程，并求满足初始条件 $P(0) = P_0$ 的特解.

解　由已知得

$$P_t + 2P_{t-1} = 2,$$

解得该一阶差分方程的通解为

$$P_t = A(-2)^t + \frac{2}{3}.$$

由初始条件 $P(0) = P_0$ 得特解

$$P_t = \left(P_0 - \frac{2}{3}\right)(-2)^t + \frac{2}{3}.$$

例 3　（债务问题）设某人欠款 10 万元，现计划 10 年时间按每年以相等数额还款方式还债，假设年利率为 5%，问每年应还多少欠款？

解　设每年底还债 C 元，则有

开始　　　　　　　　　　　　$y_0 = 100000,$

第一年底剩余债款为　　　　　$y_1 = (1 + 0.05)y_0 - C,$

第二年底剩余债款为　　　　　$y_2 = (1 + 0.05)y_1 - C,$

$$\cdots\cdots$$

故可得一阶差分方程为

$$y_{t+1} = (1 + 0.05)y_t - C,$$

且满足条件为 $y_0 = 100000$，$y_{10} = 0$.

解得该一阶差分方程的通解为

$$y_t = A(1.05)^t + 20C.$$

将条件 $y_0 = 100000$，$y_{10} = 0$ 代入得

$$A = -158982.5, \quad C \approx 12949.13.$$

所以每年需还款 12949.13 元，可在 10 年还清.

习题　10.2

1. 求下列差分方程的通解：

(1) $\Delta y_x - y_x = 2$

(2) $y_{x+1} + 4y_x = 2x^2 + x - 1$

(3) $y_x - 3y_{x-1} = 3^x$

(4) $y_{x+2} + 5y_{x+1} - 6y_x = 0$

(5) $y_{x+2} - 3y_{x+1} + 2y_x = 3 \cdot 2^x$

(6) $y_{x+1} + y_x + y_{x-1} = 0$

(7) $y_x - 2y_{x-1} + y_{x-2} = 4$

2. 求下列差分方程满足初始条件的特解：

(1) $5y_{x+1} + 2y_x = 0$, $\quad y_0 = 2$

(2) $3y_x = 3y_{x-1} - 5$, $\quad y_1 = 4$

(3) $y_{x+2} + 18y_{x+1} + 16y_x = 0$, $\quad y_0 = 0$, $y_1 = 4$

(4) $y_{x+2} - 6y_{x+1} + 9y_x = 0$, $\quad y_0 = 1$, $y_1 = -1$

(5) $y_{x+2} + 4y_{x+1} + 8y_x = 26$, $\quad y_0 = 6$, $y_1 = 3$

(6) $y_x + 3y_{x-1} - 4y_{x-2} = \dfrac{x}{2} - 2$, $\quad y_0 = 0$, $y_1 = 0$

3. 已知 $(Y_1)_x$ 是差分方程 $y_{x+2} + ay_{x+1} + by_x = f_1(x)$ 的一个解，$(Y_2)_x$ 是差分方程 $y_{x+2} + ay_{x+1} + by_x = f_2(x)$ 的一个解，证明 $(Y_1)_x + (Y_2)_x$ 是差分方程 $y_{x+2} + ay_{x+1} + by_x = f_1(x) + f_2(x)$ 的一个解. 并由此性质求差分方程 $2y_{x+2} - 3y_{x+1} + y_x = 3 + \left(\dfrac{1}{2}\right)^x$ 的通解.

4. 饲养场饲养兔子，假设每只大兔第二年以及以后每年总能生下一只小兔，每只小兔第二年长成大兔，再过一年以及以后每年如上所述即能生下一只小兔，如此下去，假定兔子无死亡，开始时只有 1 只小兔，试求兔子只数 y_t.

5. 设某人有初始债务 25000 元，如果没有新的债务，假设月利率为 1%，现计划用 12 个月时间分期等额还款方式还债，问每月应还多少欠款？

复习题十

一、单项选择题

1. 下列等式（　　）是差分方程.

A. $\Delta^2 y_x = y_{x+2} - 2y_{x+1} + y_x$

B. $3\Delta y_x + 3y_x = x - 2$

C. $y(1 - 2t) + y(1 + 2t) = 3^t$

D. $3\Delta y_x = 2y_x - x$

2. 方程 $y_x - 3y_{x-1} = -4$ 的通解是（　　）.

A. $y_x = A \cdot 3^x + 2$

B. $y_x = 3^x - 2$

C. $y_x = A \cdot (-3)^x - 2$

D. $y_x = A \cdot 3^x - 2$

3. 下列函数中，（　　）是所给方程 $(y_x + 1)y_{x+1} = y_x$ 的通解.

A. $y_x = \dfrac{A}{1 + Ax}$

B. $y_x = \dfrac{1 + Ax}{A}$

C. $y_x = \dfrac{1}{1 + x}$

D. $y_x = \dfrac{A}{1 - Ax}$

4. 当 $y_0 = （　　）$ 时，差分方程 $3y_{x+1} - 9y_x = 2$ 的特解为 $y_x = -\dfrac{1}{3}$.

A. $-\dfrac{2}{3}$ B. $-\dfrac{1}{3}$ C. $\dfrac{1}{3}$ D. $\dfrac{2}{3}$

二、填空题

1. $y_{x+3} - y_{x+1} = 2^x$ 是 _____ 阶常系数线性 _____ 差分方程.

2. 设 Y_{x1} 是 $y_{x+2} + ay_{x+1} + by_x = f_1(x)$ 的一个特解，Y_{x2} 是 $y_{x+2} + ay_{x+1} + by_x = f_2(x)$ 的一个特解，则方程 $y_{x+2} + ay_{x+1} + by_x = f_1(x) + f_2(x)$ 有一个形如 _____ 的特解.

3. 方程 $y_{x+1} + ay_x = 2^x(3x+1)$，当 $a = -2$ 时有形如 _____ 的特解，当 $a \neq -2$ 时有形如 _____ 的特解.

4. 已知 $y_t = 3e^t$ 是二阶差分方程 $y_{t+1} + ay_{t-1} = e^t$ 的一个特解，则 $a = $ _____ .

5. 已知 $\varphi(t) = 2^t$，$\Psi(t) = 2^t - 3t$ 是方程 $y_{t+1} + p(t)y_t = f(t)$ 的两个特解，则 $p(t) = $ _____ ，$f(t) = $ _____ .

6. 差分方程 $y_{x+1} - y_x = x^2$ 有一个形式特解是 _____ .

7. 已知 $y_{1t} = 4t^3$，$y_{2t} = 3t^2$ 是方程 $y_{t+2} + ay_{t+1} = f(t)$ 的两个解，则该方程的通解为 _____ .

8. $a\Delta^3 y_x + \Delta^2 y_x + b\Delta y_x = ay_x$ 是三阶差分方程的充分必要条件是 _____ .

三、计算题（求下列差分方程的通解或特解）

1. $y_{t+1} + y_t = 40 + 6t^2$.
       2. $3y_x - 3y_{x-1} - 3^x x = 0$.

3. $y_{t+1} - 4y_t = 2^{2t}$.
       4. $y_{x+1} + 3y_{x-1} - 6 = 0, y_0 = 1$.

5. $3y_{x+2} - 10y_{x+1} + 3y_x = 8, y_0 = 5, y_1 = 3$.
       6. $y_{x+1} + y_x - 6y_{x-1} = -20$.

7. $2\Delta^2 y_x - 3\Delta y_x + y_x = 0$.
       8. $y_{x+2} + 2y_{x+1} + y_x = 9 \cdot 2^x$.

9. $y_{x+2} - 2y_{x+1} + y_x = x$.
       10. $y_{x+2} - 3y_{x+1} + 2y_x = 4^x + 3x^2$.

四、应用题

1. 某数列的第一项为 1，而后每一项都等于其前一项的 2 倍，求此数列的通项.

2. 某数列的第一项为 A，第二项为 B，以后每一项都等于其前两项之和的 $\dfrac{1}{6}$，求此数列的通项，并求 $\lim\limits_{n \to +\infty} a_n$.

3. 某人计划在 10 年内积存 1 万元钱，他打算每年年底存一笔钱，假设银行年利率为 7%，每年按复利计算，试问为积足这笔钱他每年应存多少钱？

部分习题答案

第 六 章

习题 6.1

1. (1) $\dfrac{1}{2}(b^2-a^2)$ (2) $e-1$

3. (1) $\displaystyle\int_0^1 x\mathrm{d}x > \int_0^1 x^2\mathrm{d}x$ (2) $\displaystyle\int_3^4 \ln x\mathrm{d}x < \int_3^4 (\ln x)^2\mathrm{d}x$

(3) $\displaystyle\int_0^1 x\mathrm{d}x > \int_0^1 \ln(1+x)\mathrm{d}x$ (4) $\displaystyle\int_0^{\frac{\pi}{2}} x\mathrm{d}x > \int_0^{\frac{\pi}{2}} \sin x\mathrm{d}x$

4. (1) $4 \leqslant \displaystyle\int_2^4 (x^2-2)\mathrm{d}x \leqslant 28$ (2) $\pi \leqslant \displaystyle\int_{\frac{\pi}{4}}^{\frac{5}{4}\pi} (1+\sin^2 x)\mathrm{d}x \leqslant 2\pi$

(3) $\dfrac{\pi}{2} \leqslant \displaystyle\int_0^{\frac{\pi}{2}} e^{\sin x}\mathrm{d}x \leqslant \dfrac{e}{2}\pi$ (4) $\dfrac{\pi}{9} \leqslant \displaystyle\int_{\frac{1}{\sqrt{3}}}^{\sqrt{3}} x\arctan x\mathrm{d}x \leqslant \dfrac{2}{3}\pi$

(5) $\dfrac{2}{5} \leqslant \displaystyle\int_1^2 \dfrac{x}{x^2+1}\mathrm{d}x \leqslant \dfrac{1}{2}$ (6) $\dfrac{\pi}{8} \leqslant \displaystyle\int_0^{\frac{\pi}{2}} \dfrac{1}{3+\cos^2 x}\mathrm{d}x \leqslant \dfrac{\pi}{6}$

习题 6.2

1. (1) $\dfrac{1}{x^2+2x+3}$ (2) $-x^2\sin x$ (3) $\sin(\sin^2 x)\cos x + \sin(\cos^2 x)\sin x$

(4) $\dfrac{3x^2}{\sqrt{1+x^6}} - \dfrac{2x}{\sqrt{1+x^4}}$ (5) $\cos(\pi\sin^2 x)(\sin x - \cos x)$ (6) $\dfrac{4\sin x^2 - \sin\sqrt{x}}{2x}$

2. $f'(0)=0, f'\left(\dfrac{\pi}{2}\right)=1$ **3.** $\dfrac{\mathrm{d}y}{\mathrm{d}x} = -\dfrac{\cos x}{e^y}$

4. (1) $\dfrac{1}{3}$ (2) $\dfrac{1}{2}$ (3) 1 (4) 1

5. (1) $\dfrac{21}{8}$ (2) $\dfrac{271}{6}$ (3) $\dfrac{8}{5} - \dfrac{2}{5}\sqrt{2}$ (4) $\ln\dfrac{3}{2}$ (5) $\dfrac{\pi}{3}$ (6) $\dfrac{\pi}{6}$ (7) $1+\dfrac{\pi}{4}$ (8) $1-\dfrac{\pi}{4}$

(9) $\dfrac{1}{2} + \dfrac{\pi}{4}$ (10) 5 (11) 4 (12) $2\sqrt{2}$ (13) $\dfrac{8}{3}$

6. $\dfrac{9}{2}$, $\dfrac{9}{2}x^2 + 3$

7. $\varphi(x) = \begin{cases} \dfrac{1}{3}x^3, & 0 \leqslant x < 1, \\ \dfrac{1}{2}x^2 - \dfrac{1}{6}, & 1 \leqslant x \leqslant 2, \end{cases}$ $\varphi(x)$ 在 $(0,2)$ 内连续

8. $\varphi(x) = \begin{cases} 0, & x < 0 \\ \dfrac{1}{2}(1 - \cos x), & 0 \leqslant x \leqslant \pi \\ 1, & x > \pi \end{cases}$

习题 6.3

1. (1) 0　(2) $\dfrac{51}{512}$　(3) $\dfrac{\pi}{6} - \dfrac{\sqrt{3}}{8}$　(4) $\dfrac{1}{2}(25 - \ln 26)$　(5) $\dfrac{2}{3}\pi$　(6) $2(\sqrt{3} - 1)$

(7) $\dfrac{1}{2}(1 - e^{-1})$　(8) $\dfrac{1}{6}$　(9) $1 - 2\ln 2$　(10) $\dfrac{22}{3}$　(11) $\dfrac{\pi}{2}$　(12) $1 - \dfrac{\pi}{4}$

(13) $\sqrt{2} - \dfrac{2}{3}\sqrt{3}$　(14) $\dfrac{a^4}{16}\pi$

2. (1) 0　(2) $\dfrac{\pi^3}{324}$　(3) 2　(4) 0　(5) $\dfrac{2\sqrt{3}}{3}\pi - 2\ln 2$　(6) $\dfrac{22}{3}$

3. (1) -2π　(2) $\dfrac{1}{4}(e^2 + 1)$　(3) $\dfrac{\pi}{12} + \dfrac{\sqrt{3}}{2} - 1$　(4) $2 - \dfrac{3}{4\ln 2}$　(5) $4(2\ln 2 - 1)$　(6) $\ln 2 - \dfrac{1}{2}$

(7) π^2　(8) $\dfrac{\sqrt{3}}{3}\pi - \ln 2$　(9) $\dfrac{1}{5}(e^\pi - 2)$　(10) 2

4. $\dfrac{1}{6}$　**9.** 2　**10.** $\dfrac{1}{2}(\cos 1 - 1)$

习题 6.4

1. (1) $\dfrac{1}{6}$　(2) $\dfrac{3}{2} - \ln 2$　(3) $\ln 2 - \dfrac{1}{2}$　(4) $\dfrac{8}{3}\sqrt{2}$　(5) $b - a$　(6) $\dfrac{32}{3}$

2. $\dfrac{9}{4}$　**3.** $\dfrac{4}{3}$　**4.** $k = 1$

5. 当 $t = 1$ 时，最大值为 $\dfrac{2}{3}$；当 $t = \dfrac{1}{2}$ 时，最小值为 $\dfrac{1}{4}$.

6. (1) $\dfrac{\pi^2}{2}$　(2) $\dfrac{128}{7}\pi$　(3) $\dfrac{3}{10}\pi$　(4) $V_x = \dfrac{15}{2}\pi, V_y = \dfrac{124}{5}\pi$

7. $\dfrac{2}{3}\pi$　**8.** 50　100

9. $C(x) = 25x + 15x^2 - 3x^3 + 55$，　$\overline{C}(x) = 25 + 15x - 3x^2 + \dfrac{55}{x}$，

可变成本为 $25x + 15x^2 - 3x^3$.

10. $R(q) = 3q - 0.1q^2$，当 $q = 15$ 时，收入最高位 22.5.

11. $C(x) = -\dfrac{1}{2}x^2 + 2x + 100$　$R(x) = 20x - 2x^2$　$x = 6$

12. (1) 4　(2) 0.5 万元

习题　6.5

1. (1) $\dfrac{1}{3}$　(2) 发散　(3) 发散　(4) π　(5) 2　(6) $\dfrac{1}{2}$　(7) $\dfrac{\pi}{3}$　(8) 1　(9) $\dfrac{\pi}{2}$　(10) 发散

2. 当 $k > 1$ 时，收敛于 $\dfrac{1}{(k-1)(\ln 2)^{k-1}}$；当 $k \leqslant 1$ 时发散.

3. $\dfrac{5}{2}$　**4.** $\dfrac{\mathrm{e}}{2}$

复 习 题 六

一、单项选择题

1. D　**2.** B　**3.** C　**4.** C　**5.** A　**6.** C　**7.** B　**8.** B　**9.** D　**10.** C　**11.** C　**12.** C　**13.** C
14. C　**15.** D

二、填空题

1. $\dfrac{2}{\pi}$　**2.** $\dfrac{1}{3}$　**3.** $\dfrac{2}{3}\pi^3$　**4.** $\dfrac{1}{2}\pi a^2$　**5.** -1　**6.** $x-1$　**7.** $\arctan \mathrm{e} - \dfrac{\pi}{4}$　**8.** $\dfrac{\pi}{4}$　**9.** $\sqrt{\mathrm{e}^2 - 1}$

10. 24　**11.** 1　**12.** $\dfrac{1}{\pi}$　**13.** 1

三、计算题

1. $\dfrac{\pi}{3}$　**2.** $\cos x - x\sin x + C$　**3.** (1) 1　(2) $\dfrac{\pi}{2}$

4. (1) $\dfrac{7}{144}\pi^2$　(2) $2 - \dfrac{\pi}{4}$　(3) $-2 + 2\sqrt{2}$　(4) $\dfrac{11}{6}$　(5) $-\dfrac{1}{2}$　(6) $\dfrac{\pi}{16}$　(7) $2\ln\dfrac{4}{3}$　(8) $\ln 3$

5. $\dfrac{7}{3} - \mathrm{e}^{-1}$　**6.** $\dfrac{4}{\pi} - 1$　**7.** 7

8. (1) 收敛，$\dfrac{1}{\ln 2}$　(2) 发散　**9.** $\dfrac{9}{2}$　**10.** $c = \dfrac{1}{3}$

11. $1 + \mathrm{e} - 2\sqrt{\mathrm{e}}$　**12.** $S = \dfrac{1}{12}$，$V_y = \dfrac{\pi}{10}$　**13.** $V_x = \dfrac{\pi}{6}$　**14.** $7x + 50\sqrt{x} + 1000$

15. (1) $R(Q) = 10Q - 0.6Q^2$　(2) $\overline{R}(Q) = 10 - 0.6Q$　(3) $Q = \dfrac{50}{3} - \dfrac{5}{3}P$

16. (1) 19 万元，20 万元　(2) 3.2(百台)　(3) $C(x) = 1 + 4x + \dfrac{1}{8}x^2$，$L(x) = -1 + 4x - \dfrac{5}{8}x^2$

　　　(4) $L(3.2) = 5.4$ 万元，$C(3.2) = 15.08$ 万元，$L(3.2) = 20.48$ 万元

第 七 章

习题 7.1

1. (1) $2, 2a\mathrm{e}^{a^2-b^2}$ (2) 1 (3) $\dfrac{xy}{x^2+y^2}$

2. $f(x,y) = x + y + x^2y^2 - xy - 1$ **3.** $f(x,y) = \dfrac{x^2(1-y)}{1+y}$

4. (1) $\{(x,y) \mid x(y-1) > 0\}$ (2) $\{(x,y) \mid x > 0, -x \leqslant y \leqslant x\} \bigcup \{(x,y) \mid x < 0, x \leqslant y \leqslant -x\}$

(3) $\{(x,y) \mid 1 < x^2 + y^2 < 2\}$ (4) $\{(x,y) \mid x \geqslant 0, y \geqslant 0, x^2 \geqslant y\}$

5. (1) $D = \{(x,y) \mid x^2 < y < x, 0 < x < 1\}$，或 $D = \{(x,y) \mid y < x < \sqrt{y}, 0 < y < 1\}$

(2) $D = \{(x,y) \mid x - 1 < y < 1 - x, 0 < x < 1\}$

或 $D = \{(x,y) \mid 0 < x < 1 + y, -1 < y < 0\} \bigcup \{(x,y) \mid 0 < x < 1 - y, 0 < y < 1\}$

(3) $D = \{(x,y) \mid x < y < 2 - x^2, -2 < x < 1\}$

(4) $D = \{(x,y) \mid -\sqrt{1-y^2} < x < y + 1, -1 < y < 0\}$

6. (1) $x^2 + y^2 = 0$ (2) $xy = 0$

7. (1) e^2 (2) 4 (3) $-\dfrac{1}{4}$ (4) e (5) 0 (6) 0

习题 7.2

1. (1) $1 + \mathrm{e}^2$ (2) 0 (3) 1

2. (1) $z'_x = \dfrac{1}{x}, z'_y = -\dfrac{1}{y}$ (2) $z'_x = \dfrac{y^2}{\sqrt{(x^2+y^2)^3}}, z'_y = -\dfrac{xy}{\sqrt{(x^2+y^2)^3}}$

(3) $z'_x = 3x(x^2+y^2)^{\frac{1}{2}}, z'_y = 3y(x^2+y^2)^{\frac{1}{2}}$

(4) $z'_x = y[\cos(xy) - \sin(2xy)], z'_y = x[\cos(xy) - \sin(2xy)]$

(5) $z'_x = y^2(1+xy)^{y-1}, z'_y = (1+xy)^y \left[\ln(1+xy) + \dfrac{xy}{1+xy}\right]$

(6) $u'_x = yz(xy)^{z-1}, u'_y = xz(xy)^{z-1}, u'_z = (xy)^z \ln(xy)$

4. (1) $z''_{xx} = 12x^2 - 8y^2, z''_{yy} = 12y^2 - 8x^2, z''_{xy} = -16xy$ (2) $z''_{xx} = 0, z''_{yy} = 4x\mathrm{e}^{2y}, z''_{xy} = 2\mathrm{e}^{2y}$

(3) $z''_{xx} = \dfrac{2xy}{(x^2+y^2)^2}, z''_{yy} = \dfrac{-2xy}{(x^2+y^2)^2}, z''_{xy} = \dfrac{y^2-x^2}{(x^2+y^2)^2}$

(4) $z''_{xx} = \dfrac{x+2y}{(x+y)^2}, z''_{yy} = \dfrac{-x}{(x+y)^2}, z''_{xy} = \dfrac{y}{(x+y)^2}$

5. $\dfrac{\pi^2}{\mathrm{e}^2}$ **6.** x **7.** $f'_x(0,0) = 1, f'_y(0,0) = 0$ **8.** $-2\mathrm{e}^{-x^2y^2}$

9. (1) $\dfrac{\partial z}{\partial x} = \dfrac{1}{f(x^2y)} f'(x^2y) \cdot 2xy$ (2) 0

11. (1) $\dfrac{y\mathrm{d}x + x\mathrm{d}y}{1 + x^2 y^2}$ (2) $\dfrac{1}{\mid x\mid \sqrt{x^2 - y^2}}(-y\mathrm{d}x + x\mathrm{d}y)$ (3) $\cos x \cdot y^{\sin x}\ln y\mathrm{d}x + \sin x \cdot y^{\sin x - 1}\mathrm{d}y$

(4) $a^{\sqrt{x^2 - y^2}}\dfrac{\ln a}{\sqrt{x^2 - y^2}}(x\mathrm{d}x - y\mathrm{d}y)$ (5) $\mathrm{d}z = \dfrac{1}{x + y}\left(\mathrm{d}x - \dfrac{x}{y}\mathrm{d}y\right)$

(6) $\mathrm{d}z = [\sin(x - 2y) + x\cos(x - 2y)]\mathrm{d}x - 2x\cos(x - 2y)\mathrm{d}y$

(7) $\mathrm{d}z = \dfrac{2}{x\sin\dfrac{2y}{x}}\left(\mathrm{d}y - \dfrac{y}{x}\mathrm{d}x\right)$ (8) $\mathrm{d}z\mid_{(1,1)} = \dfrac{1}{3}(\mathrm{d}x + \mathrm{d}y)$

12. $\dfrac{\partial^2 z}{\partial x\partial y} = -\dfrac{1}{y^2}\mathrm{e}^{\frac{x}{y}} - \dfrac{x}{y^3}\mathrm{e}^{\frac{x}{y}}$

13. (1) $\mathrm{d}z = 0.2$ (2) $\mathrm{d}z = 0.3\mathrm{e}$

14. $\mathrm{d}z\mid_{\substack{x=3 \\ y=4}} = 0.1$ 厘米 **15.** 2.95

习题 7.3

1. (1) $\dfrac{3 - 12t^2}{\sqrt{1 - (3t - 4t^3)^2}}$ (2) $(\sin t)^{\cos t}(\cos t \cdot \cot t - \sin t \cdot \ln\sin t)$ (3) $4t - \dfrac{3}{t^4}$

2. (1) $\dfrac{\partial z}{\partial x} = \dfrac{2y^2}{x^3}\left[\dfrac{x^2}{x^2 + y^2} - \ln(x^2 + y^2)\right], \dfrac{\partial z}{\partial y} = \dfrac{2y}{x^2}\left[\dfrac{y^2}{x^2 + y^2} + \ln(x^2 + y^2)\right]$

(2) $\dfrac{\partial z}{\partial s} = -\dfrac{t}{s^2 + t^2}, \dfrac{\partial z}{\partial t} = \dfrac{s}{s^2 + t^2}$

(3) $\dfrac{\partial z}{\partial x} = 2(3x^2 + y^2)^{2x+3}\ln(3x^2 + y^2) + 6x(2x + 3)(3x^2 + y^2)^{2x+2}$,

$\dfrac{\partial z}{\partial y} = 2y(2x + 3)(3x^2 + y^2)^{2x+2}$

(4) $\dfrac{\partial^2 z}{\partial x^2} = f''\left(\dfrac{y}{x}\right)\dfrac{y^2}{x^4} + f'\left(\dfrac{y}{x}\right)\dfrac{y}{x^3}, \dfrac{\partial^2 z}{\partial y^2} = f''\left(\dfrac{y}{x}\right)\dfrac{1}{x^2}$ (5) $\dfrac{\partial z}{\partial x} = 2xf', \dfrac{\partial^2 z}{\partial x^2} = 2f' + 4x^2 f''$

4. $2z$ **5.** $\dfrac{\partial z}{\partial x} = f'_1 + \dfrac{1}{y}f'_2, \dfrac{\partial z}{\partial y} = -\dfrac{x}{y^2}f'_2$

6. $\dfrac{\partial z}{\partial x} = f' \cdot \left(2xy - \mathrm{e}^{\frac{y}{x}} \cdot \dfrac{y}{x^2}\right), \dfrac{\partial z}{\partial y} = f' \cdot \left(x^2 + \mathrm{e}^{\frac{y}{x}} \cdot \dfrac{1}{x}\right)$

7. $\dfrac{\partial z}{\partial x} = f'_1 \cdot 2xy + f'_2 \cdot \left(-\mathrm{e}^{\frac{y}{x}} \cdot \dfrac{y}{x^2}\right), \dfrac{\partial z}{\partial y} = f'_1 \cdot x^2 + f'_2 \cdot \mathrm{e}^{\frac{y}{x}} \cdot \dfrac{1}{x}$

8. $f(\sqrt{x^2 + y^2}) = \ln\sqrt{x^2 + y^2} + C$

9. $\dfrac{\partial^2 z}{\partial x\partial y} = f'_1 + xy f''_{11} + 2(x^2 + y^2)f''_{12} + 4xy f''_{22}$

10. $\dfrac{\partial^2 z}{\partial x\partial y} = f'_1 \cdot \mathrm{e}^y + f''_{11} \cdot x\mathrm{e}^{2y} + f''_{13} \cdot \mathrm{e}^y + f''_{21} \cdot x\mathrm{e}^y + f''_{23}$

11. $\dfrac{\partial^2 u}{\partial x\partial y} = \cos x f'_2 - 2 f''_{11} + (2\sin x - y\cos x) f''_{12} + y\sin x\cos x f''_{22}$

12. $\dfrac{\mathrm{d}y}{\mathrm{d}x} = -\dfrac{\mathrm{e}^x \sin y - \mathrm{e}^y \sin x}{\mathrm{e}^x \cos y + \mathrm{e}^y \cos x}, \dfrac{\mathrm{d}x}{\mathrm{d}y} = -\dfrac{\mathrm{e}^x \cos y + \mathrm{e}^y \cos x}{\mathrm{e}^x \sin y - \mathrm{e}^y \sin x}$

13. $\dfrac{\mathrm{d}y}{\mathrm{d}x} = \dfrac{y - xy^2}{x^2 y + x}, \dfrac{\mathrm{d}x}{\mathrm{d}y} = \dfrac{x^2 y + x}{y - xy^2}$ **14.** $\dfrac{\partial z}{\partial x} = \dfrac{z\mathrm{e}^x}{y\mathrm{e}^z - \mathrm{e}^x}, \dfrac{\partial z}{\partial y} = \dfrac{\mathrm{e}^y - \mathrm{e}^z}{y\mathrm{e}^z - \mathrm{e}^x}$

15. $\dfrac{\partial z}{\partial x} = \dfrac{y - 1}{3z^2 - 2}, \dfrac{\partial z}{\partial y} = \dfrac{x - 2y}{3z^2 - 2}$

16. $\dfrac{\partial z}{\partial x} = -\dfrac{yz}{\sin z + xy}, \dfrac{\partial z}{\partial y} = -\dfrac{xz}{\sin z + xy}$ **17.** $\cos 3$

18. $\mathrm{d}z = -\dfrac{z}{x}\mathrm{d}x + \dfrac{(2xyz - 1)z}{(2xz - 2xyz + 1)y}\mathrm{d}y$

19. $\dfrac{1 + (x - 1)\mathrm{e}^{z - y - x}}{1 + x\mathrm{e}^{z - y - x}}\mathrm{d}x + \mathrm{d}y$

20. $\dfrac{\partial z}{\partial x} = -\dfrac{F_1' + 2x F_2'}{F_1' + 2z F_2'}, \dfrac{\partial z}{\partial y} = -\dfrac{F_1' + 2y F_2'}{F_1' + 2z F_2'}$

21. $\left(f_1' + f_3' \cdot \dfrac{x\mathrm{e}^x + \mathrm{e}^x}{z\mathrm{e}^z + \mathrm{e}^z} \right)\mathrm{d}x + \left(f_2' - f_3' \cdot \dfrac{y\mathrm{e}^y + \mathrm{e}^y}{z\mathrm{e}^z + \mathrm{e}^z} \right)\mathrm{d}y$

23. -1 **24.** $\dfrac{\partial u}{\partial x} = f_1' + f_3' \cdot \dfrac{1 + y}{\mathrm{e}^z + z\mathrm{e}^z}, \dfrac{\partial u}{\partial y} = f_2' + f_3' \cdot \dfrac{2 + x}{\mathrm{e}^z + z\mathrm{e}^z}$

习题 7.4

1. (1) 极小值 $f(-1, 1) = 0$　　(2) 极小值 $f\left(\dfrac{1}{2}, -1\right) = -\dfrac{\mathrm{e}}{2}$　　(3) 极大值 $f\left(\dfrac{\pi}{6}, \dfrac{\pi}{6}\right) = \dfrac{3}{2}$

　　(4) 极小值 $f(1, 0) = -5$, 极大值 $f(-3, 2) = 31$　　(5) 极大值 $f(1, 1) = 1$, 极大值 $f(-1, -1) = 1$

　　(6) 当 $a > 0$ 时, $f\left(\dfrac{a}{3}, \dfrac{a}{3}\right) = \dfrac{a^3}{27}$ 是极大值; 当 $a < 0$ 时, $f\left(\dfrac{a}{3}, \dfrac{a}{3}\right) = \dfrac{a^3}{27}$ 是极小值

2. $P_1 = 80, P_2 = 120$ 时利润最大, 最大利润为 605.

3. 当桶的长、宽、高分别为 8, 8, 4 时涂料最省.

4. 当两种产品分别为 1000, 2000 时利润最大.

5. 当两种产品的产量分别为 40, 24 时利润最大.

6. (1) $P_1 = 10, P_2 = 7, Q_1 = 4, Q_2 = 2.5$ 时利润最大, 最大利润为 39.5.

　　(2) $P = 8.5$ 时利润最大, 最大利润为 37.25.

　　(3) 实行价格差别策略, 所得利润较多.

7. $x = \dfrac{1}{2}, y = \dfrac{1}{4}$, 抛物线与直线的距离最短, 最短距离为 $\sqrt{\dfrac{49}{32}}$.

8. 长、宽、高分别为 $\dfrac{2\sqrt{3}}{3}a, \dfrac{2\sqrt{3}}{3}a, \dfrac{\sqrt{3}}{3}a$.

9. 每日生产 1500 斤苏打饼干, 8125 斤甜饼干, 利润最大.

10. 当 $x = 18, y = 12$ 时成本最小, 最小成本为 1262.

11. 当资本投入为 16, 劳动投入为 15 时, 生产函数最大, 最大为 $16^{0.4} 15^{0.5}$.

12. $x = 6, y = 9$ 时利润最大, 最大利润为 855.

13. 最大利润为 $L(18, 22) = 2861$, 此时的价格分别为 $P_1 = 108, P_2 = 98$.

14. 当 $x = 6\left(\dfrac{p_2 \alpha}{p_1 \beta}\right)^{\beta} y = 6\left(\dfrac{p_1 \beta}{p_2 \alpha}\right)^{\alpha}$ 时, 投入总费用最小.

15. (1) 电台广告费为 0.75 万元，报纸广告费为 1.25 万元.

   (2) 电台广告费为 0 万元，报纸广告费为 1.5 万元.

16. $\dfrac{\mid Ax_0 + By_0 + Cz_0 + D \mid}{\sqrt{A^2 + B^2 + C^2}}$

习题 7.5

1. $\dfrac{1}{6}$

2. (1) $\displaystyle\int_{-1}^{1} \mathrm{d}x \int_{-\sqrt{1-x^2}}^{\sqrt{1-x^2}} f(x,y)\,\mathrm{d}y, \quad \int_{-1}^{1} \mathrm{d}y \int_{-\sqrt{1-y^2}}^{\sqrt{1-y^2}} f(x,y)\,\mathrm{d}x$

   (2) $\displaystyle\int_{0}^{2} \mathrm{d}x \int_{0}^{4-2x} f(x,y)\,\mathrm{d}y, \quad \int_{0}^{4} \mathrm{d}y \int_{0}^{2-\frac{y}{2}} f(x,y)\,\mathrm{d}x$ (3) $\displaystyle\int_{0}^{2} \mathrm{d}x \int_{x^2}^{2x} f(x,y)\,\mathrm{d}y, \quad \int_{0}^{4} \mathrm{d}y \int_{\frac{y}{2}}^{\sqrt{y}} f(x,y)\,\mathrm{d}x$

   (4) $\displaystyle\int_{1}^{e} \mathrm{d}x \int_{0}^{\ln x} f(x,y)\,\mathrm{d}y, \quad \int_{0}^{1} \mathrm{d}y \int_{e^y}^{e} f(x,y)\,\mathrm{d}x$

3. (1) $\displaystyle\int_{0}^{2} \mathrm{d}x \int_{\frac{x}{2}}^{1} f(x,y)\,\mathrm{d}y$ (2) $\displaystyle\int_{0}^{a} \mathrm{d}y \int_{-y}^{\sqrt{y}} f(x,y)\,\mathrm{d}x$

   (3) $\displaystyle\int_{-1}^{0} \mathrm{d}y \int_{-\sqrt{1-y^2}}^{\sqrt{1-y^2}} f(x,y)\,\mathrm{d}x + \int_{0}^{1} \mathrm{d}y \int_{-\sqrt{1-y}}^{\sqrt{1-y}} f(x,y)\,\mathrm{d}x$ (4) $\displaystyle\int_{0}^{1} \mathrm{d}y \int_{\sqrt{y}}^{3-2y} f(x,y)\,\mathrm{d}x$

   (5) $\displaystyle\int_{0}^{1} \mathrm{d}y \int_{-y}^{y} f(x,y)\,\mathrm{d}x + \int_{1}^{2} \mathrm{d}y \int_{-\sqrt{2-y}}^{\sqrt{2-y}} f(x,y)\,\mathrm{d}x$

4. (1) $\dfrac{\pi}{12}$ (2) $2\ln 2 - \dfrac{3}{4}$ (3) -2 (4) $\dfrac{9}{4}$ (5) 0 (6) $\dfrac{7\sqrt{2}-8}{15}$ (7) $\dfrac{e}{2}-1$

5. (1) $2\ln 2 - 1$ (2) 4 (3) $\dfrac{1}{2}(1-\cos 4)$ (4) $\dfrac{\sqrt{2}-1}{3}$ (5) $\dfrac{1}{2}$

6. (1) $\displaystyle\int_{0}^{2\pi} \mathrm{d}\theta \int_{0}^{a} f(r\cos\theta, r\sin\theta)r\,\mathrm{d}r$ (2) $\displaystyle\int_{-\frac{\pi}{2}}^{\frac{\pi}{2}} \mathrm{d}\theta \int_{0}^{2\cos\theta} f(r\cos\theta, r\sin\theta)r\,\mathrm{d}r$ (3) $\displaystyle\int_{0}^{\pi} \mathrm{d}\theta \int_{0}^{2\sin\theta} f(r\cos\theta, r\sin\theta)r\,\mathrm{d}r$

   (4) $\displaystyle\int_{0}^{\pi} \mathrm{d}\theta \int_{a}^{b} f(r\cos\theta, r\sin\theta)r\,\mathrm{d}r$ (5) $\displaystyle\int_{0}^{\frac{\pi}{2}} \mathrm{d}\theta \int_{0}^{\frac{1}{\cos\theta+\sin\theta}} f(r\cos\theta, r\sin\theta)r\,\mathrm{d}r$

   (6) $\displaystyle\int_{0}^{\frac{\pi}{4}} \mathrm{d}\theta \int_{0}^{\sec\theta\tan\theta} f(r\cos\theta, r\sin\theta)r\,\mathrm{d}r + \int_{\frac{\pi}{4}}^{\frac{3\pi}{4}} \mathrm{d}\theta \int_{0}^{\csc\theta} f(r\cos\theta, r\sin\theta)r\,\mathrm{d}r + \int_{\frac{3\pi}{4}}^{\pi} \mathrm{d}\theta \int_{0}^{\sec\theta\tan\theta} f(r\cos\theta, r\sin\theta)r\,\mathrm{d}r$

7. (1) $\displaystyle\int_{0}^{\frac{\pi}{4}} \mathrm{d}\theta \int_{0}^{\sec\theta} f(r\cos\theta, r\sin\theta)r\,\mathrm{d}r + \int_{\frac{\pi}{4}}^{\frac{\pi}{2}} \mathrm{d}\theta \int_{0}^{\csc\theta} f(r\cos\theta, r\sin\theta)r\,\mathrm{d}r$ (2) $\displaystyle\int_{0}^{\frac{\pi}{2}} \mathrm{d}\theta \int_{\frac{1}{\sin\theta+\cos\theta}}^{1} f(r\cos\theta, r\sin\theta)r\,\mathrm{d}r$

8. (1) $\dfrac{\pi}{4}(2\ln 2 - 1)$ (2) $-6\pi^2$ (3) $\dfrac{\pi^2}{8} - \dfrac{\pi}{4}$ (4) $\dfrac{2}{3}R^2$ (5) $\dfrac{8}{15}$

9. (1) $\dfrac{3}{4}\pi a^4$ (2) $\sqrt{2}-1$ (3) $\dfrac{1}{8}\pi a^4$

复习题七

一、单项选择题

1. A 2. A 3. B 4. B 5. D 6. B 7. B 8. D 9. A 10. C 11. C 12. C 13. B

14. A 15. B 16. A 17. B 18. D 19. B 20. C

二、填空题

1. $\{(x,y) \mid x > 0, x + y > 0\}$ 2. π 3. 1 4. $\dfrac{2xyz - 1}{1 - xy^2}$ 5. $(1, -2)$ 6. $2S$

7. $e^{-x+2y} - e^{-x} + 2x - 4y$ 8. $\displaystyle\int_0^1 dx \int_0^{x^2} f(x,y)\,dy + \int_1^{\sqrt{2}} dx \int_0^{\sqrt{2-x^2}} f(x,y)\,dy$

9. $\dfrac{1}{yf(x^2 - y^2)}$

三、计算题

1. $dz = \dfrac{1}{xy}dx + \dfrac{1 - \ln(xy)}{y^2}dy$ 2. $\dfrac{\partial z}{\partial x} = f_1' + 2f_2' + yf_3', \dfrac{\partial z}{\partial y} = f_2' + xf_3'$

3. $\dfrac{1}{e}$ 4. $\dfrac{\partial z}{\partial x} = \dfrac{1 + y^2 z^2}{y}, \dfrac{\partial z}{\partial y} = -\dfrac{z}{y}$ 5. $\dfrac{4(\pi - 2)}{\pi^3}$ 6. $\displaystyle\int_1^2 dx \int_{\frac{1}{x}}^{\sqrt{x}} f(x,y)\,dy$ 7. $\dfrac{e-1}{2}$ 8. $\dfrac{3}{2}$

9. $1 - \dfrac{1}{e}$ 10. $\dfrac{1}{2}(e^{a^2} - 1)$

四、应用题

1. 三个数都是 $\dfrac{a}{3}$ 2. $x = 6$(千元)$, y = 10.5$(千元)

五、综合题

1. 5 2. $\dfrac{4\pi}{3} - \dfrac{16}{9}$ 3. 2 4. $\sqrt{1 - x^2 - y^2} + \dfrac{8}{9\pi} - \dfrac{2}{3}$

第 八 章

习题 8.1

1. $S_n = \dfrac{1}{5}\left(1 - \dfrac{1}{5n + 1}\right), S = \dfrac{1}{5}$

2. $u_1 = S_1 = 1, u_n = -\dfrac{2}{n(n+1)}(n \geqslant 2), S = 0$

3. $p > e, 0 < p < \dfrac{1}{e}$

4. (1) 发散 (2) 发散 (3) 发散 (4) 发散 (5) 发散 (6) 收敛 (7) 收敛 (8) 发散

  (9) 发散 (10) 收敛 (11) 发散

5. $\dfrac{1}{b_1}$

习题 8.2

1. (1) 发散　(2) 发散

2. (1) 发散　(2) 发散　(3) 收敛　(4) 收敛　(5) 发散　(6) 收敛　(7) 收敛

(8) $a > 1$ 收敛,$0 < a \leqslant 1$ 发散　(9) 收敛　(10) 收敛　(11) 发散　(12) 收敛　(13) 收敛

(14) 发散

3. (1) 收敛　(2) 收敛　(3) 收敛　(4) $0 < a < 1$ 收敛,$a \geqslant 1$ 发散　(5) 收敛　(6) 发散

(7) 收敛　(8) 发散　(9) 发散

4. (1) 收敛　(2) 发散　(3) 收敛　(4) 收敛　(5) 收敛　(6) 收敛

5. (1) 条件收敛　(2) 绝对收敛　(3) 条件收敛　(4) 绝对收敛　(5) 条件收敛　(6) 绝对收敛

(7) 绝对收敛　(8) 条件收敛

6. $p > e$　**7.** $0 < p < 1$

8. 当 $0 < |q| < \dfrac{1}{3}$ 时,绝对收敛;当 $|q| \geqslant \dfrac{1}{3}$ 时,级数发散

9. (1) 反之不对　(2) $\displaystyle\sum_{n=1}^{\infty} \dfrac{(-1)^{n-1}}{\sqrt{n}}$

习题 8.3

1. (1) $(-1,1]$　(2) $(-1,1)$　(3) $(-e,+e)$　(4) $[-1,1]$　(5) $[-2,2)$　(6) $\left[-\dfrac{1}{5},\dfrac{1}{5}\right)$

(7) $\left(-3-\dfrac{\sqrt{2}}{2}, -3+\dfrac{\sqrt{2}}{2}\right)$　(8) $[0,2)$

2. (1) $S(x) = \dfrac{1}{(1-x)^2}, x \in (-1,1)$　(2) $S(x) = -\dfrac{\ln(1-x)}{x}, x \in [-1,1)$

(3) $S(x) = \begin{cases} (1-x)\ln(1-x) + x, & -1 \leqslant x < 1 \\ 1, & x = 1 \end{cases}$

(4) $S(x) = -\ln(3-x) + \ln 3, x \in [-3,3)$　(5) $S(x) = -\dfrac{1}{2}x\ln(1-x^2), x \in (-1,1)$

(6) $S(x) = \dfrac{2x}{(1-x)^3}, x \in (-1,1)$　(7) $S(x) = e^{x^2}(2x^2+1) - 1, x \in (-\infty, +\infty)$

3. $\dfrac{1}{2}\ln\dfrac{1+x}{1-x}, x \in (-1,1)$　　$\dfrac{\ln 3}{2}$

4. $-\dfrac{3\ln 2}{4} + \dfrac{5}{8}$

5. (1) $\dfrac{1}{3-x} = \displaystyle\sum_{n=0}^{\infty} \dfrac{x^n}{3^{n+1}}, x \in (-3,3)$　(2) $\dfrac{1}{4+x^2} = \displaystyle\sum_{n=0}^{\infty} \dfrac{(-1)^n}{4^{n+1}}x^{2n}, x \in (-2,2)$

(3) $\ln(a+x) = \ln a + \displaystyle\sum_{n=1}^{\infty} \dfrac{(-1)^{n-1}}{n}\left(\dfrac{x}{a}\right)^n, x \in (-a,a]$

(4) $\sin\dfrac{x}{2} = \displaystyle\sum_{n=0}^{\infty} \dfrac{(-1)^n}{(2n+1)!}\left(\dfrac{x}{2}\right)^{2n+1}, x \in (-\infty, +\infty)$

(5) $\sin^2 x = \sum\limits_{n=1}^{\infty}(-1)^{n-1}\dfrac{2^{2n-1}}{(2n)!}x^{2n}, x\in(-\infty,+\infty)$ (6) $\dfrac{1}{(1-x)^2}=\sum\limits_{n=1}^{\infty}nx^{n-1}, x\in(-1,1)$

(7) $\ln\dfrac{1+x}{1-x}=\sum\limits_{n=0}^{\infty}\dfrac{2}{2n+1}x^{2n+1}, x\in(-1,1)$ (8) $x^3 e^{-x^2}=\sum\limits_{n=0}^{\infty}\dfrac{(-1)^n}{n!}x^{n+3}, x\in(-\infty,+\infty)$

(9) $1-\dfrac{1}{5}\sum\limits_{n=0}^{\infty}\left[(-1)^n+\left(\dfrac{1}{4}\right)^{n-1}\right]x^n, x\in(-1,1)$

(10) $\dfrac{1}{4}\sum\limits_{n=0}^{\infty}(-1)^n\dfrac{3-3^{2n+1}}{(2n+1)!}x^{2n+1}, x\in(-\infty,+\infty)$ (11) $x+\sum\limits_{n=2}^{\infty}\dfrac{(-1)^n}{n(n-1)}x^n, x\in(-1,1]$

(12) $x+\sum\limits_{n=1}^{\infty}\dfrac{(2n-1)!!}{(2n+1)(2n)!!}x^{2n+1}, x\in[-1,1]$

6. $f^{(99)}(0)=\dfrac{99!}{47!}$, $f^{(100)}(0)=0$ **7.** $f^{(n)}(0)=\dfrac{(-1)^{n-1}n!}{n-2}(n\geqslant 3)$

复 习 题 八

一、单项选择题

1. B **2.** C **3.** A **4.** D **5.** C **6.** B **7.** D **8.** A **9.** C **10.** B **11.** C **12.** A **13.** C **14.** C **15.** D **16.** B **17.** B **18.** D **19.** C

二、填空题

1. 1 **2.** $2S-u_1$ **3.** $a=0$ **4.** 0 **5.** 绝对收敛 **6.** 条件收敛 **7.** (1) 发散 (2) 发散 **8.** 8

9. (1) 2 (2) $[-\sqrt{2},\sqrt{2}]$ **10.** $\dfrac{2}{3}$ **11.** 1,2 **12.** $0<a<1$ **13.** $-\ln 0.9$ **14.** $\sum\limits_{n=0}^{\infty}\dfrac{(-1)^n}{n!}x^{2n}$

三、综合练习题

1. (1) 发散 (2) 发散 (3) 发散 (4) 发散 (5) 收敛 (6) $p>2$ 时收敛, $p\leqslant 2$ 时发散
(7) 收敛 (8) 发散 (9) 收敛

2. 当 $k<-\dfrac{1}{2}$ 时收敛, 当 $k\geqslant-\dfrac{1}{2}$ 时发散

3. (1) 条件收敛 (2) 条件收敛 (3) 条件收敛 (4) 绝对收敛 (5) 条件收敛

7. $(-3,-1]$ **8.** $S(x)=\dfrac{3x-x^2}{(1-x)^2}, x\in(-1,1)$

9. $\dfrac{\pi}{4}+\sum\limits_{n=0}^{\infty}\dfrac{(-1)^n}{2n+1}x^{2n+1}, x\in[-1,1)$

第 九 章

习题 9.1

1. (1) 二阶 (2) 一阶 (3) 二阶 (4) 四阶 (5) 一阶

2. (1) 不是 (2) 是通解 (3) 是通解

3. $y=-4\cos x$ **4.** $y=(2+x)e^{-\frac{x}{2}}$ **6.** $y'-y=2x-x^2$

1. (1) $1+y^2 = C\left(\dfrac{x}{1+x}\right)^2$ (2) $\dfrac{1}{2}e^{-y^2} = \dfrac{1}{3}e^{3x}+C$ (3) $\tan x \cdot \tan y = C$ (4) $(2-e^y)(1+x) = C$

(5) $\dfrac{y}{x} = -\ln |y| + C$ (6) $\sin\dfrac{y}{x} = \ln |x| + C$ (7) $\arctan y = x - \dfrac{1}{2}x^2 + C$ (8) $\dfrac{y}{1+\ln y - \ln x} = C$

2. (1) $x^2 + y^2 = 25$ (2) $2y^3 + 3y^2 = 2x^3 + 3x^2 + 5$ (3) $\ln(x^2+y^2) + \arctan\dfrac{y}{x} = \ln 2 + \dfrac{\pi}{4}$

(4) $e^{\frac{y}{x}} = \ln |x| + 1$ (5) $x\csc\dfrac{y}{x} = 1$

3. $y = e^{-x}$

4. (1) $x - y = u$, $\sec(x-y) + \tan(x-y) = x + C$ (2) $x + y = u$, $y - \arctan(x+y) = C$

(3) $\begin{cases} x = \xi + 3, \\ y = \eta - 1, \end{cases}$ $(x-3)^2 + 2(x-3)(y+1) - (y+1)^2 = C$

1. (1) $y = \tan x - 1 + Ce^{-\tan x}$ (2) $y = e^{-x^2}(x^2 + C)$ (3) $y = \dfrac{1}{x^2+1}\left(\dfrac{4}{3}x^3 + C\right)$

(4) $y = f(x) - 1 + Ce^{-f(x)}$ (5) $x = \dfrac{1}{4}(2y^2 + 2y + 1) + Ce^{2y}$ (6) $x = -2(\sin y + 1) + Ce^{\sin y}$

(7) $y = \left(-\dfrac{3}{7}x^3 + Cx^{\frac{2}{3}}\right)^{-3}$ (8) $x^3 = y^3(3y + C)$

2. (1) $y = 2x - 1 + e^{-2x}$ (2) $y = \dfrac{e^x}{x}$ (3) $y = x\left(\arctan x - \dfrac{\pi}{2}\right)$ (4) $x = \dfrac{1}{7}(y^4 - y^{\frac{1}{2}})$

(5) $y = \dfrac{x}{2-x}$

3. $f(x) = x - \dfrac{1}{2} + \dfrac{1}{2}e^{-2x}$ **4.** $y = 2 + Cx$ （C 为任意常数）   **5.** $y = e^x - e^{x+e^{-x}-\frac{1}{2}}$

1. (1) $y = C_1 e^{2x} + C_2 e^{6x}$ (2) $y = e^{-x}(C_1\cos 2x + C_2\sin 2x)$ (3) $y = (C_1 + C_2 x)e^{-\frac{1}{2}x}$

(4) $y = C_1 + C_2 e^{4x}$ (5) $y = C_1\cos 2x + C_2\sin 2x$ (6) $y = C_1 e^x + C_2 e^{2x} + 2xe^x$

(7) $y = C_1\cos x + C_2\sin x + x$ (8) $y = (C_1 + C_2 x)e^{2x} + \dfrac{3}{2}x^2 e^{2x}$

(9) $y = e^x(C_1\cos x + C_2\sin x) - \dfrac{1}{2}xe^x\cos x$ (10) $y = C_1 e^x + C_2 e^{-x} + x(x-1)e^x$

(11) $y = (C_1 + C_2 x)e^{2x} + \dfrac{1}{8}\cos 2x$ (12) $y = C_1 e^{-3x} + C_2 e^x + \dfrac{1}{4}xe^x - \dfrac{1}{3}x - \dfrac{2}{9}$

(13) $y = C_1\cos 2x + C_2\sin 2x - \dfrac{1}{12}\cos 4x + \dfrac{1}{4}x\sin 2x$

2. (1) $y = \mathrm{e}^x + 2\mathrm{e}^{-x}$ (2) $y = \dfrac{19}{9}\mathrm{e}^{2x} - \dfrac{13}{8}\mathrm{e}^{3x} + \left(\dfrac{1}{6}x - \dfrac{35}{72}\right)\mathrm{e}^{-x}$ (3) $x = 3\mathrm{e}^t - \mathrm{e}^{2t} - 2t\mathrm{e}^t$

(4) $y = \dfrac{3}{4} + \dfrac{1}{4}\mathrm{e}^{2x} + \dfrac{1}{2}x\mathrm{e}^{2x}$ (5) $y = 2\cos x + \sin x + x^2 - 2 + \dfrac{1}{2}x\sin x$

(6) $y = -\cos x - \dfrac{1}{3}\sin x + \dfrac{1}{3}\sin 2x$

3. $y = (C_1 + C_2 x)\mathrm{e}^{2x} + x$，$y'' - 4y' + 4y = 4x - 4$ **4.** 2

复 习 题 九

一、单项选择题

1. B   **2.** A   **3.** B   **4.** B   **5.** C   **6.** B   **7.** D   **8.** D   **9.** C   **10.** A

二、填空题

1. $y = \mathrm{e}^{-x}(C_1\cos x + C_2\sin x) + \dfrac{1}{2}x$ **2.** $a + bx + cx^2$，$x^2(a + bx)\mathrm{e}^{2x}$

3. $\bar{y} = C_1 x^2 + C_2 \mathrm{e}^x$，$y = C_1 x^2 + C_2 \mathrm{e}^x + 3$

4. $p(x) = \dfrac{1}{x}$，$f(x) = 9x$，$y = C_1\ln x + C_2 + x^3$

5. $(C_1 + C_2 x)\mathrm{e}^x + f(x)$ **6.** $y = x\mathrm{e}^{cx+1}$ **7.** $y'' - 2y' + 2y = 0$ **8.** $-\dfrac{y^2}{x^2}$

三、计算题

1. (1) $\dfrac{1}{x} + \dfrac{1}{y} = C$ (2) $x^2 - y^2 = Cx$ (3) $y = \dfrac{1}{2}\left(\ln x + \dfrac{1}{\ln x}\right)$ (4) $y = \dfrac{1}{x^2 - 1}(\sin x + C)$

(5) $2\ln\left(\csc\dfrac{y}{2} - \cot\dfrac{y}{2}\right) = -4\sin\dfrac{x}{2} + C$ (6) $\ln x + \mathrm{e}^{-\frac{y}{x}} = \ln 2 + 1$ (7) $x = y(2\mathrm{e} - \mathrm{e}^y)$

(8) $x = \mathrm{e}^y(y + C)$

2. (1) $y = \sin 2x + 2x$ (2) $y = (C_1 + C_2 x)\mathrm{e}^{-x}$ (3) $y = C_1 + C_2\mathrm{e}^{-x}$ (4) $y = C_1 + C_2\mathrm{e}^{-3x} - x$

(5) $y = C_1 + C_2\mathrm{e}^{-\frac{5}{2}x} + \dfrac{7}{25}x - \dfrac{3}{5}x^2 + \dfrac{1}{3}x^3$

(6) $\beta = -2$ 时，$y = (C_1 + C_2 x)\mathrm{e}^{-2x} + \dfrac{x^2}{2}\mathrm{e}^{-2x}$； $\beta \neq -2$ 时，$y = (C_1 + C_2 x)\mathrm{e}^{-2x} + \dfrac{1}{(\beta + 2)^2}\mathrm{e}^{\beta x}$.

(7) $y = (C_1 + C_2 x)\mathrm{e}^x + 2 + x + \dfrac{1}{2}x^2\mathrm{e}^x$ (8) $y = C_1\mathrm{e}^{6x} + C_2\mathrm{e}^{2x} + \dfrac{22}{185}\cos x - \dfrac{16}{185}\sin x$

3. $f(x) = 2\left(1 - \mathrm{e}^{\frac{x^2}{2}}\right)$ **4.** $f(x) = \dfrac{1}{2}(\cos x + \sin x + \mathrm{e}^x)$ **5.** $y(x) = (1 - 2x)\mathrm{e}^x$

四、应用题

1. $x = \dfrac{k}{y} - (k - 1)y$ **2.** $x = 490$ **3.** $y = 1000 \cdot 2^{\frac{t}{10}}$

4. $x^2 y' = 3y^2 - 2xy$，$y = \dfrac{x}{1 + x^3}$ **5.** $f(x) = (x - 1)^2$

五、综合题

1. $f(t) = \mathrm{e}^{4\pi t^2}(1 + 4\pi t^2)$ **2.** $y = \pi\mathrm{e}^{\arctan x}$

第 十 章

习题 10.1

1. (1) $\Delta y_x = 0$　(2) $\Delta y_x = 2x+3$　(3) $\Delta y_x = a^x(a-1)$　(4) $\Delta y_x = 2\cos(2x+1)\sin 1$

3. (1) 是六阶差分方程　　(2) 不是差分方程　　(3) 是一阶差分方程　　(4) 是一阶差分方程

4. $C_1 = 1, C_2 = -3$

习题 10.2

1. (1) $y_x = A \cdot 2^x - 2$　(2) $y_x = A \cdot (-4)^x + \dfrac{2}{5}x^2 + \dfrac{1}{25}x - \dfrac{36}{125}$　(3) $y_x = 3^x(A+x)$

(4) $y_x = A_1 \cdot (-6)^x + A_2$　(5) $y_x = A_1 \cdot 2^x + A_2 + \dfrac{3}{2}x \cdot 2^x$　(6) $y_x = A_1\cos\dfrac{\pi}{3}x + A_2\sin\dfrac{\pi}{3}x$

(7) $y_x = A_1 x + A_2 + 2x^2$

2. (1) $y_x = 2 \cdot \left(-\dfrac{2}{5}\right)^x$　(2) $y_x = -\dfrac{5}{3}x + \dfrac{17}{3}$　(3) $y_x = \dfrac{2}{\sqrt{65}}[(-9+\sqrt{65})^x - (-9-\sqrt{65})^x]$

(4) $y_x = 3^x\left(1 - \dfrac{4}{3}x\right)$　(5) $y_x = 8^x\left(4\cos\dfrac{\pi}{4}x + \dfrac{1-16\sqrt{2}}{4\sqrt{2}}\sin\dfrac{\pi}{4}x\right) + 2$

(6) $y_x = -\dfrac{11}{250} \cdot (-4)^x + \dfrac{1}{20}x^2 - \dfrac{27}{100}x + \dfrac{11}{250}$

3. $y_x = A_1 + A_2\left(\dfrac{1}{2}\right)^x - 3x - 2x\left(\dfrac{1}{2}\right)^x$（$A_1$ 与 A_2 为任意常数）

复 习 题 十

一、单项选择题

1. D　**2.** A　**3.** A　**4.** B

二、填空题

1. 二，非齐次　　**2.** $Y_{1x} + Y_{2x}$　　**3.** $(bx + cx^2) \cdot 2^x, (c + bx) \cdot 2^x$

4. $\dfrac{e}{3} - e^2$　　**5.** $p(t) = -1 - \dfrac{1}{t}, \quad f(t) = \left(1 - \dfrac{1}{t}\right)2^t$

6. $ax + bx^2 + cx^3$　**7.** $Y_t = A(4t^3 - 2t^2) + 3t^2$　**8.** $a \neq 0, \quad 2a + b \neq 1$

三、计算题

1. $y_t = A(-1)^t + 20 - 3t + 3t^2$　**2.** $y_x = A + 3^x\left(\dfrac{x}{2} - \dfrac{1}{4}\right)$　**3.** $y_t = A \cdot 4^t + 4^{t-1}t$

4. $y_x = -\dfrac{1}{2}(\sqrt{3})^x + \dfrac{3}{2}$　**5.** $y_x = 6\left(\dfrac{1}{3}\right)^x + 3^x - 2$　**6.** $y_x = A_1(-3)^x + A_2 2^x + 5$

7. $y_x = A_1\left(\dfrac{3}{2}\right)^x + A_2 2^x$　**8.** $y_x = (A_1 + A_2 x)(-1)^x + 2^x$　**9.** $y_x = A_1 + A_2 x - \dfrac{x^2}{2} + \dfrac{x^3}{6}$

10. $y_x = A_1 + A_2 2^x - \dfrac{13x}{2} - \dfrac{3x^2}{2} - x^3 + \dfrac{4^x}{6}$

四、应用题

1. $a_n = 2^{n-1}$

2. $a_n = \dfrac{4A + 12B}{5}\left(\dfrac{1}{2}\right)^n + \dfrac{-9A + 18B}{5}\left(-\dfrac{1}{3}\right)^n$

3. $a = \dfrac{700}{(1.07)^{10} - 1} \approx 723.9$